Patrick Hoffmann

Die geheime Waffenproduktion der Staatssicherheit der DDR

Hintergründe - Entwicklung - Produktion

Verlag Rockstuhl

Impressum

Umschlaggestaltung: Harald Rockstuhl

Titelbild: Scharfschützengewehr SSG-82 Seriennummer 1821,
Foto Patrick Hoffmann

Rückseite: Oben links – Revolver Smart R86,
Sammlung LKA Sachsen-Anhalt

Oben rechts – P38 des MfS mit gekürztem Lauf und Griffstück,
mit freundlicher Genehmigung Herrmann Historica

Unten – Das Dienstobjekt Abnahmegebäude, Ansicht von Südosten,
Archiv Gewerbepark Simson GmbH

1. Auflage 2023

ISBN 978-3-95966-691-6

Satz und Layout: Patrick Hoffmann

Druck und Bindearbeiten erfolgten in Deutschland

Gedruckt auf alterungsbeständigem Papier nach ISO 9706

Die Deutsche Nationalbibliothek verzeichnet diese Publikation in der Deutschen Nationalbibliografie. Detaillierte bibliografische Daten sind im Internet über *http://dnb.d-nb.de* abrufbar.

Inhaber: Harald Rockstuhl
Mitglied des Börsenvereins des Deutschen Buchhandels e.V.
Lange Brüdergasse 12 in D-99947 Bad Langensalza/Thüringen
Telefon: 03603 / 81 22 46   Telefax: 03603 / 81 22 47
www.verlag-rockstuhl.de

Inhalt

Vorwort

Im letzten Jahrzehnt der DDR entwickelte das Ministerium für Staatssicherheit (MfS) unter strengster Geheimhaltung in der Waffenschmiede Suhl im Thüringer Wald Schusswaffen für ihre Spezial- und Sondereinheiten.
Die Waffe mit der Decknummer 03.050.00 [1], das Scharfschützengewehr SSG-82, soll in diesem Buch näher betrachtet werden. In den Folgejahren der Wiedervereinigung 1990 sind annähernd 2000 SSG-82 samt Zubehör in den freien Handel und davon bis zu 600 in den USA auf den transatlantischen Markt gekommen. Unter den verkauften Waffen waren unterschiedliche Entwicklungsgrade des Gewehres und sogar Fertigungen der Nullserie. Bis jetzt ist nur sehr wenig über die Hintergründe der Entwicklung und der Nutzung dieses Gewehres bekannt. Wie schon in älteren Zeitungsartikeln festgestellt wurde, schweigen viele, die über Wissen verfügen. Fragen zum genauen Hersteller, der Herkunft des sehr markanten Gewehrlaufes und dem genauen Zweck blieben bis jetzt unbeantwortet. Dieses Buch soll beginnen, die Lücke zu schließen und das bisher verteilte Wissen erstmals zusammenfassen. Das Buch ist auf Basis mir vorliegenden Dokumenten geschrieben. Alle Informationen sind belegbar und Teile der Dokumente sind direkt thematisch in den einzelnen Kapiteln veröffentlicht. Es wurden im Schwerpunkt Primärquellen verwendet, d.h. Dokumente des ehemaligen MfS, sowie Zeitzeugen mit direktem Zugang zu den Informationen.

VEB FAJAS Mitarbeiter für Recherchen gesucht -besonders aus der Speziellen Produktion und der NVA ZAB-Stelle!
☎

Zeitungsannonce des Autors

Man kann davon ausgehen, dass sich im Laufe der Zeit weitere Dokumente und Zeitzeugen finden, die das Bild klarer werden lassen. Ich musste einen Zeitpunkt für die Veröffentlichung finden und so stellt dieses Buch ein durchaus unvollendetes Werk dar. Während der Sichtung der Unterlagen und dem Schreiben der einzelnen Kapitel ergaben sich immer wieder neue Erkenntnisse zur Geschichte und ich musste vieles neu- und umschreiben. Mit der Veröffentlichung wurde ein Stadium gewählt, in dem viele bisher unveröffentlichte Hintergründe beschrieben werden können und dem Leser ein klares Bild entsteht.
Ich verzichte bewusst auf die Themen verfügbarer Munitionssorten für das sportliche Schießen, das Thema Wiederladen und den Umbau bzw. Tuning des Gewehres – **die nüchtern objektive Darstellung der Historie und die damaligen Hintergründe stehen im Mittelpunkt**. Das Buch ist so geschrieben, dass sowohl der technikversierte, als auch der historisch interessierte Leser angesprochen werden. Jedes Kapitel ist grundsätzlich für sich alleine lesbar.

Wie bin ich zu diesem Thema gekommen?
Als Sportschütze habe ich 2011 als damals 26-Jähriger ein Zielrohrgewehr gesucht, welches möglichst wenig kosten sollte. Im Internet hatte ich daraufhin ein SSG-82 in der Nähe von Stuttgart gefunden und dieses erworben. Es gab zahlreiche Einträge zu diesem Gewehr in Internetforen, in denen auch ein Zusammenhang zum MfS dargestellt wurde. Jedoch waren

[1] BStU, MfS, BV Suhl SR BCD Nr. 4 S. 0028

die Informationen nicht belegbar und wiesen teilweise in verschiedenste Richtungen. Es musste Klarheit her.

Für die Recherchen habe ich 2012 einen Antrag bei der Stasiunterlagenbehörde (Bundesbeauftragten für die Unterlagen der Staatssicherheit, kurz BStU) gestellt, sowie mit allen relevanten Archiven des Bundes, der Bundesländer, der Landespolizeien und der Bundeswehr Kontakt aufgenommen. Den größten Fundus erhielt ich natürlich von der BStU – dem Nachlassverwalter der Stasi. Hierzu wurden durch die Behörde und mich mehr als 19600 Dokumente gesichtet.

Den zweitgrößten Posten fand ich im Staatsarchiv Thüringen in den Unterlagen des Volkseigenen Betrieb Fahrzeug- und Jagdwaffenwerk (kurz VEB Fajas) „Ernst Thälmann" in Suhl. Hier wurde ich in den Unterlagen der sog. „Speziellen Produktion" fündig. Hierzu später mehr. Zugängliche Akten des Bundesnachrichtendienstes (BND) wurden ebenfalls geprüft, teilweise die Schutzfrist verkürzt, welche aber lediglich sehr geringe zusätzliche Informationen boten.

Ein weiterer nicht unerheblicher Wissensspeicher sind die zahllosen Zeitzeugen, die im Rahmen dieser Dokumentation interviewt wurden. Hier erfuhr ich Hintergründe und Zusammenhänge, die in keinem Papier niedergeschrieben und aus der heutigen Zeit nicht sofort zu erschließen sind. Wie auch heute besteht eine gewisse Diskrepanz zwischen Soll (Papierlage) und dem Ist-Zustand (Arbeitsebene).

Um sich weiter in die Arbeit, Struktur und den Aufbau des MfS einzuarbeiten empfehle ich die Bücher des BStU und deren Publikationen. Außerdem befindet sich im Anhang eine Liste von Büchern zum Thema, ohne dass hier eine Reihung oder Wertung zum Inhalt abgegeben wird.

In diesem Buch wird auf die namentliche Nennung von Mitarbeitern des MfS unterhalb des Dienstgrades Oberst verzichtet, da ein Großteil der Mitarbeiter im Zusammenhang mit der Entwicklung und Produktion des SSG-82 zumeist als Fachkräfte in ihrem Ingenieurs- und Büchsenmacherhandwerk eingesetzt waren und keinen ideologischen Dienst taten. Ausnahme sind die in den Publikationen der BStU bereits genannten Personen und ihre Funktionen. Wiederholt sei das Ziel dieser Veröffentlichung genannt für den Interessierten Leser ein nüchtern objektives Bild über das Gewehr und seine Geschichte zu geben.

Der Neudruck der originalen Bedienungsanleitung des SSG-82 ist ebenfalls erhältlich.

Auch vom MfS entwickelt wurde u.a. der Revolver SMART R86 – welcher sich zum Zeitpunkt der Wiedervereinigung in der Nullserie befand und nur in einer sehr geringen Stückzahl gefertigt wurde. Er wird in einem extra Kapitel beleuchtet, genauso wie das Sturmgewehr WIEGER im sog. NATO-Kaliber.

Die unterschiedliche Schreibweise von Waffen, z.B. aufgrund verschiedener Übersetzungen, habe ich versucht für dieses Buch zu vereinheitlichen.

Ich bedanke mich außerdem bei:
Den Mitarbeitern der Stasiunterlagenbehörde Suhl für die ausdauernde Mitarbeit und die stetig freundliche Annahme weiterer Rechercheersuchen.
Der Firma Merkel, besonders Herrn Morgenroth und seinen Mitarbeitern; Michael Engelhardt, Inhaber der Firma IEA Mil-Optics; Herrn Dieter Jungbluth, dem Inhaber von WZM Waffen in Dierdorf; dem Bundeskriminalamt und im Besonderen den Mitarbeitern des Landeskriminalamtes Sachsen-Anhalt; dem Leiter des Landesarchivs Thüringen und seinen Mitarbeitern der Außenstelle Suhl; dem Archiv von Carl Zeiss Jena; im Besonderen Harald Ros – ehemals Geräte Service & Montage Eisfeld; Heinz Schmidtke, ehemaliger Laufrichter im VEB Fajas. Vielen Dank an die Patronensammler-Vereinigung e.V. und im Speziellen meinen Freund Gerd Mischinger. Dank auch an den ehemaligen Waffenrestaurator des Waffenmuseum Suhl Michael Dürkopp.
Besonders hervorheben möchte ich hier das LKA Brandenburg, unter dem Team um Dieter Peters (mittlerweile a.D.), welches mich bei den Recherchen im erheblichen Maße durch Fachwissen und Exponate unterstützt hat.
Einen ausdrücklichen Dank gilt meinem Freund „Theo“ für seine ausdauernde Mitarbeit und die fachliche Expertise.
Außerdem den unzähligen Menschen, die mir bei der Recherche mit Tipps, Rat und Tat zur Seite standen. Vielen Dank an Alexandra, die mich lange Zeit in allen Belangen bei der Forschung unterstützt hat.

Im Besonderen an alle diejenigen, die ihr Schweigen für dieses Buch gebrochen haben, wie der Waffenkonstrukteur Arnd Ortlepp:

„Man soll schweigen oder Dinge sagen, die noch besser sind als das Schweigen.“
Pythagoras

„Der Mantel des Schweigens ist nur scheinbar ein wärmendes Kleidungsstück.“

Dokumentenrecherche – entstanden bei den Drehaufnahmen zur MDR-Dokumentation „Waffenstadt Suhl“ – in den Räumen der BStU Außenstelle Suhl

Weiterhin widme ich das Buch auch jenen,

die die Veröffentlichung nicht mehr erleben durften!

Prolog

Um grundsätzlich zu klären, wozu man Scharfschützen innerhalb des MfS einsetzte, bediene ich mich eines Auszuges aus der Abschlußarbeit von Oberstleutnant Bernd D. an der Hochschule des MfS zum Thema „Überblick über Möglichkeiten des Einsatzes waffentechnischer Ausrüstung zur Bekämpfung terroristischer Handlungen", 04. Juli 1985:

3.3. Scharfschützengewehre

Erfordert die Bekämpfung der Terroristen ihre Tötung und bestehen nur dadurch Erfolgsaussichten für die Abwendung einer Gefahr, die diese Maßnahme rechtfertigen, dann wird in der Regel der Einsatz des Scharfschützengewehres entschieden. Daraus ist schon zu entnehmen, daß, natürlich ausgehend von der konkreten Situation, die Zeit für die Wahl der einzusetzenden Mittel bestehen muß.

Bei den Scharfschützengewehren handelt es sich um Gewehre, die mit besonderer Präzision gefertigt werden und grundsätzlich mit Zielfernrohren ausgerüstet sind. Sie sind mit Mehrladeeinrichtungen versehen und als Repetiergewehre oder Selbstlader konstruiert. Für ihren Einsatz ist grundsätzlich zu beachten, daß die größten Erfolgsaussichten mit gründlich ausgebildeten Schützen, die stets auch mit ihrer Waffe schießen, bestehen. Ohne auch hier auf Einzelheiten in bezug auf die Munition einzugehen, muß erwähnt werden, daß an die Munition erhöhte Anforderungen in bezug auf die Präzision gestellt wird. Dabei vor allem an eine stets gleiche Laborierung der Treibladung und auf eine unbedingt zentrische Montage der einzelnen Geschoßteile. Es ist leicht vorstellbar, daß, wenn zum Beispiel der Geschoßkern nicht genau zentrisch im Geschoß sitzt, das Geschoß aufgrund der auftretenden Fliehkraft für einen Präzisionsschuß unzulässige Abweichungen bringt. Das wird um so deutlicher, da aus der Literatur hervorgeht, daß Scharfschützen auf 100 m mit Sicherheit ein 5 Mark Stück treffen.

Anmerkung: ein 5 Mark Stück hatte einen Durchmesser von 29 mm

Das Gewehr

Das Scharfschützengewehr SSG-82 ist ein Mehrladerepetiergewehr mit Magazinzuführung im Kaliber 5,45 mm und nutzt die Patrone 5,45 x 39 mm. Das Kastenmagazin fasst 5 Schuss. Das Scharfschützengewehr war speziell für den Einsatz im Ministerium für Staatssicherheit (MfS) der ehemaligen Deutschen Demokratischen Republik (DDR) vorgesehen. Der 600 mm lange Lauf ist im Kaltschmiedeverfahren hergestellt. Mit der Einführung des SSG-82 sollte der Import von speziellen Scharfschützengewehren aus dem Nichtsozialistischem Wirtschaftsgebiet (NSW, z.B. Westdeutschland, Westeuropa, USA) und Militärscharfschützengewehren der Sowjetunion (SU) eingestellt werden. Die Visierung ist ausschließlich auf eine optische Visierung ausgelegt. Die Waffe wird so angeschossen, dass bis 300 m keine Veränderung des Haltepunktes notwendig ist.[2]

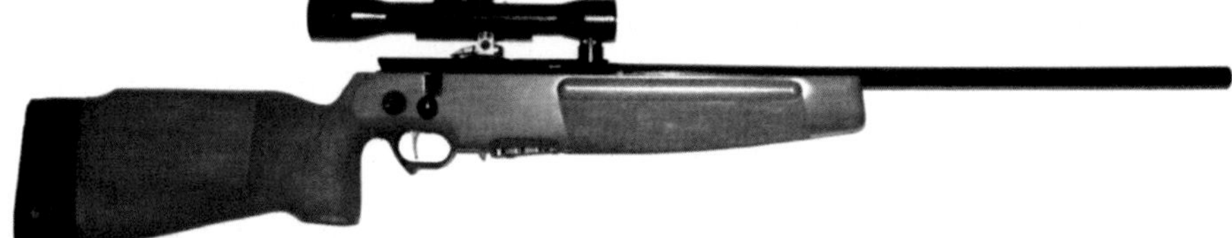

Scharfschützengewehr SSG-82 Seriennummer 1821 – eigene Aufnahme

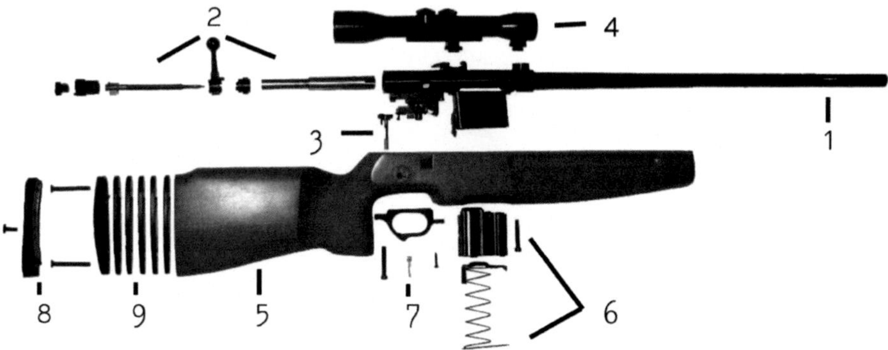

Zerlegtes SSG-82 – *eigene Aufnahme*

Bauteile des SSG-82 [3]

1 – Lauf
2 – Zylinderverschluss
3 – Abzugseinrichtung
4 – Zielfernrohr
5 – Schaft
6 – Magazin (zerlegt)
7 – Abzugsbügel
8 – Schaftkappe
9 – Zwischenplatten

[2] BStU, MfS, Abt. BCD Nr. 3738 S. 0081–84
[3] BStU, MfS, BCD Nr. 2796 S. 0123

Taktisch-technische Angaben laut Bedienungsanleitung [4]

Kaliber	5,45 mm
günstigste Schussentfernung	200 m
Anfangsgeschwindigkeit des Geschosses (V0)	980 ms^{-1}
Geschoßenergie an der Laufmündung (E0)	1680 J
Masse der Waffe mit Zielfernrohr	4,5 kg
Masse des Magazins (gefüllt)	140 g
Fassungsvermögen des Magazins	5 Patronen
Länge des SSG-82	1080 mm
Länge des Laufes	600 mm
Höhe des SSG-82 mit Zielfernrohr	225 mm
ohne Zielfernrohr	173 mm
Breite des SSG-82	50 mm
Anzahl der Züge	4
Verschluss	Zylinderverschluss mit vierfacher Warzenverriegelung
Abzugswiderstand	3,45 N 0,5 N
Sicherung	Abzugssicherung
Visierung	optisch
Vergrößerung	vierfach
Objektivdurchmesser	32 mm
Masse des Zielfernrohres mit Halterung	400 g
Länge des Zielfernrohres	282 mm

Munition	
M-74 Stahlkernpatrone	5,45 x 39 mm
Masse der Patrone	10,2 g
Masse des Stahlkerngeschosses	3,4 g
Masse der Pulverladung	1,45 g

Durchschlagsleistung

Schussentfernung	Stahlplatte
300 m	5 mm
600 m	3 mm
900 m	2 mm

[4] BStU, MfS, BCD Nr. 2796 S. 0119–0131

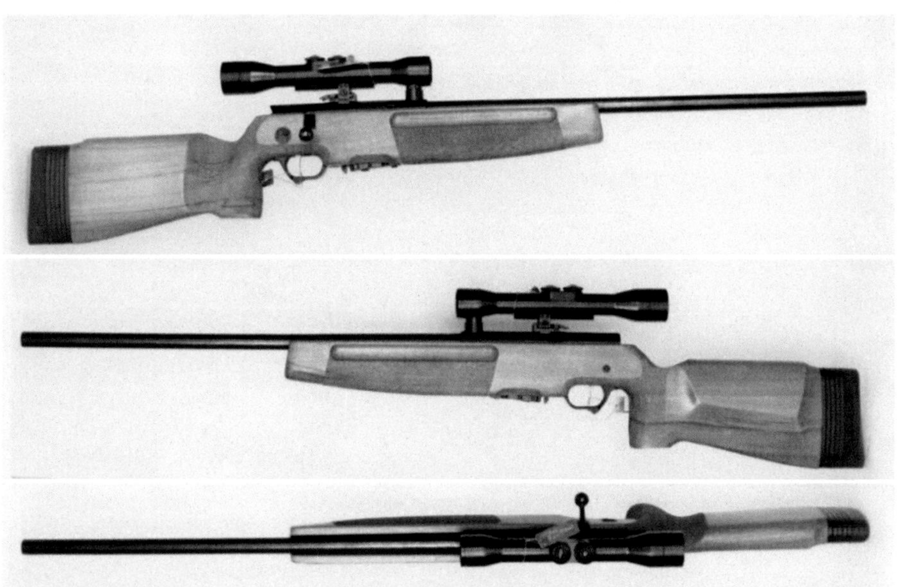

Scharfschützengewehr SSG-82 – Wehrtechnische Studiensammlung (WTS) Koblenz

Waffen, Munition, Gerät und Ausrüstung des MfS waren im Schriftverkehr durch eine Nummer verschlüsselt. Zum Entschlüsseln benötigte man das Decknummernverzeichnis.

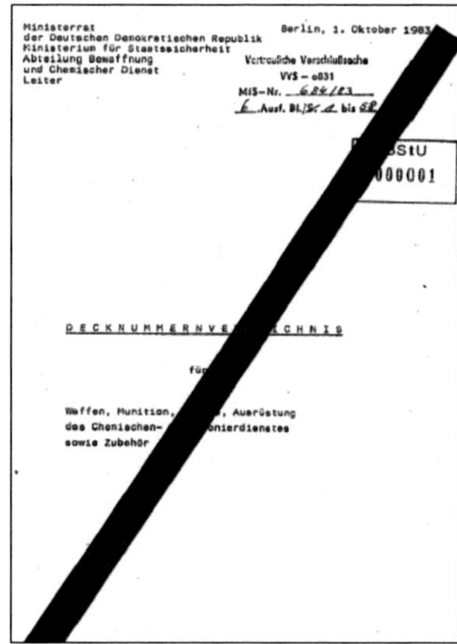

Ministerrat
der Deutschen Demokratischen Republik
Ministerium für Staatssicherheit
Abteilung Bewaffnung
und Chemischer Dienst
Leiter

Berlin, 1. Oktober 1983

Vertrauliche Verschlußsache
VVS – o031
MfS-Nr. 684/83
6. Ausf. Bl./S. 1 bis 58

BStU
000001

D E C K N U M M E R N V E [illegible] C H N I S

für

Waffen, Munition, [illegible], Ausrüstung
des Chemischen- [illegible]nierdienstes
sowie Zubehör

- 3 - VVS MfS o031 - 684/83

BStU
000003

INHALTSVERZEICHNIS

Decknummernverzeichnis Ausgabe 1983 [5]

[5] BStU, MfS, HA PS Nr. 5116 S. 0001ff

1	2	3	4
02 000 00			Maschinenpistolen
02 020 00	x	76	MPi AKM Kal. 7,62 mm
02 020 01	–x–	76	MPi AKM Kal. 7,62 mm Lehrwaffe
02 020 02	–x–	76	Schnittmodell MPi AKM Kal. 7,62 mm
02 020 03		76	Reduzierter W-Satz MPi AKM
02 020 04		76	E-Satz MPi AKM
02 020 06	x	76	Schalldämpfer PBS-1
02 020 07	D	76	Nachtvisier ZVN-64
02 020 08	x	76	MPi AKM Kal. 7,62 mm mit Halterung für NSPU
02 020 09	x	76	MPi AKM Kal. 7,62 mm mit PBS-1 und ZV 91/30
02 020 10		76	Schießbecher
02 030 00	x	76	MPi K Kal. 7,62 mm
02 030 02	–x–	76	MPi K Kal. 7,62 mm Schnittmodell
02 030 03	D	76	Nachtvisier ZVN-62
02 030 04	x	76	MPi K Kal. 7,62 mm mit ZF-4
02 030 05	x	76	MPi K Kal. 7,62 mm mit NSP-2
02 030 06	x	76	MPi K Kal. 7,62 mm mit NSP-3
02 040 00	x	76	MPi KmS Kal. 7,62 mm
02 040 02	–x–	76	MPi KmS Kal. 7,62 mm Schnittmodell
02 040 03	x	76	MPi KmS-72 Kal. 7,62 mm
02 040 04		76	Reduzierter W-Satz MPi KmS-72 Kal. 7,62 mm

Decknummern der Kalaschnikow[6]-Modelle[7]

[6] Weitere Schreibweise „Kalashnikov“
[7] BStU, MfS, SR / BCD SA 53 S. 0020

- 9 - VVS MfS o031 - 684/83

BStU
000009

1	2	3	4
03 000 00			Gewehre
03 010 00	x	76	Karabiner -S- Kal. 7,62 mm
03 010 01		76	Lehrensatz für Karabiner -S-
03 010 02		76	Schnittmodell Karabiner -S-
03 020 00	x	76	Scharfschützengewehr Dragunow Kal. 7,62 mm
03 020 01	x	76	Scharfschützengewehr Dragunow Kal. 7,62 mm mit Halterung für NSPU
03 030 00	x	76	Scharfschützengewehr Kal. 7,62 mm CSSR

Scharfschützengewehre ab Nummer 03 02 00 im Feld 1, noch ohne SSG-82.[8]

Die Decknummer 03 020 00 bezeichnete das sowjetische Scharfschützengewehr Dragunow[9], die 03 030 00 das tschechoslowakische Scharfschützengewehr VZ-54.

Das SSG-82 erhielt entsprechend der schon vergebenen Nummern fortlaufend die Decknummer 03 050 00.

	Nomenklatur Nr.
	03 050 00

Bezeichnung

Scharfschützengewehr
- SSG 82 -
5,45 mm

[8] BStU, MfS, HA XXII Nr. 20685 S. 0098

[9] Mögliche Schreibweise Dragunov, Abkürzung SWD (Snaiperskaja Wintowka Dragunowa) bzw SVD

Die Entwicklung

Spätestens mit den Terrorangriffen auf die Olympischen Spiele in München 1972 erkannte man auch in der DDR die Notwendigkeit sich auf dergleichen Angriffe vorzubereiten und Kräfte dafür vorzuhalten. In verschiedenen zeitlichen Etappen stellte man Abteilungen und Einheiten auf, die u.a. speziell für Terrorangriffe ausgebildet und ausgerüstet waren. Noch bis Anfang der 1970iger war es Aufgabe aller Diensteinheiten des MfS terroristische Aktivitäten zu erkennen und ggf. dagegen vorzugehen. Mit Aufbau der neugeschaffenen „Arbeitsgruppe des Ministers – S" (AGMS/S) wurden einzelne Mitarbeiter speziell geschult und u.a. bei Großveranstaltungen und anderen Anlässen eingesetzt. Angelehnt an die bundesdeutsche Spezialeinheit des Bundesgrenzschutzes GSG-9 wurden diese Mitarbeiter in ständiger Bereitschaft gehalten und offen sichtbar, in Uniform oder verdeckt eingesetzt. Um die Einsatzbereitschaft immer weiter zu erhöhen und die Ausbildung zu vervollkommnen wurden von Beginn an eigene Waffen und Hilfsmittel entwickelt. Ende der 1970iger reichten die in der AGM/S vorhandenen Mitarbeiter nicht mehr aus, um Großveranstaltungen, Staatsbesuche und die Ausbildung ausländischer Sicherheitsorgane zu gewährleisten. Um diesem Mangel auszugleichen, wurden z.B. auch Offiziere und Unterführer der 2./Aufklärungskompanie des Kommandos Aufklärung des Wachregiments des MfS zeitweise zur Unterstützung abkommandiert.

Am 16.03.1981 erließ der Minister für Staatssicherheit (MfS) in der DDR und Armeegeneral Erich Mielke die **„Dienstanweisung Nr. 1/81 zur Aufklärung, vorbeugenden Verhinderung, operativen Bearbeitung und Bekämpfung von Terror und anderen operativ bedeutsamen Gewaltakten"**[10]. Dieser Grundsatzbefehl definiert unter anderem die Aufgaben der Abteilungen „Arbeitsgruppe des Ministers – S" und der „Abteilung XXII" (Abt XXII) zur Terrorabwehr. So hat die AGM/S „qualifizierte, nach gesonderten Kriterien ausgewählte, erprobte, für die Bekämpfung von Terror- und anderen operativ bedeutsamen Gewaltakten spezifisch ausgebildete, ständig trainierte und disponibel einsetzbare zentrale Kräfte für eine weiträumige Einsatzverwendung bereitzustellen, die jeden Befehl unter allen Bedingungen der Lage erfüllen" [11]. Es sollten also jederzeit ausgebildete Antiterrorkräfte auf dem ganzen Gebiet der DDR zur Verfügung stehen.

Diese neuen Spezialkräfte, in der Dienstanweisung Nr. 1/81 „Zentrale Einsatzkräfte der AGM/S" genannt, hatten unter anderem den Auftrag zur Lösung spezifischer Kampfaufgaben unter komplizierten Lage- und Einsatzbedingungen. Diese strukturellen Spezialkräfte, die sog. „Zentralen Spezifischen Kräfte" (ZSK) hatten bis 1988 eine Stärke von etwa 250 Mann, unterteilt in zwei Abteilungen zu je vier Einsatzkommandos.[12]
Um neben diesen zentralen Kräften auch in den Bezirksverwaltungen (BV) schnell auf Spezialkräfte zugreifen zu können, gab es sog. nichtstrukturelle „Territoriale Spezifische

[10] BStU, MfS, BdL / Dok Nr. 000120 1. Exemplar
[11] MfS Dienstanweisung 1/81, S. 27
[12] Mfs-insider.de „Abwehr von Terror und anderen Gewaltakten" v. Gerhard Neiber u. Gerhard Plomann

Kräfte“ (TSK). Disloziert waren diese in den Standorten Karl-Marx-Stadt (heute Chemnitz), Neubrandenburg und Rostock mit einer Stärke von 10-20 Mann.

Neben der AGM/S gab es im MfS die Abt XXII, welche die Federführung bei der Terrorismusbekämpfung hatte. In dieser Abteilung wurden alle Maßnahmen gesteuert, Daten gesammelt und ausgewertet. 1989 wurden die Abteilung AGM/S und die Abt XXII aufgrund ihrer gemeinsamen Zielstellung zur Hauptabteilung XXII (HA XXII) zusammengefasst und u.a. die TSKs in die neue Hauptabteilung eingegliedert. Auf die Darstellung der Ausbildung und Gliederung der Abteilungen AGM/S, der Abteilung XXII und der späteren HA XXII, sowie der ZSK und TSK wird in diesem Buch verzichtet, da diese im Laufe ihrer Geschichte ständigen Änderungen durchliefen und den Umfang des Buches übersteigen würden. Hierzu wird auf die entsprechende Literatur und Erfahrungsberichte verwiesen.[13]

Ggf. ergeben sich durch die Veröffentlich dieses Buches neue Zeitzeugenberichte zu diesem bisher wenig beleuchteten Themengebiet.

Rekrutiert wurden die neuen Spezialkräfte zu Beginn aus dem bereits vorhandenen Personal in den Diensteinheiten des MfS, welche bereits teilweise spezialisiert ausgebildet waren.

Bezirksverwaltung für
Staatssicherheit Leipzig
Arbeitsgruppe des Leiters
Leiter der
Diensteinheit XV

Leipzig, 01.02.1982
sch/Tgb.Nr/62/82
XV/ 161/82

persönlich

Spezifische Einsatzgruppen der Bezirksverwaltung Leipzig

Auf der Grundlage der DA 1/81 Ziffer 3..4. des Genossen Minister werden in der Bezirksverwaltung spezifische Einsatzgruppen zur militärisch-operativen Bekämpfung erfolgter Terror- und anderer politisch-operativ bedeutsamer Gewaltakte aufgestellt.

Von Ihrer Dienststelle werden folgenden Genossen aufgrund bereits erworbener spezifischer Kenntnisse diesen Einsatzgruppen zugeordnet: [...]

Diese Genossen sind mit Wirkung vom 10.03.1982 Angehörige der Spezifischen Einsatzgruppen der Bezirksverwaltung und werden aus ihren bisherigen Einheiten der militärischen Ausbildung herausgelöst.

Sie sind von der Zugehörigkeit zu anderen nichtstrukturellen Formationen der Bezirksverwaltung entbunden und werden auf der Grundlag neuester Erkenntnisse in der offensiven Bekämpfung von Terror und anderer pol.-op. Bedeutsamer Gewaltakte nach einem gesonderten Plan fachspezifisch qualifiziert.

Die Leiter der Diensteinheiten haben zu gewährleisten und unter Kontrolle zu halten, daß diese Genossen an den befohlenen Ausbildungen teilnehmen. Eine Entschuldigung von dieser Ausbildung kann nur in begründeten Fällen über den Leiter der Arbeitsgruppe erwirkt werden.

[...]

Anlage

Termine für Ausbildungen 1982

Befehl zur Aufstellung Spezifischer Einsatzgruppen der BV Leipzig 1982

[13] BStU, MfS, Handbuch Hauptabteilung XXII von Tobias Wunschik

Bei Ereignissen, welche als Terrorgefährdet eingestuft waren, wurden diese Einsatzgruppen in Bereitschaft versetzt.

> Arbeitsgruppe des Leiters — Leipzig, 08. März 1982
> Sch/Tgb.Nr.132/82
>
> Leiter der Diensteinheit XV
> Spezifische Einsatzgruppe des Leiters der Bezirksverwaltung
> Entsprechend dem Befehl 3/82 des Leiters der Bezirksverwaltung ist zur Aktion „Treffpunkt82F“ (Deckname für die Leipziger Messe, 2=1982, F=Frühjahrsmesse; d.A.) vom 18.03.1982, 8.00 Uhr bis 27.03.1982, 8.00 Uhr die spezifische Einsatzgruppe zur Lösung offensiver tschekistischer Kampfmaßnahmen zu bilden.
> Von Ihrer Diensteinheit werden die/der Genosse/n [...] im genannten Zeitraum zum Einsatz gebracht.
> Die Mitarbeiter haben während der Aktion von 8.00-19.00 Uhr ihre Einsatzbereitschaft zu gewährleisten und nach Dienstschluß ständige Hausbereitschaft durchzuführen.
> Im Falle eines Einsatzes haben sich die Mitarbeiter nach erfolgter Alarmierung unverzüglich im Zimmer 415 der Bezirksverwaltung zu melden. Die Alarmierung erfolgt unter dem Kennwort „Exponat“ [...]

Beispielhafte Absicherung der Leipziger Frühjahrsmesse durch die BV Leipzig

Diese Maßnahmen wurden in den Folgejahren weiter so fortgeführt. Zu Beginn waren die Mitglieder der Antiterrorgruppen alle lediglich in Zweitfunktion eingesetzt. So musste beispielhaft auch die Abt XXII aus ihrem Personal 38 Einsatzkräfte für einen solchen Zug spezifischer Einsatzkräfte (SEK) bereitstellen.

Aus einem Schreiben vom 11. Januar 1985 gehen die Anforderungen hervor, welche dieses Personal erfüllen mussten:

- nicht älter als 35 Jahre, physisch und psychisch voll belastbar
- gutes sportliches Leistungsvermögen
- wenn möglich, bereits Spezialausbildung im Rahmen der AGM/S-Lehrgänge oder Lehrgängen der Abteilung XXII[14]

[14] BStU, MfS, HA XXII Nr. 921 S. 285ff

Abteilung XXII/AGL

Berlin, 11. Januar 1985

23/85

Abteilung XXII/8.
Leiter

Bestätigt: Franz
Franz
Oberst

Neuformierung des Zuges spezifischer Einsatzkräfte der Abteilung XXII (SEK)

Für die Neuformierung des Zuges spezifischer Einsatzkräfte der Abteilung XXII haben Sie aus dem Personalbestand Ihrer Abteilung männliche Angehörige in der im Anhang übergebenen Stärke auszuwählen und bis zum

28. Januar 1985

an den Leiter der AGL zu melden.

Die Meldung der spezifischen Einsatzkräfte hat zu beinhalten:

1. Dienstgrad
2. Name
3. Vorname
4. PKZ
5. absolvierte Spezialausbildungen

Bei der Auswahl der Kader sind folgende Voraussetzungen zu berücksichtigen:

1. Die Angehörigen dürfen nicht älter als 35 Jahre sein. Sie müssen physisch und psychisch belastbar sein und dürfen in ihrer Leistungsfähigkeit keinen durch ärztlichen Attest bedingten Einschränkungen unterliegen.
2. Sie müssen über ein gutes sportliches Leistungsvermögen verfügen.
3. Es sind möglichst solche Angehörigen auszuwählen, die bereits an einer Spezialausbildung im Rahmen der AGM/S-Lehrgänge oder Lehrgängen der Abteilung XXII teilgenommen haben.

Leiter der AGL

Anlage

Aufstellung über die zahlenmäßige Stärke der für die SEK von den Abteilungen abzustellenden Angehörigen

Abteilung	Anzahl der abzustellenden Angehörigen
XXII/1	6
XXII/2	4
XXII/3	5
XXII/4	6
XXII/6	5
XXII/7	6
XXII/8	4
XXII/AGL	2

Anforderungen und Stärke der Einsatzkräfte [15]

Bei der Ausbildung schaute man auch auf Erfahrungen westlicher Spezialeinheiten. So wertete man verschiedene Medien, wie Zeitschriften und Videos aus, um Rückschlüsse auf die eigene Bewaffnung und Ausbildung zu ziehen. Mehrere Studienarbeiten des MfS beschäftigten sich mit der Auswahl und Wirkung der verschiedenen Waffen für solche Spezialeinheiten. Einsatzgruppen der US-amerikanischen Polizei wurden genauso betrachtet wie die westdeutsche Sondereinheit „Grenzschutzgruppe 9“ (GSG-9) des damaligen Bundesgrenzschutzes (BGS, heute Bundespolizei) der BRD. Auch der Einsatz von Scharfschützen als letztes Mittel wurde hier festgestellt.[16]

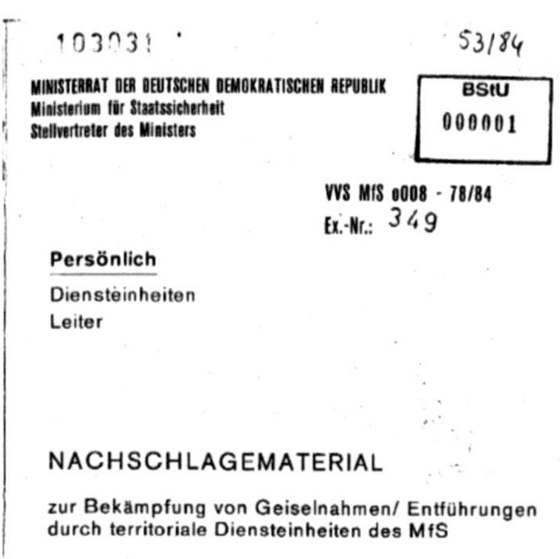

103031 53/84

MINISTERRAT DER DEUTSCHEN DEMOKRATISCHEN REPUBLIK
Ministerium für Staatssicherheit
Stellvertreter des Ministers

BStU
000001

VVS MfS o008 - 78/84
Ex.-Nr.: 349

Persönlich

Diensteinheiten
Leiter

NACHSCHLAGEMATERIAL

zur Bekämpfung von Geiselnahmen/ Entführungen durch territoriale Diensteinheiten des MfS

In Ergänzung zur Dienstanweisung Nr. 1/81 entstanden mehrere Durchführungsbestimmungen und Zusatzanweisungen, welche das Vorgehen der Einheiten des MfS im Falle eines terroristischen Aktes genauer festlegten. Der Verhandlungsführung bei Entführungen und Geiselnahmen wurde ein besonderes Gewicht zugemessen. In der nicht-strukturellen zentralen Gruppe Verhandlungsführung/Gewaltakte (ZGV) des MfS waren für solche Fälle geschultes Personal[17] auf Abruf bereit[18]. Der Einsatz von Scharfschützen nach gescheiterter Verhandlung das Ultima Ratio.

[15] BStU, MfS, HA XXII Nr. 921 285ff

[16] BStU, MfS, Abschlußarbeit im postgradualen Studium – Überblick über Möglichkeiten des Einsatzes waffentechnischer Ausrüstung zur Bekämpfung terroristischer Handlungen

[17] BStU, MfS, BdL/Dok. Nr. 000153 1. Exemplar 00001–00062

[18] BStU, MfS, BdL / Dok. Nr. 000127 1. Exemplar S. 00005f

3.15. Maßnahmen zum Unschädlichmachen der Täter bzw. zur Beendigung der Geiselnahme mit den territorial zur Verfügung stehenden Kräften

Das erfolgreiche Unschädlichmachen der Täter ist der politisch-operative und sicherheitspolitische Kulminationspunkt der Bekämpfung der Geiselnahme. Hier zeigt sich zugleich, mit welchem Erfolg die bis zu diesem Zeitpunkt erarbeiteten Informationen und durchgeführten Maßnahmen zur direkten militärisch-operativen Bekämpfung der Geiselnahme genutzt werden können. Hier muß mit Mut, Kampfbereitschaft, tschekistischer und militärischer Meisterschaft der Feind liquidiert werden.

Prinzipiell ist für das Unschädlichmachen der Einsatz folgender operativ-taktischer Methoden möglich:

- die Verhandlungsführung,
- das legendierte bzw. gedeckte Vorgehen/Eindringen,
- die Tarnung des eigenen Vorgehens und Täuschung der Täter,
- die Verlagerung des Ereignisortes, um günstigere Möglichkeiten der Bekämpfung zu schaffen,
- die Durchführung von Überfällen und das Anlegen von Hinterhalten in günstigen Handlungsräumen,
- die Durchführung von eigenen demonstrativen Handlungen,
- der Einsatz von Scharfschützen und Spezialisten.

Die Entscheidung über die Art des Vorgehens sowie die Abstimmung aller Maßnahmen zu ihrer Realisierung sollte nach Möglichkeit in Abstimmung mit dem Führungsoffizier für Terrorabwehr in der AGL der BV erfolgen. Seine spezifischen Kenntnisse und Erfahrungen bei der militärisch-operativen Bekämpfung von Gewalttätern können von Vorteil sein für den Handlungsentschluß des Leiters der Diensteinheit.

Einsatz von Scharfschützen als letztes Mittel[19]

[19] BStU, MfS, BdL Nr. 005413 S. 0113

Besonders terrorgefährdete Objekte im Verantwortungsbereich

1. Objekt Ministerium für Verkehrswesen,
   Französische Straße 53/55
   Berlin,
   1086

2. Zentrale Leitung der DR, Hauptdispatcherleitung,
   Eiselenweg 8
   Berlin,
   1170

3. Rechenstation der DR,
   Florastraße 133/136,
   Berlin,
   1147

4. Ausgewählte Objekte des Flughafens Berlin-Schönefeld
   Berlin
   1188

5. Ministerium für Post- und Fernmeldewesen,
   Mauerstraße 69/75,
   Berlin,
   1066

6. Fernseh- und UKW-Turm,
   Gontardstraße,
   Berlin,
   1020

7. Funkdirektion der DP,
   Waldpromenade West 4,
   Berlin,
   1170

8. Fernmeldeamt der Regierung
   Leipziger Str. 5 - 7
   Berlin
   1000

Liste von besonders gefährdeten Objekten in Berlin[20]

Des Weiteren wurde zu jeder Zeit offen zugängliche Presse betrachtet und ausgewertet. So folgte man 1980 in einer MfS-internen Stellungnahme einem Bericht der westdeutschen Zeitschrift „Spiegel“[21], dass die damals in der BRD neu eingeführten kugelsicheren Leichtwesten keinen ausreichenden Schutz bieten würden.[22]

Heute würde man diese Herangehensweise als OSINT (Open Source Intelligence) bezeichnen, d.h. die Auswertung öffentlich verfügbarer Literatur und Presse (damals gab es ja noch kein Internet).

[20] BStU, MfS, HA XIX Nr. 2241 S. 00032
[21] Zeitschrift DER SPIEGEL Nr. 35 25. August 1980 S. 76f
[22] BStU, MfS, HA XXII Nr. 434/1 S. 000010

BStU
000010

Berlin, 03. 09. 1980

Stellungnahme

zu dem Artikel im "Spiegel" Nr. 35 vom 25. 08. 80 über "kugelsichere Westen"

Läßt man das journalistische Beiwerk beiseite, dann kommt der Autor zu der sachlichen, nüchternen Feststellung, daß die Leichtschußwesten "völlig nutzlos" sind.
Die vom Autor angeführten Beschußteste decken sich in ihrer Aussage voll mit den Erkenntnissen, die im Beschußtest an einer schweren Schußweste vom Kommando E 1978 erbracht wurden.

Im wesentlichen würden alle in unserem strukturmäßigen Bestand befindlichen Munitionsarten die Leichtschußweste durchschlagen, zumal die meisten Kaliber sogar die schwere Schußweste durchschlugen.

Man kann dem Autoren zustimmen, wenn er feststellt, die Leichtschußweste ist mehr ein moralischer Faktor.

Das im Artikel aufgeworfene Problem der "Alterung der Plaste" ist prinzipiell aus der Industrie bekannt. Es wurde jedoch bisher nicht unter dem Aspekt der Auswirkungen für die Langzeitlagerung von Schußwesten gesehen.
Schlußfolgernd wäre daraus abzuleiten, daß ca. alle 3 Jahre der Festigkeitszustand, der in unserer Ausrüstung befindlichen schweren Schußwesten überprüft wird.

Oberstleutnant [23]

Für die Ausbildung wurden neue Vorschriften erlassen bzw. lose Blattsammlungen angelegt, mit denen die Ausbildung stetig erweitert und verfeinert wurde. Zum Training gab es verschiedene Übungsplätze, wie z.B. das Objekt „Walli“.

[23] BStU, MfS, HA XXII Nr. 434/1 S. 00010

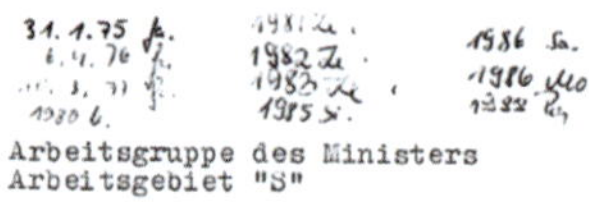

Arbeitsgruppe des Ministers
Arbeitsgebiet "S"

00001

BSTU
0001

Vertrauliche Verschlußsache
MfS 005 Nr. 783/74
.... Ausfertigungen
1. Ausfertigung 134 Blatt

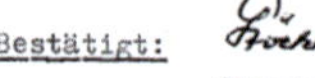

Bestätigt: Stöcker
Oberst

K a t a l o g

der Waffen- und Schießausbildung

A. Scharfschützenausbildung

B. Spezialschießübungen für Pistolen, Revolver, Jagdwaffen, KK-Waffen, LMG
Handgranatenübungen

- Für spezifische Einsatzkräfte -

Schießkatalog der Waffen- und Schießausbildung der AGM/S SEK [24]

Übung am Passagierflugzeug Tupolew Tu-134 im Dienstobjekt Walli Mitte der 80er [25]

---

[24] BStU, MfS, HA XXII Nr. 1414/4 S. 0001
[25] BStU, MfS, HA XXII Fo Nr. 176, Bild 19

Lehrschau „Roter Oktober" im Ausbildungsobjekt „Walli" 1977[26]

Lehrschau „Roter Oktober" im Ausbildungsobjekt „Walli" 1977[27]

Seit Beginn der Aufstellung von Spezialkräften ergab sich auch die Forderung nach neuen für diesen Einsatz bestimmten Waffen und Gerät. Die Dienstanweisung 1/81 ist die offizielle Grundlage für das SSG-82, sowie die Entwicklung weiterer Mittel:

---

[26] BStU, MfS, HA XXII Fo Nr.156, Bild 25
[27] BStU, MfS, HA XXII Fo Nr.156, Bild 84

„Die Leiter der operativen Diensteinheiten haben insbesondere zu gewährleisten

- die weitere Entwicklung und Vervollkommnung der Mittel, Methoden und Maßnahmen der vorbeugenden politisch-operativen Arbeit gegen Terror- und andere operativ bedeutsame Gewaltakte.“ [28]

Die neuen Mittel sollten „in zweckmäßig ausgewählten Standorten und Basen ständig verfügungsbereit disloziert sein.“[29] Dies betrifft sowohl die personelle, als auch die materielle Dislozierung[30] über das gesamte Gebiet der ehemaligen DDR.
Wie bereits beschrieben hat das MfS bereits vor dem Erlass der DA 1/81 Waffen und andere Mittel entwickelt, getestet und verwendet.

Beispielhaft sollen einzelne Waffen betrachtet werden.
Das sowjetische Mosin Nagant 91/30 und das tschechoslowakische VZ54, beides Mehrladerepetiergewehre mit Zielfernrohr 7,62 x 54R, waren im Bestand.

Mosin Nagant 1891/30 mit ZF PU 3,5 – eigene Aufnahmen

[28] Dienstanweisung 1/81, S. 15–16
[29] Dienstanweisung 1/81, S. 27
[30] = Verteilung

Mosin Nagant 1891/30 mit Zielfernrohr PEM, montiert auf einer Seitenmontage
Mit freundlicher Genehmigung von waffenhof-gurtner.at

Karabiner VZ-54, MfS intern „Scharfschützengewehr Kal. 7,62 mm CSSR“ mit der Decknummer 03 030 00 – eigene Aufnahmen

Geschosslehre 7,85 – 7,92 – eigene Aufnahme

Taktisch technische Angaben

	Mosin Nagant 1891/30	VZ-54
Patrone (mm)	7,62 x 54R	7,62 x 54R
Länge (mm)	1230	1148
Patronenzufuhr	festes Kastenmagazin 5 Patronen	festes Kastenmagazin mit 5 Patronen
Zielfernrohr	PU PEM	Meopta
Vergrößerung	3,5x 4x	2,5x
Einsatzländer	Sowjetunion	Tschecheslowakei, Tschechien

15 Pistolen vom Typ „MP IX. Parteitag“ wurden anlässlich des IX. Parteitages der SED 1976 entwickelt (siehe Seite 56 ff).

Durch die Zentrale Waffenwerkstatt Berlin wurden 10 Pistolen P38 zum verdeckten Tragen umgebaut, indem der Lauf und das Griffstück gekürzt wurden.

Originale P38 des MfS mit gekürztem Lauf und Griffstück, mit freundlicher Genehmigung Herrmann Historica

P38 des MfS mit gekürztem Lauf und Griffstück – Sammlung LKA Brandenburg

P38 des MfS mit gekürztem Lauf und Griffstück – Sammlung LKA Brandenburg

P38 des MfS mit gekürztem Lauf und Griffstück – Sammlung LKA Brandenburg

Ebenfalls im Bestand waren u.a. sogenannte Stockflinten, d.h. ein als Alltagsgegenstand, hier Gehstock, getarntes meist einschüssiges Gewehr.

Schiessstöcke mit staatlichem Beschussstempel.

Nur für Export.

No. 229.

No. 229. Stockflinte mit Nussbaum-Ueberzug, Eisenzwinge, Ringenkorn, Lauf für Cal. 9 mm Flobert-Patrone. Der an der Zwinge sichtbare Haken dient zum Herausziehen, resp. Spannen des Hahnes, wirklich gediegener und preiswerter Stock . . . . M. 10.—

Prospekt, Jahr und Hersteller unbekannt

Übergabe einer Stockflinte, links Kurt Voigt, Leiter BCD, rechts Günther Kratsch, Leiter HA II (Spionageabwehr), Aufnahmejahr unbekannt, Archiv des Autors

In einem schwarzen Lederkoffer in der Waffenkammer der Abteilung XXII wurden auch insgesamt zehn Pistolen CZ Modell 83, Kal. 7,65 mit industriemäßig hergestellten Schalldämpfern aufbewahrt. Diese waren Geschenke des Sicherheitsorgans der CSSR (heutige Tschechoslowakei) an die Sicherheitsorganisation der PLO (Palestine Liberation Organization). Der Koffer wurde ohne Kenntnis des Inhalts in der Waffenkammer aufbewahrt. Die „Entdeckung“ des Inhalts des Koffers im Rahmen einer Übernahme durch einen neuen Waffenkämmerer im Dezember 1989 führte auch innerhalb des MfS zu Untersuchungen zum Ursprung dieser Waffen. Ende Dezember 1989 wurden diese aber offiziell registriert und eingelagert.

Der Vollständigkeit halber anbei die Seriennummern:

Pistolen: 001458, 001443, 001532, 000859, 001631, 001616, 0007ß3 (gem. Aktenvermerk), 001520, 001558, 001536.

Schalldämpfer.: 2, 3, 4, 6, 7, 8, 10, 11, 21/465, 25/302

Traurige Berühmtheit erlangte dieses Pistolenmodell im Zusammenhang mit den sog. NSU-Morden in den Jahren 2000 bis 2006.

Pistole Ceska 83, 7,65 mm Browning, Fahndungsplakat des BKA 2011 zur NSU

Innerhalb der sog. Bewaffneten Organe der DDR waren verschiedene Varianten der Kalaschnikow eingeführt: die AK-47 wurde als MPi-K geführt. Darauf folgten die in der DDR hergestellte MPi-KM (mit Kolben), die MPi-KmS (mit Klappstütze) und die in der DDR entwickelte MPi-72 bzw. KMS-72 (mit Plastkolben oder mit nach rechts klappender Schulterstütze und Kompensator).[31] Daneben gab es weitere Versuche, Modelle und Entwicklungen, welche bereits in verschiedenen Artikeln und Büchern beleuchtet werden.
Innerhalb des MfS erhielten einige Kalaschnikow mit Kolben (KmK) MPk (AK-47) eine aufgeschweißte seitliche Zielfernrohrmontage und ein Zielfernrohr ZF 3 x 42 mit Absehen 1. Ebenfalls wurde die hintere Riemenbefestigung verändert und ein 10 Schuss Magazin verwendet. Die Zielfernrohre waren nicht für die Verwendung mit automatischen Waffen konzipiert, wodurch sich beim Schuss die Absehen verbiegen konnten. Die Nutzung einer Unterschallpatrone und Schalldämpfern löste das Problem. Der Umbau erfolgte im Rahmen eines sog. Jugendobjektes ebenfalls in der Zentralen Waffenwerkstatt Berlin. Ausgeliefert wurden die Gewehre in einem Lederkoffer.
Bei Jugendobjekten handelte es sich um zeitlich begrenzte Aufgaben, die einem sog. Jugendkollektiv übertragen wurden. Neben zentralen Jugendobjekten hatte auch jeder Volkseigene Betrieb (VEB) und Landwirtschaftliche Produktionsgenossenschaft (LPG) ebensolche. Eines der bekannten Projekte war der Bau einer Kühlwasserleitung in Unterwellenborn unter dem Motto „Max braucht Wasser“.
Sehr wenige Modelle der KMS 72 wurden mit einer Brückenmontage versehen, welcher vom Visierfuß bis zur Halteschraube der Schulterstütze ging. Die Montage hatte eine Seitenverstellung (sog. Supportverstellung) und ebenfalls ein Zielfernrohr ZF 4 mit Absehen 1. Verwendet wurden diese in der Hauptabteilung Personenschutz (HA PS).

Bis Mitte der 70er Jahre wurde im Biathlon international Großkaliber geschossen. Des Weiteren gab es die Disziplin „Laufender Hirsch“. 1963 wurde das Kaliber 6,5 mm vorgeschrieben. Ab 1978 bis heute gibt es nur noch die KK-Disziplin. Aus den danach nicht mehr benötigten Großkaliber-Biathlongewehren wurden einige zu Prototypen eines Scharfschützengewehres umgebaut. Sie erhielten ein ZF 4 x 32 mit Absehen 1, welches mit einer Suhler Einhakmontage auf der Waffe montiert wurde. Die Sportwaffen hatten einen Monte Carlo Schaft mit Gummischaftbacke. Das fünf Patronen fassende Magazin ähnelt dem des Mosin Nagant 1891/30. Die Patrone 6,5 x 54R ist eine von dem sowjetischen Konstrukteur Blum entwickelte auf 6,5 mm eingezogene Hülse 7,62 x 54R. Diese speziell für das Sportschiessen entwickelte Patrone zeichnet sich durch hohe Eigenpräzision, moderaten Rückstoß und eine gestreckte Flugbahn aus.

So testete 1979 die Abt XXII, zuständig für die Terrorabwehr, zum Beispiel das sowjetische Biathlongewehr WOSTOK[32] im Kaliber 6,5 x 54R auf seine Tauglichkeit als Scharfschützengewehr[33].

Basis des WOSTOK ist das sowjetische Repetiergewehr Mosin-Nagant im Kaliber 7,62 x 54R, Ordonnanzgewehr der sowjetischen Streitkräfte im 2. Weltkrieg. Das Biathlongewehr

[31] Aus Zeitschrift VISIER Ausgabe 9/1979 - Waffenkartei 2.3.3.1.
[32] weitere Schreibweise „Vostok“
[33] BStU, MfS, HA XXII Nr. 434/1 S.000012ff

hatte einige Änderungen erfahren: der Schaft hatte einen ausgeprägten Pistolengriff; das System einen gebogenen Kammerstengel; eine Dioptervisierung ersetzte das klassische Kimme/Korn-Schiebevisier; das Gewehr hatte weiterhin eine einstellbare Schaftkappe, sowie die geänderte Patrone.

ERPROBUNGSBERICHT

Sowjetisches Biathlongewehr Modell "Wostok"

Links: Deckblatt zum Testbericht des Biathlongewehr WOSTOK[34]

Oben verschiedene sowjetische Munition für das Biathlongewehr WOSTOK – Sammlung LKA Brandenburg

Biathlongewehr WOSTOK – Sammlung LKA Brandenburg

[34] BStU, MfS, HA XXII Nr. 434/1 S. 000012ff

Seitenaufnahme und Draufsicht eines Gewehr WOSTOK mit Aufnahme für ein Zielfernrohr – Sammlung LKA Brandenburg

Ausgestattet mit einem einfachen Zeiss-Jagdzielfernrohr Zielvier mit vierfacher Vergrößerung und jagdlichem Absehen 1 wurde auf Entfernungen von 100-200 m, verschiedene Zielmedien – wie Eisenplatten, Holzpflöcke und Salatköpfe – beschossen und die Wirkung dokumentiert. Für gut bewertet wurden das geringe Abzugsgewicht von 1,5 kg, die Schäftung, sowie die Durchschlagskraft der Munition. Bemängelt wurde u.a. das Zielfernrohr an sich, wegen der zu geringen Vergrößerung und das ungeeignete Absehen, sowie der schlechte Zustand des Laufes (bei der Testwaffe).

Folgende Verbesserungen wurden vorgeschlagen: ZF mit 8-facher Vergrößerung und eine Aufnahmeschiene für die sowjetische Nachtsichtoptik NSP-3. Ähnliche Forderungen wurden später auch beim SSG-82 gestellt.[35] Die HA XXII verfügte 1989 über lediglich fünf Gewehre vom Typ WOSTOK.[36]

---

[35] BStU, MfS, HA XXII Nr. 434/1 S. 0011-0023

[36] BStU, MfS, HA XXII Nr. 5047/2 S. 0029

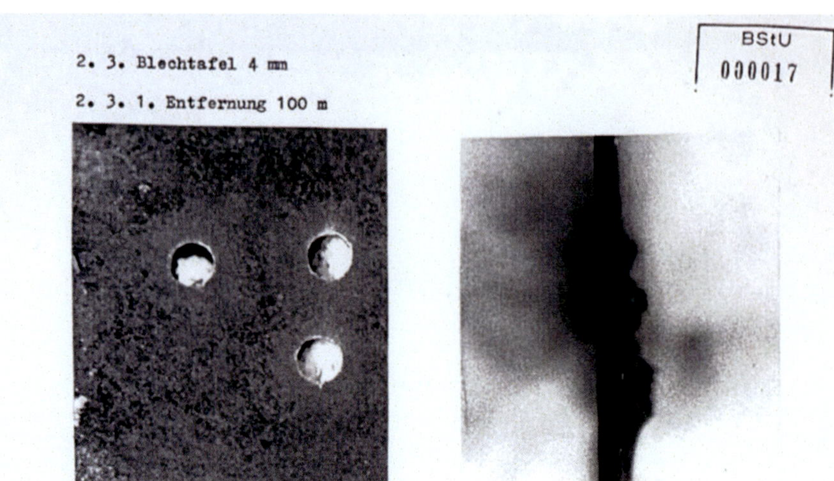

2. 3. Blechtafel 4 mm

2. 3. 1. Entfernung 100 m

Einschüsse

Ausschüsse

2. 3. 2. Entfernung 200 m

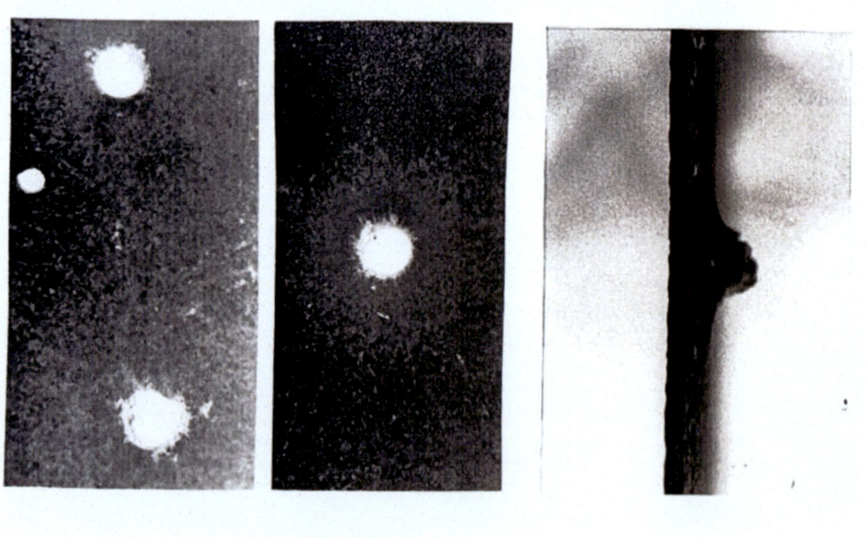

Einschüsse

Ausschuß

Test der Durchschlagskraft des WOSTOK auf verschiedene Zielmedien[37]

[37] BStU, MfS, HA XXII Nr. 434/1 S. 000017

6. Gesamteinschätzung der Erprobungsergebnisse

6. 1. Das Biathlongewehr Modell "Wostok", Kaliber 6,5 mm

Das Abzugsgewicht von 1,5 kg wirkt sich sehr gut auf die Schießtechnik aus.
Die Schäftung für den Einsatz einer Optik ist zweckmäßig.
Die Mehrladeeinrichtung, für 5 Patronen, ist ausreichend.
Beim Schießen wurde festgestellt, daß sich die gesamten Halteschrauben lösten und nachgezogen werden mußten. Dieser Mangel wurde nach dem Schießen, 200 m Genauigkeit, festgestellt und vermutlich ist daraus die größere Streuung zu erklären.
Der technische Zustand des Laufes ist ungenügend, dadurch erhöht sich die Streuung wesentlich.
Die Festigkeit der Zielfernrohrmontage kann mit gut eingeschätzt werden.
Die Handhabung und Zuverlässigkeit der Waffe entspricht den Anforderungen.

6. 2. Das Zielfernrohr

Durch die große Breite des Hauptstachels ist das genaue Schießen erschwert, da die Stachelspitze beim Zielen einen Flimmereffekt bewirkt und der Eindruck entsteht, daß sie immer breiter wird.
Folgende Nachteile treten bei dem verwendeten ZF 4 auf:

- es kann nicht auf unterschiedliche Entfernungen mit dem gleichen Haltepunkt geschossen werden, da die Treffer, bei der auf 100 m angeschossenen Waffe, bei 200 m ca. 25 cm tiefer liegen,
- die Seitenverbesserung ist ohne Hilfsmittel (Schraubenzieher) nicht möglich,
- fehlende Wetterschutzblende,
- es ist kein Augenschutz vorhanden (es wurde ein Augenschutz aus dem eigenen Bestand verwendet) und
- die Strichplatte des ZF 4 erfüllt nicht die Anforderungen an die Strichplatte eines Scharfschützengewehres (z. B. ist keine Strichplattenbeleuchtung vorhanden).

Ein Vorteil des ZF 4 ist die vorhandene Schärfeneinstellung, die beibehalten werden sollte.

Vorschläge zur Änderung bzw. weiteren Erprobung: | 000024

- es sollte der Einsatz des ZF 8 vom tschechischen Jagdkarabiner geprüft werden, daß das Schießen in der Dämmerung gewährleisten soll (die oben genannten Nachteile sollten aber Beachtung finden),
- es sollte eine Strichplatte angefertigt werden, die unseren Anforderungen entspricht, der Aufbau der Strichplatte ist in einer gemeinsamen Beratung festzulegen und abhängig von den technischen Möglichkeiten der Optik,
- der Einbau einer Strichplattenbeleuchtung ist unbedingt zu prüfen,
- die Halteschiene für die Optik sollte so gestaltet werden, daß das NSP - 3 angebracht werden kann.

6. 3. Die Munition

Das Kaliber 6,5 mm wird für den Scharfschützeneinsatz als zweckmäßig angesehen. Die Durchschlagskraft, bis zu einer Entfernung von 200 m, ist ausreichend. Versager traten nicht auf. Die Streuung der Munition kann auf Grund der vorher genannten Mängel (Lösen der Waffe; Lauf) nicht eingeschätzt werden.

7. Schlußfolgerungen und Vorschläge

Auf Grund der geringen Patronenanzahl konnte die Erprobung nicht auf 300 m erweitert werden.
Der mangelhafte Zustand des Laufes hatte einen großen Einfluß auf die Streuung der Waffe.
Es wird eingeschätzt, daß eine weitere Erprobung auf 300 m durchgeführt werden sollte und dazu eine andere Waffe verwendet wird, bei der der Zustand des Laufes den geforderten Normativen entspricht.
Mit dem verwendeten ZF 4 und unveränderter Strichplatte eignet sich das Biathlongewehr Modell "Wostok", unserer Meinung nach, nicht als Scharfschützengewehr.
Um den Einsatz zu gewährleisten, sollten die vorher genannten Mängel beseitigt und die Vorschläge berücksichtigt werden.
Eine sich daran anschließende nochmalige Erprobung sollte dann den Einsatz bestimmen. [38]

Eine Vertragswerkstatt des VEB Fajas erhielt Ende der 70er Jahre vom MfS Abt BCD den Auftrag zehn Gewehre vom Typ WOSTOK mit einer Schwenkmontage umzurüsten. Der Auftrag wurde nach wenigen Wochen zurückgezogen.[39]

---

[38] BStU, MfS, HA XXII Nr. 434/1 S. 0023f

[39] Zeitzeugenbericht, Name liegt dem Autor vor

Im MfS waren zu aller Zeit verschiedene Scharfschützenwaffen aus dem Nichtsozialistischen Wirtschaftsgebiet (NSW) vorhanden, z.B. das österreichische Repetiergewehr Steyr SSG 69 (teilweise mit Schalldämpfer[40]), Stutzen Steyr Mod. L [41]und später der Selbstlader Heckler & Koch PSG-1[42] (alle NATO-Kaliber 7,62 x 51 mm).

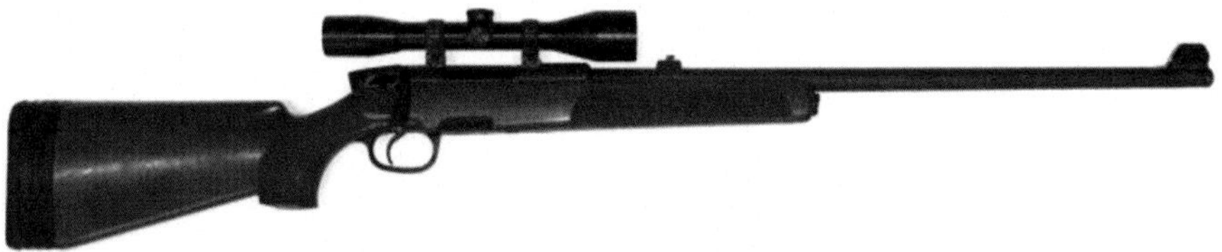

Steyr Mannlicher Mod. SSG 69 – Sammlung LKA Sachsen-Anhalt

Kaliber: 7,62 x 51 mm
Zielfernrohr: Kahles ZF69- 6 x 42

Heckler & Koch PSG-1 – Sammlung LKA Sachsen-Anhalt

Kaliber 7,62 x 51 mm
Zielfernrohr: Hensoldt Wetzlar ZF6 6 x 42 PSG1

BSTU
0163

Nomenklatur Nr. / Bezeichnung	Lfd. Nr.	Datum	Dokument Nr.	Benennung und Nr. des Beleges	Woher – wohin	Gesamtbestand K.-Satz Stück Zugang	Gesamtbestand Abgang	Gesamtbestand Bestand	Lagerbestand K.-Satz Stück Zugang	Lagerbestand Abgang	Lagerbestand Bestand
SSG Heckler & Koch Mod. PSG 1 Cal. 7,62 x 51 mit ZF Hensoldt 6 x 42	1.	3.8.88		016601	BCD an Abt. XXIII	40		40			
Maßeinheit Stück											

40 PSG-1 waren im Bestand der Abt. BCD, abgegeben an die Abt. XXII.[43]

[40] BStU, MfS, HA XXII Nr. 20714 S. 0038
[41] BStU, MfS, HA XXII Nr. 20714 S. 0042
[42] BStU, MfS, HA XXII Nr. 20714 S. 0034 ff
[43] BStU, MfS, HAXXII Nr. 20685 S. 0163

Aus dem sozialistischen Wirtschaftsgebiet (SW) stand der Selbstlader SSG Dragunow Kaliber 7,62 x 54R mm zur Verfügung. Für eine flächendeckende Ausstattung aller Diensteinheiten mit Scharfschützengewehren waren diese aber nur in verschwindend geringen Stückzahlen verfügbar und nicht flächendeckend eingelagert. Die HA XXII verfügte z.B. über 215 SSG Dragunow, sowie 55 Scharfschützengewehre im Kaliber 7,62 x 51 mm aus dem NSW.[44] Die HA XX Unterabteilung VI verfügte 1987 über 8 Scharfschützengewehre Dragunow.

Die HA VI (Personenschutz) verfügte ebenfalls über 8 Dragunow mit NSPU (Seriennummer 04679, 04711, 04753, 04917, 0494004947, 0498304992). [45]

Es waren also durchaus Gewehre vorhanden, jedoch nicht so viele, um die Flächenabdeckung und Dislozierung über das gesamte Gebiet der DDR zu gewährleisten.

Aus einem Aktenvermerk vom Leiter der Abt XXII/5 mit dem Leiter der Abt BCD geht hervor, dass man im Bedarfsfall 6-8 HK Gewehre samt Munition bekommen könnte.[46] (Anmerkung: wahrscheinlich Modell PSG-1).

Schießausbildung im Objekt „Walli" bei Wartin bei Prenzlau [47] Ein bunter Mix an Waffen

MPi-KMS-72 mit Schalldämpfer und ZF-Schiene – Sammlung LKA Sachsen-Anhalt

---

[44] BStU, MfS, HA XXII Nr. 19217 S. 0002

[45] BStU, MfS, HA VI Nr. 14969 S. 0314–0321

[46] BStU, MfS, HA XXII Nr. 1173/2 S. 000056

[47] BStU, MfS, HA XXII Fo Nr. 78, Bild 30

Außerdem standen den Einsatzkräften die MPi K (AK-47 Variante, gefrästes Gehäuse) mit aufgesetzten Zeiss Zielfernrohr zur Verfügung.

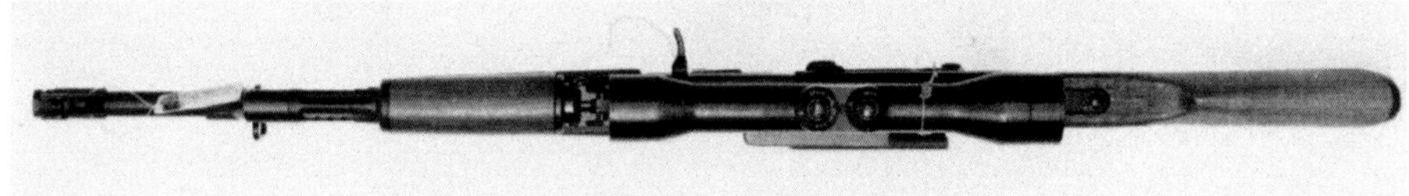

AK-47 (1964, Werk-Nr. N-6083) mit ZEISS Zielfernrohr 4/N auf eigens angefertigter Montage für die Prismen-Seitenschiene [48]

AK-74 (Gerät 920) mit ZEISS ZF auf Seitenmontage[49]

---

[48] Wehrtechnische Studiensammlung (WTS) Koblenz

[49] Zeichnung von Alexander Meyer

Merkblatt

für den richtigen Umgang der MPi/KmK mit Zielfernrohr

Bei dieser MPi KmK handelt es sich um eine Sonderanfertigung, die mit einer hochwertigen optischen Zieleinrichtung versehen wurde (ZF 4).

Eine richtige Pflege und der richtige Umgang mit der Waffe garantieren eine hohe Einsatzbereitschaft.
Dazu sind folgende Punkte unbedingt einzuhalten:

1. Es ist nicht gestattet:
   - die optische Zieleinrichtung von der Waffe zu entfernen
   - ein Lösen der Schrauben am Zielfernrohr und an der Justiereinrichtung.

2. Ist eine Neujustierung erforderlich (Waffe erfüllt nicht mehr die Anschußbedingungen), wird diese grundsätzlich nur durch die Abt. BCD des MfS durchgeführt.

3. Die Waffe ist entsprechend der Waffen- und Munitionsordnung des MfS zu lagern. Das auf der Waffe montierte Zielfernrohr ist vor Schlag und Stoß zu schützen.

4. Die Optik des Zielfernrohres ist vor
   Staub
   Schmutz oder anderen Lösungen wie
   Öl, Fett, Säuren, Laugen usw.
   zu schützen.

5. Die Staubschutzkappen sind beim Transport oder bei der Aufbewahrung in ~~die~~ der Waffenkammer auf dem Zielfernrohr zu belassen.

6. Die Reinigung des Zielfernrohres erfolgt mit einem weichen Flanelltuch bzw. Optikpinsel. Bei starker Verschmutzung der Optik sind diese mit Äther oder Spiritus zu reinigen.

7. Die Reinigung der Waffe erfolgt entsprechend der Waffen- und Munitionsordnung des Ministeriums für Staatssicherheit.

Umgang mit der MPi mit ZF, Merkblatt aus der Abt BCD des MfS – Archiv des Autors

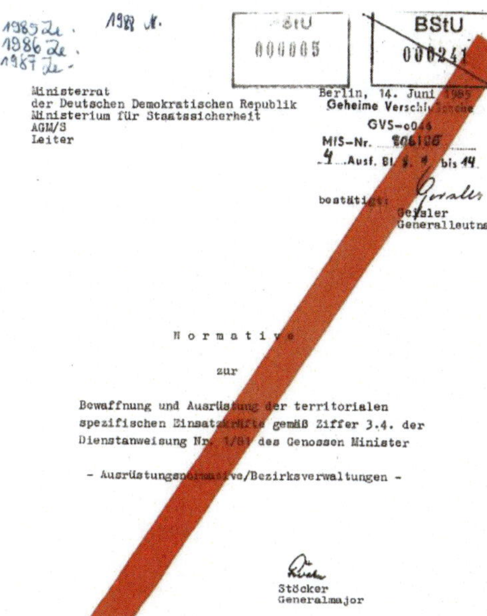

BStU 000005

BStU 000241

Ministerrat
der Deutschen Demokratischen Republik
Ministerium für Staatssicherheit
AGM/S
Leiter

Berlin, 14. Juni [illegible]
Geheime Versch[illegible]
GVS-o0[illegible]
MfS-Nr. [illegible]
4 Ausf. Bl. [illegible] bis 14

bestätigt: Geisler
Generalleutnant

Normative

zur

Bewaffnung und Ausrüstung der territorialen spezifischen Einsatzkräfte gemäß Ziffer 3.4. der Dienstanweisung Nr. 1/81 des Genossen Minister

- Ausrüstungsnormative/Bezirksverwaltungen -

Stöcker
Generalmajor

Im dem sog. Ausrüstungsnormativ – einem Ausrüstungs- und Ausbildungskatalog – der „AGM/S Sonderkommando Terrorabwehr“ von 1988 ist die komplette Soll-Ausstattung der Spezialkräfte aufgeführt. Die Normative sind bezogen auf eine Einsatzgruppierung mit einer Gesamtstärke von 1:24 Einsatzkräften, die in vier Einsatzgruppen von 1:5 Einsatzkräften gegliedert sind.

Im Folgenden Auszüge aus dem Ausrüstungsnormativ:

Ausstattung der Zentralen Einsatzkräfte, hier u.a. MPi KMS 72 mit Zielhilfe Aimpoint (frühe Version eines Leuchtpunktvisier aus Schweden), Schalldämpfer PBS-1, Schießbecher, Reizwurfkörper und Leuchtpistole SP Schar – Ausrüstungsnormativ AGM/S

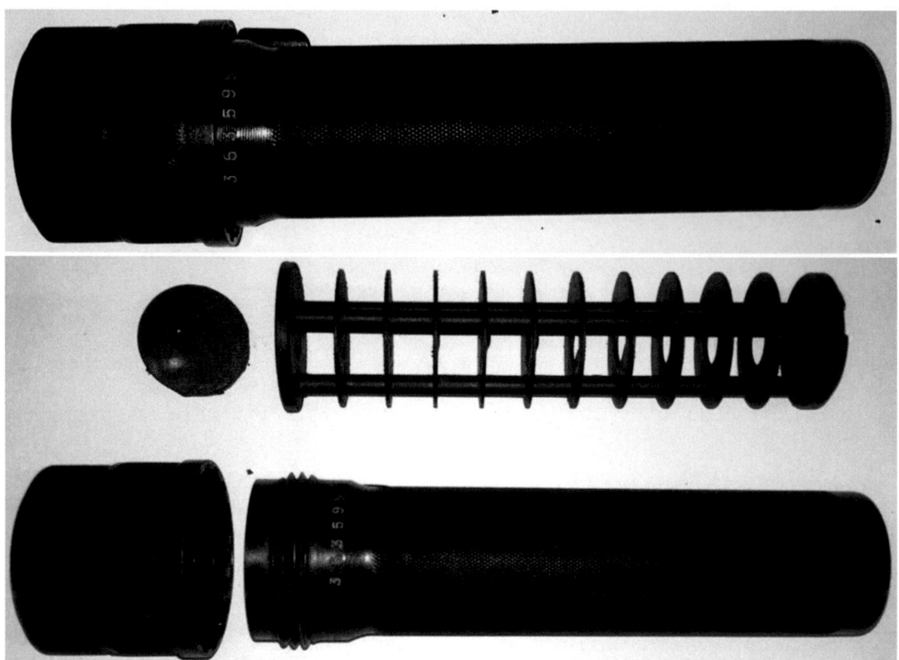

Detailaufnahmen Schalldämpfer PBS-1 – Sammlung LKA Sachsen-Anhalt

Der Schalldämpfer PBS-1 besteht aus dem Mantel (Gehäuse), dem Lamellensystem, dem Deckel des Kopfstückes, dem Gehäuse des Kopfstückes und der Abdichtung. Das Lamellensystem besteht aus 10 Zwischenwänden und hat eine Länge von 155 mm. Die Abdichtung besteht aus einem Gummipropfen/Abdichtungsscheibe, welche in einer Metallfassung mit einem Anschlag eingelegt ist. Diese Abdichtung schließt sich wieder, nach dem Geschoss durchdrungen ist. Dadurch erhöht sich der Gasdruck im Dämpfer durch die angestauten Verbrennungsgase. Trotz der Verwendung einer Unterschallpatrone wird dadurch die Funktion des Gasdruckladers ausreichend gewährleistet.[50]

[50] Aus Meisterarbeit der volkseigenen Industrie „Schalldämpfer für Handfeuerwaffen“ von OL Günter S. und Harald R., Oktober 1976

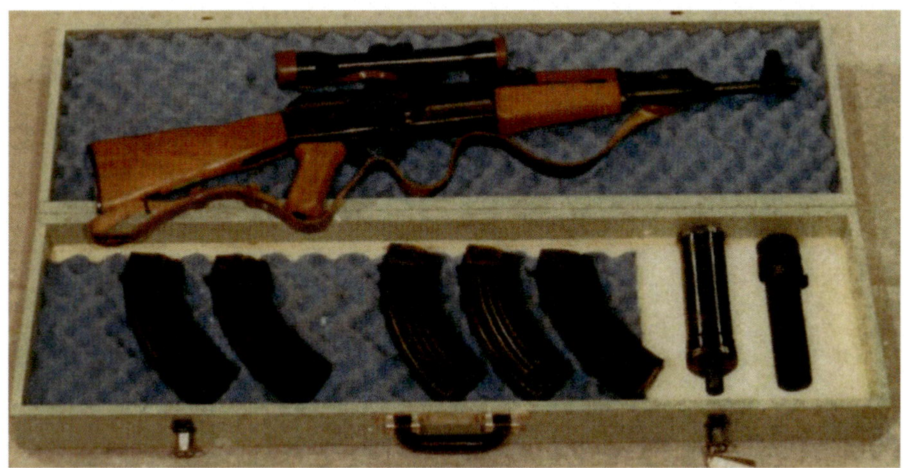

Ausstattung der Zentralen Einsatzkräfte, hier AK-47 mit Zeiss Zielfernrohr, Schießbecher und Schalldämpfer PBS-1 – Ausrüstungsnormativ AGM/S [51]

Der Schießbecher – oder Verschussgerät – wurde verwendet, um Splittergranaten RGD-5 und Reizwirkkörper zu verschiessen. Die maximale Schussentfernung betrug 150 m bei einer Streuung von 15 m. Verwendet wurde dazu das Zusatzvisier ZV-76, welches auf die Visiereinrichtung der Mpi aufgesetzt wurde. Durch Verschuss einer Platzpatrone wurden die Wirkmittel im Schiessbecher gezündet.

Übungsgranate RGD-5 – Sammlung LKA Brandenburg

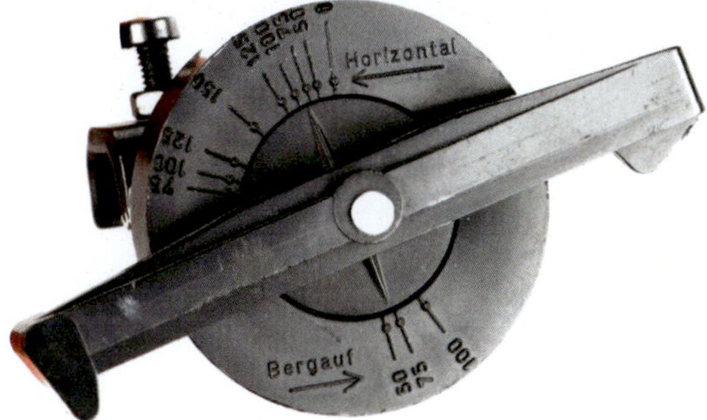

Zusatzvisier ZV-76 – Sammlung LKA Brandenburg

[51] BStU, MfS, HA XXII Nr. 1384/2 0001–0074

Weitere Bewaffnung der AGMS / SEK

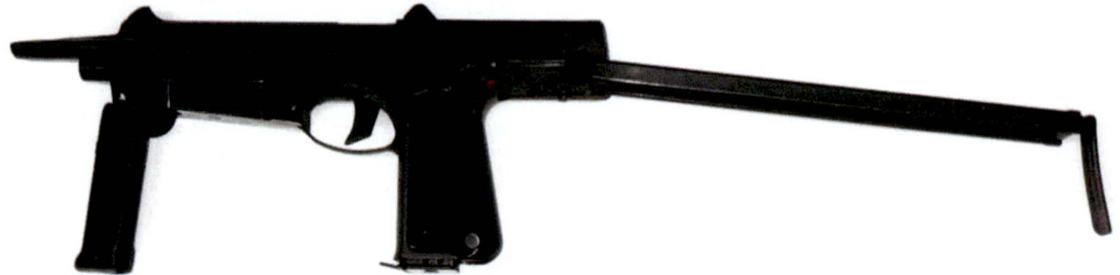

MP kurz, PM-63 mit ausgeklapptem Griff und Schulterstütze – Sammlung LKA Sachsen-Anhalt

Kaliber:	9 x 18 mm
Länge:	583 mm (333 mm mit eingeklappter Schulterstütze)
Feuerart:	Einzel-, Dauerfeuer
Verschluss:	Masseverschluss, zuschießend

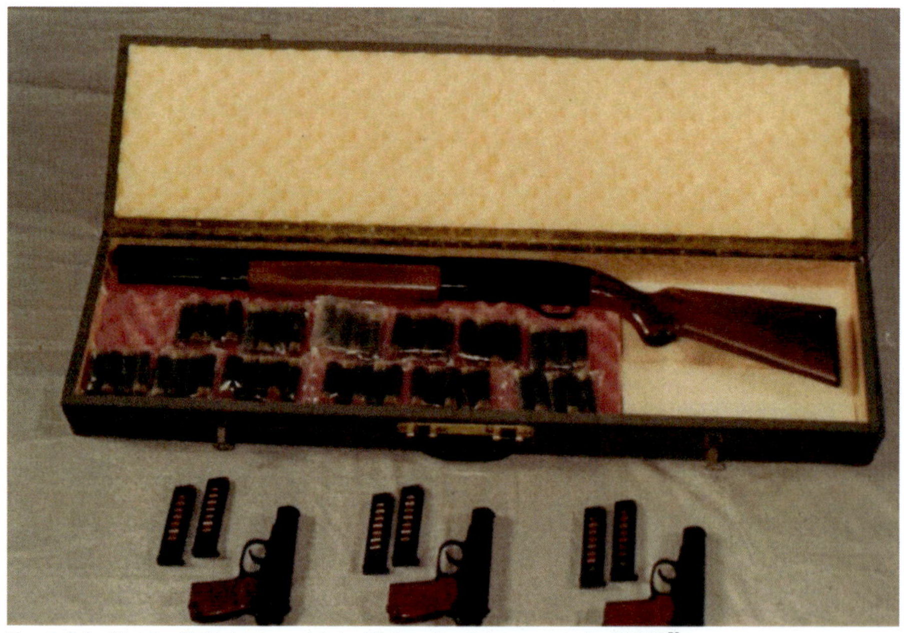

Persönliche Handwaffe Makarov und Schrotflinte – Ausrüstungsnormativ AGM/S[52]

[52] weitere Schreibweise „Makarov"

Schlagstocksprühgerät und Vollgesichtsmaske – Ausrüstungsnormativ AGM/S

Exkurs: Das Kompakt-Schlag- / Sprühgerät diente der nichttödlichen Bekämpfung von Gewalttätern, speziell bei Geiselnahmen in Verkehrsmitteln und in kleinen Räumen. Durch die massive Bauweise können Kraftfahrzeug-, Schaufenster- und andere Scheiben durchschlagen werden. Unmittelbar nach dem Zerschlagen wird eine 80 ml CN-Aerosolflasche in einem Sprühstrahl ausgestoßen. Die Menge an Reizgas reicht aus, um in kleinen Räumen und PKW eine unerträgliche Reizmittelkonzentration zu schaffen[53].
Das Sprühgerät wird dabei einhändig bedient.

Typ:	Sprühgerät
Gesamtlänge:	360 mm
max. Durchmesser:	60 mm
Masse:	ca. 1800 g
System:	Einzellader / Schraubverschluss
Abzug:	Spannabzug mit innenliegenden Schlagstück
Sprühweite:	ca. 4 m
Sprühdauer:	ca. 1,5 s
Sicherung:	Abzug-Schlagbolzensicherung
Durchschlagsleistung:	Schaufenster, KFZ-Scheiben

[53] BStU, MfS, Technische Dokumentation Kompakt-Schlag- / Sprühgerät

Reizmittelpatrone

Kaliber:	38 mm
Länge:	135 mm
Masse:	ca. 170 g
Wirkstoff:	Chloracetophenon (CN)
Inhalt:	10 ml Reizstofflösung
	60 ml Treibgas F12

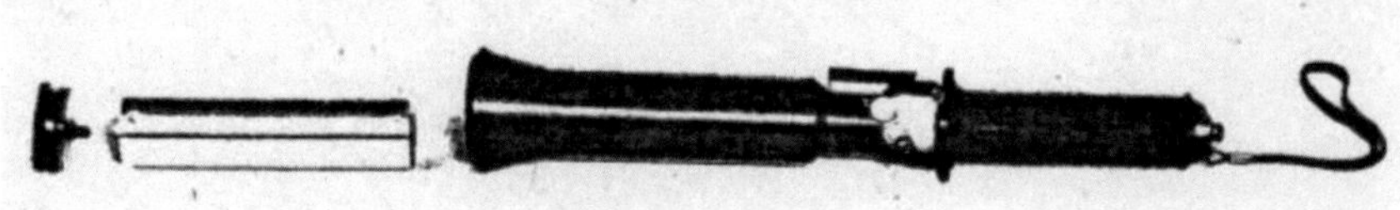

Kompakt-Schlag- / Sprühgerät mit Reizmittelpatrone – Technische Dokumentation

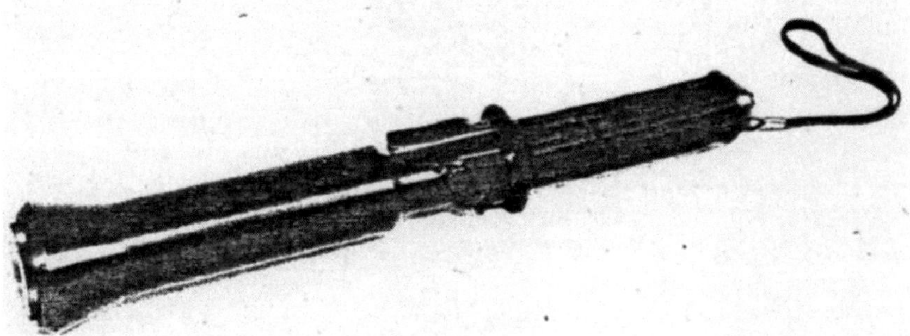

Einsatzzustand, gesichert – Technische Dokumentation

Einsatzzustand, entsichert – Technische Dokumentation

Gelagert wurden diese Mittel z.B. an den Grenzübergangsstellen (GÜST), nachweislich an der GÜST Berlin Invalidenstraße. Leider waren keine Belegexemplare bis zum Erscheinen des Buches verfügbar.

Scharfschützengewehr Dragunow im Container und Luftmatratze „Mini“ – Ausrüstungsnormativ AGM/S

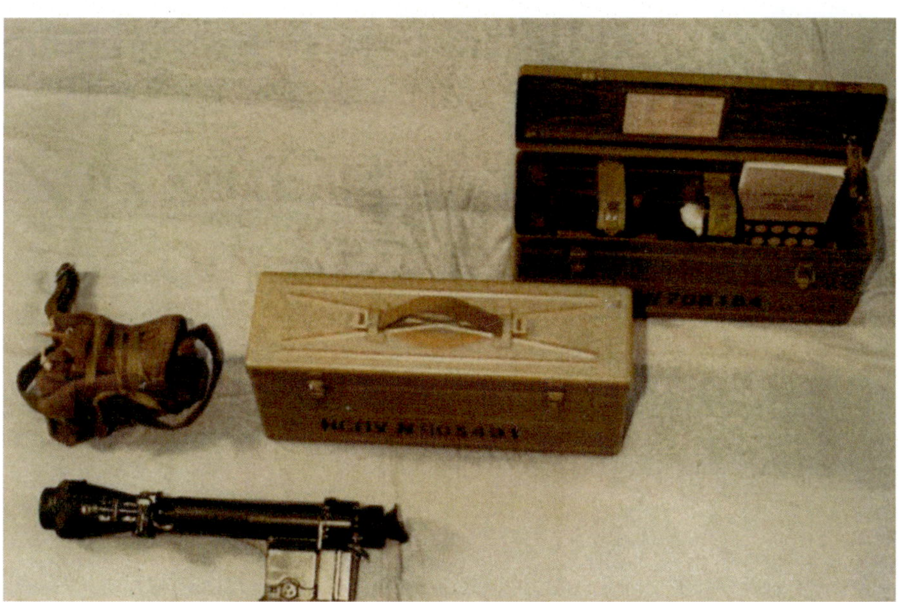
Passives Nachtsichtgerät NSPU für SSG Dragunow – Ausrüstungsnormativ AGM/S

SWD Dragunow mit Nachtsichtgerät NSPU – Sammlung LKA Brandenburg

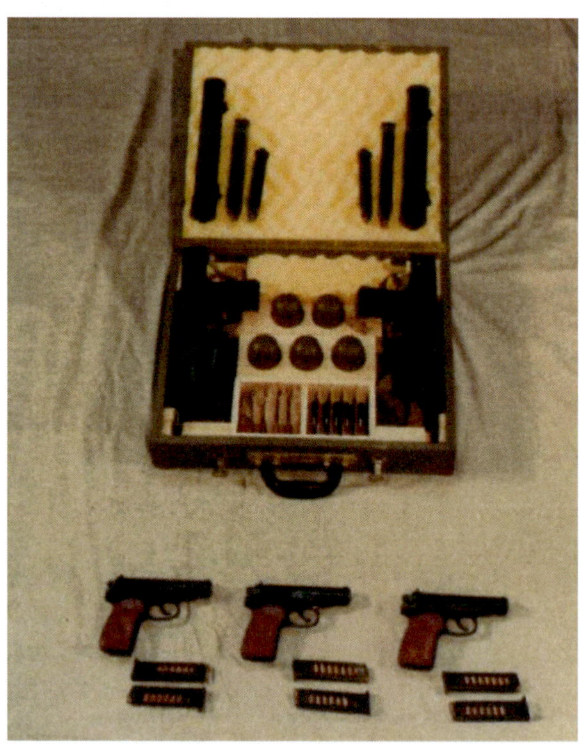

Persönliche Handwaffe Makarow Kaliber 9 x 18 mm und Maschinenpistole kurz PM-63 – Ausrüstungsnormativ AGM/S

Neben der Bewaffnung ist auch weitere Ausstattung der Spezialkräfte im Ausrüstungsnormativ aufgeführt:

Basisfahrzeug B-1000 mit Signalanlage und Dachgepäckträger (Spezialleiter) – Ausrüstungsnormativ AGM/S

Innenansichten – Ausrüstungsnormativ AGM/S

Einsatz-Kfz Lada Kombi bzw. WAS (VAZ) 2104

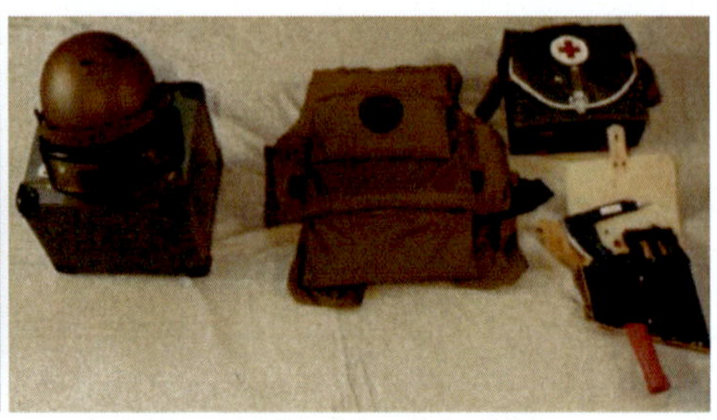

Schutzweste SG II, Schutzhelm SG II, Feuerwehrkombinationswerkzeug, Sanitasche

Felddienstanzug für Fallschirmjäger mit Helm

Felddienstanzug für Fallschirmjäger mit Regenkutte und Feldmütze

Die „Abteilung Bewaffnung und chemischer Dienst" des MfS (BCD, vorher Abteilung Waffen und Gerät) in Berlin war u.a. zuständig für das Waffenwesen des MfS. Auch die Abteilung „Operativ-Technischer Sektor" (OTS) entwickelte anfangs in Konkurrenz zur Abteilung BCD Waffen, bis man die Aufgabengebiete abgrenzte und die Abteilung OTS sich auf die elektrotechnischen Entwicklungen konzentrierte. Ein für sich allein absolut spannendes Thema.

Die **Abteilung BCD** war verantwortlich für die Sicherstellung der Diensteinheiten mit spezieller Bewaffnung, Munition, chemischer Ausrüstung, ABC-Schutzausrüstung und Schutztechnik. Darüber hinaus für die Einführung neuer Waffentypen, der entsprechenden Lagerhaltung, einschließlich Wartungs-, Umwälzungs- und Auslieferungsaufgaben. [...].[54] Hauptbedarfsträger waren die Hauptabteilung II (Spionageabwehr), VI (Passkontrolle, Tourismus, Reiseverkehr), XXII (Terrorabwehr) und PS (Personenschutz).

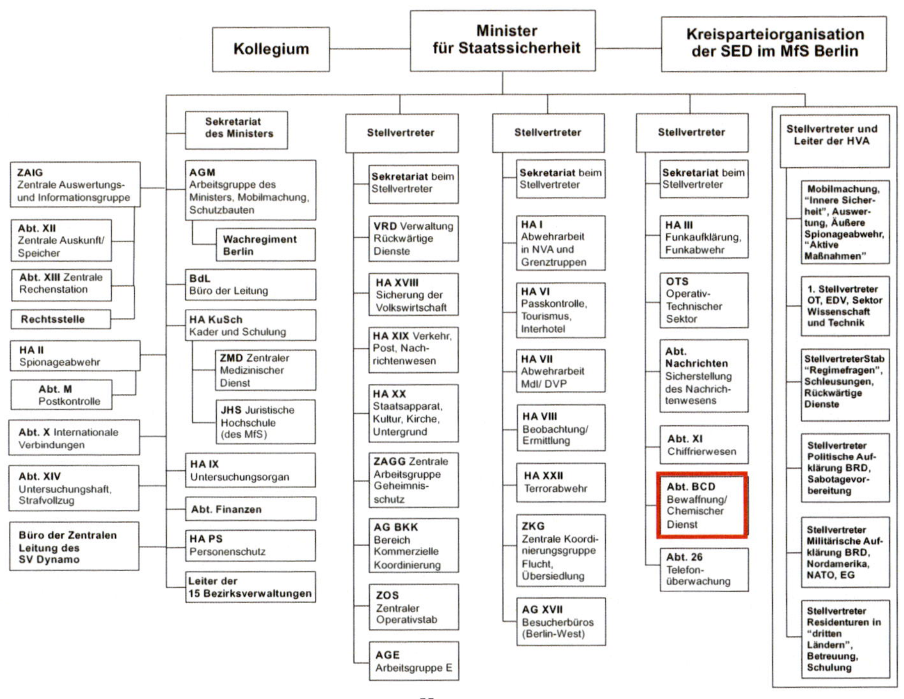

Struktur des MfS 1989, rot hinterlegt die Abt BCD [55]

Bis 1988 war die Abt. BCD in Unterabteilungen (UA) untergliedert, später in Abteilungen, die in Referate untersetzt waren. Daneben bestanden selbstständige Referate (SR), welche den Bezirksverwaltungen (BV) unterstellt waren.

---

[54] Roland Wiedmann: Die Diensteinheiten des MfS 1950-1989. Eine organisatorische Übersicht (MfS-Handbuch). Hg. BStU. Berlin 2012

[55] BStU Foliensatz

Leiter:

9/1972–4/1975: Hptm Heinz MICHAEL (1972 OSL)
4/1975–1/1988: OSL Kurt VOIGT (1978 Oberst, 1984 GM)
1/1988–1989: Oberst Erich SCHWAGER

Entwicklung des Personalbestandes insgesamt:

12/1972: 58 (darunter 10 Frauen)
12/1980: 141 (darunter 20 Frauen)
09/1989: 175 (darunter 19 Frauen)

Objekte:
Die Abt. BCD hatte ihren Dienstsitz im Dienstkomplex Freienwalder Str. 15–19 in Berlin Hohenschönhausen. Im Haus 2 im Dienstobjekt Normannen-/Gotlindestr. standen der Abteilung Räume für einige operativ-technische Mitarbeiter zur Verfügung.

Das Zentrallager der Abt. BCD war in Berlin-Karlshorst II (An der Kleingartenanlage) auf einem Areal untergebracht, das auch die AGM nutzte.

Die Zentrale Waffenwerkstatt des BCD war zuständig für die Instandsetzung und Wartung bereits vorhandener Technik. Ihren Sitz war bis 1988 in Berlin Adlershof, später in Berlin-Hohenschönhausen. Hier standen der Abteilung dann eine größere Werkstatt und eigene Galvanik zur Verfügung.

Die Unterabteilung 3 – die Produktionsstätte der Abteilung BCD - war im VEB Fajas in Suhl untergebracht.

Das Objekt Kavelstorf wurde nach außen als Betriebsteil der Firma Imes, Berlin, und innerhalb des BCD als Referat Lager Rostock II geführt und dessen Mitarbeiter besaßen zumindest bis 1988 den OiBE-Status.

Im Dienstobjekt Röntgental in Zepernick, Buchenallee 100 befand sich der Schießstand der Abt. BCD.

Oberirdische 100 m Schießstandröhre und Gebäude im Objektschießstand Röntgental in unmittelbarer Nähe zum ehemaligen Zentralen Aufnahmeheim der DDR (ZAH) – eigene Aufnahme 2017

Waffenständer für die feldmäßige Instandsetzung auf dem Hof der Zentralen Waffenwerkstatt Adlershof auf dem Gelände des Wachregiments in Berlin – Archiv des Autors

Mitarbeiter Abt BCD beim Schießen mit der Maschinenpistole PPsH – Archiv des Autors

In Suhl gab es im VEB Fahrzeug- und Jagdwaffenwerk Ernst Thälmann (VEB Fajas) zuerst eine Versuchswerkstatt mit einer kleinen Gruppe von Werksarbeitern, welche innerhalb des

VEB Fajas u.a. für das MfS Auftragsarbeiten und Entwicklungen realisierten. Hierfür standen zu Beginn in den 1970igern eine kleine Werkstatt und Büros zur Verfügung. Der Leiter dieser Gruppe, Arnd Ortlepp, hatte zu diesem Zeitpunkt den Status eines Inoffiziellen Mitarbeiters (IM). Unter seiner Mitwirkung entstanden u.a. zum IX. Parteitag der SED 1976 die namensgleiche Maschinenpistole „IX Parteitag“. Ähnliche Prototypenentwicklungen gab es bereits zu anderen Anlässen, z.B. die „EM-1-75“ im Kaliber 7,62 Tokarew[56] anlässlich des 25. Jahrestag des MfS am 08.02.1975.

[56] weitere Schreibweise „Tokarev“

EM-1-75 – Sammlung LKA Brandenburg

Dieses Modell wurde nicht in Suhl hergestellt, was zum jetzigen Zeitpunkt nur eine Entwicklung in Berlin in der Abt BCD oder noch OTS zulässt.

MP IX. Parteitag – Waffenmuseum Suhl

Exkurs: Die Maschinenpistole IX. Parteitag im Kaliber 9 x 18 mm, bzw. 7,62 x 25 mm Tokarew. war eine Reihenfeuerpistole mit Dauerfeuer-einrichtung. Im abnehmbaren Vordergriff war ein Ersatzmagazin untergebracht. Die Dauerfeuereinrichtung war durch einen zweigeteilten Schlaghahn (links und rechts) in seiner Feuerrate herabgesetzt. Dadurch war ein kontrollierbarer Feuerstoß möglich.

Die Waffe schaffte es nicht über den Prototypenstatus, ist aber ein technisches Belegstück seiner Zeit. Es wurden nur 15 Stück gefertigt. Aufgrund fehlender Kapazitäten an Maschinen wurden verschiedene Teile der MP in einer Werkstatt eines ortsansässigen Büchsenmachers in Suhl realisiert.[57]

Waffenart:	Selbstlader
Verschluss:	Masse-Feder Verschluss, unverriegelt, aufschießend
Feuerart:	Einzel- und Dauerfeuer
Kadenz:	335-400 Schuss/Minute
Magazin:	Stangenmagazin
Gewicht:	2,16 kg 7,62 x 25 mm Tokarew bzw. 2,24 kg 9 x 19 mm mit Vordergriff und zwei leeren Magazinen
Kapazität:	13 Patronen

[57] Buch „Im Zeichen des Waffenschmieds“, von Ernst G. Dieter, S. 191ff

MP IX. Parteitag mit der Seriennummer 0011 – Sammlung LKA Brandenburg

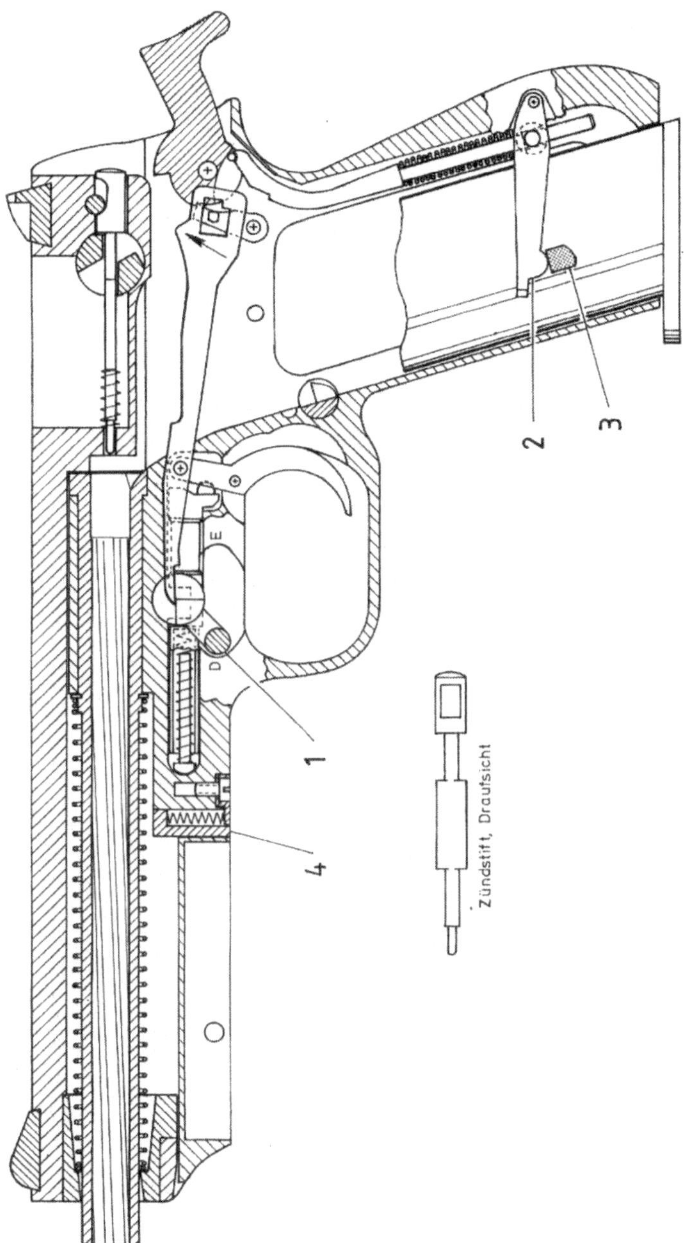

Seitenansicht der Maschinenpistole IX. Parteitag [58]

[58] Die Ziegenhahn Pistolen, Bruno Brukner, 2007, S. 45 ff, mit freundlicher Genehmigung

Arnd Ortlepp beim Schießen der MP IX. Parteitag auf dem Schießstand der Bezirksverwaltung des MfS Suhl – Archiv des Autors

Schießstand Bezirksverwaltung des MfS Suhl nördlich des SIMSON-Werkes[59]

[59] TLBG Bildflug 198106, Bildnr. 0289 vom Datum 24.08. 16.4.1981

Besuch der Stadt Suhl durch Delegierte des ZK anlässlich des IX. Parteitages[60]

Arnd Ortlepp, Archiv des Autors

Arnd Ortlepp ist 1942 in Erfurt geboren. Er lernte von 1956 bis 1959 im VEB FAJAS in Suhl Systemmacher. Er leistete seinen Wehrdienst bei der NVA von 1961 – 1964. Im Anschluss absolvierte er 1967 ein Ingenieursstudium an der Ingenieursschule Schmalkalden. Seit 1967 arbeitete er wieder im VEB FAJAS in den Abteilungen Betriebsmittelkonstruktion, später im Bereich Forschung und Entwicklung. Zusätzlich absolvierte er ein Fernstudium an der Hochschule für Verkehrswesen „Friedrich List" mit dem Abschluss als Diplom-Ingenieur Ballistiker. Im VEB Fajas arbeitete er von 1970 – 1973 als Versuchsingenieur und später als Leiter der Versuchsabteilung. Für das MfS arbeitete er mit wenigen weiteren Mitarbeitern an verschiedenen Projekten. Durch diese Tätigkeit wurde er erst als inoffizieller Mitarbeiter (IM) und ab 1979 als Hauptamtlicher Mitarbeiter für das MfS angeworben. Für den Aufbau der Unterabteilung Produktion der Abteilung BCD des MfS war er einer der Sonderbeauftragten und leitete maßgeblich deren Aufbau in Suhl. Später war er deren erster Leiter von 1981–1986. 1986 wechselte er nach Berlin und war Sonderbeauftragter auf waffentechnischem Gebiet bis er 1988 wieder in das VEB FAJAS als Haupttechnologe zurückkehrte. Hier war er als sogenannter Offizier im Besonderen Einsatz (OiBE) für das MfS Hauptabteilung XVIII innerhalb des VEB Fajas

[60] Buch Suhl 1527 – 1977, herausgegeben durch Rat der Stadt Suhl, 1977

eingesetzt. Kernaufgabe der HA XVIII waren Sabotageabwehr, Schutz des Volkseigentums und die Überwachung der Betriebe.

Die OiBE waren hauptamtliche Mitarbeiter, die unter Verheimlichung ihres tatsächlichen Dienstverhältnisses in sicherheitspolitisch relevanten Positionen im Staatsapparat, in der Volkswirtschaft, in Wissenschaft und Hochschulen oder in anderen Bereichen der Gesellschaft eingesetzt wurden. OibE gab es seit Ende der 1950er Jahre, am Ende der DDR waren weit über 2.000 aktiv.[61] Bekanntester OiBE war wohl Oberst Alexander Schalck-Golodkowski, Staatssekretär und Leiter des Bereiches Kommerzielle Koordinierung (KoKo) beim Ministerium für Außenhandel.

Der Status eines OiBE hatte neben der engeren Bindung zum MfS die Zahlung eines Zusatzsoldes, eine spätere Zusatzpension, und im Mobilmachungsfall den Kombattantenstatus zur Folge. [62]

Genosse Arnd Ortlepp

Seit dem 1. April 1975 ist Genosse Ortlepp, Arnd, Leiter der ABI in unserem Kombinat.

Genosse Ortlepp lernte Systemmacher, danach leistete er seinen Ehrendienst bei der NVA und absolvierte anschließend ein Ingenieurstudium. 1967 kam er in unseren Betrieb zurück und arbeitete in der Betriebsmittelkonstruktion, später im Bereich Forschung und Entwicklung. Zusätzlich absolvierte er noch ein Fernstudium an der Hochschule für Verkehrswesen „Friedrich List". Genosse Ortlepp ist Mitglied der Zentralen Parteileitung.

Wir wünschen ihm in seiner verantwortungsvollen Funktion viel Erfolg.

Links: Zeitungsartikel, 1975, Quelle unbekannt

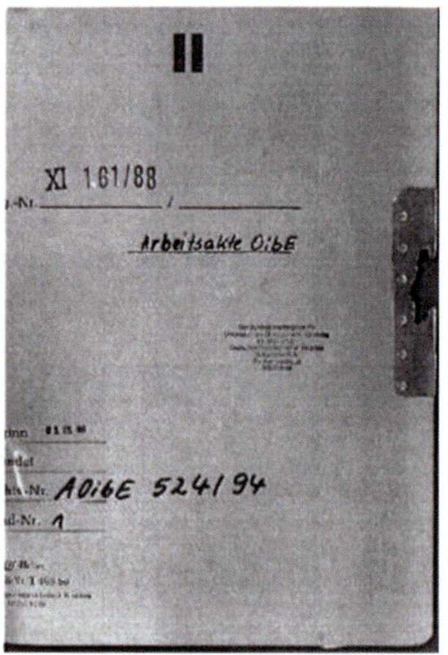

Deckblatt OibE Akte Arnd Ortlepp

[61] BpB Unentdeckt in die deutsche Einheit - Die Stasi-Offiziere im „besonderen Einsatz" v. Dr. Ilko-Sascha Kowalczuk 30.09.2005

[62] Bundesarchiv B206/1867 BND Archiv 36469 S. 8

Arnd Ortlepp im Jahr 2015 zurück an alter Wirkungsstätte im unterirdischen Schießstand auf dem Gelände des ehemaligen VEB Fajas in Suhl [63]

Wie kam es nun zur Entwicklung des SSG-82?

Der Leiter der Abteilung BCD Oberst Voigt, übergab um das Jahr 1978 dem Leiter seiner Technologiegruppe in Suhl, Arnd Ortlepp, eine Kiste mit sowjetischer Munition vom Typ M74 Kaliber 5,45 x 39 mm. Er stellte die Forderung auf, ein Scharfschützengewehr zu genau dieser damals neuen Patrone zu entwickeln. (Mehr dazu im Kapitel Munition und dem Kapitel Lauf).

„Baut mir ein Gewehr für diese Patrone!“

An das Gewehr stellte man verschiedene Forderungen:

- Repetiergewehr im Kaliber 5,45 x 39 mm, Munition Typ M74
- eine Einsatzreichweite von 100 bis 300 Metern
- auf diesen Entfernungen sollte keine Verstellung der Optik notwendig sein
- auf dem neuesten technischen Entwicklungsstand
- eine niedrigere Visierlinie als das Scharfschützengewehr SSG Dragunow
- präziser und kompakter sein als das SSG Dragunow
- schnell und günstig aus eigenen vorhandenen Mitteln herzustellen sein
- in einem MfS eigenen Fertigungsbereich herzustellen

[63] Privataufnahme im Rahmen der Dreharbeiten zur MDR-Dokumentation „Suhler Waffenschmiede“

Ein weiterer Aspekt der zur Entwicklung eines eigenen Scharfschützengewehres innerhalb des MfS führte, soll hier nicht unerwähnt bleiben. Die Einheiten des MfS, wie auch der gesamten bewaffneten Organe der DDR, wurden vorwiegend von den Ostblockstaaten (Sowjetunion) mit Waffen beliefert, mit Ausnahme der Waffen, die in der DDR über Lizenzen hergestellt wurden, wie die MPi KMS 72 oder die Pistole Makarow. Über Umwege und mit dem Wissen westlicher Geheimdienste gelangten aber auch bis zur Wende das H&K PSG-1 (7,62 x 51 mm), die H&K MP5SD (9 x 19 mm), das HK33 (5,56 x 45 mm), die Pistole HK P9S und viele weitere Waffen des Nichtsozialistischen Wirtschaftsgebietes (NSW)[64] in die Einheiten des MfS und anderer ostdeutscher Spezialeinheiten (z.B. Diensteinheit IX der Volkspolizei). Dies führte natürlich in unterschiedlicher Ausprägung zu einer Abhängigkeit zu den NSW-Ländern und der SU, unter anderem bei der Wartung der Waffen, der Versorgung mit Ersatzteilen und der Lieferung der zugehörigen Munition. Die Loslösung von den sogenannten NSW-Importen betraf nicht nur das MfS, sondern wurde als Zielstellung der gesamten Volkswirtschaft der DDR vorgegeben. Schon seit 1978 war absehbar, dass die NSW-Importe, welche üblicherweise in Bar von der DDR zu bezahlen waren, nicht mit den NSW-Exporten aufgewogen werden konnten.

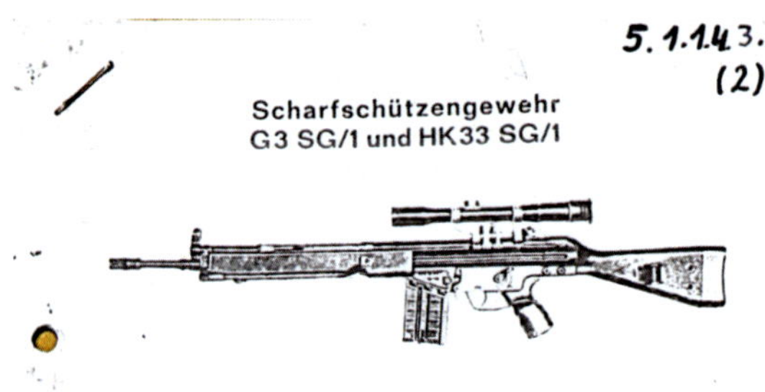
5.1.1.43.
(2)

Scharfschützengewehr
G3 SG/1 und HK33 SG/1

Das Scharfschützengewehr ist entwicklungsmäßig eine logische Fortsetzung der bereits bekannten automatischen Gewehre G3 und HK33.

Es entspricht in Konstruktion, Aufbau und Wirkungsweise prinzipiell den Militärhandfeuerwaffen der HK-Waffenfamilie.

Der differenzierte Einsatz eines Scharfschützen verlangt eine spezielle Waffe, die sowohl bei der Bekämpfung von Einzelzielen als auch zum Schutz der eigenen Person uneingeschränkt Verwendung finden kann.

HECKLER & KOCH GMBH

7238 OBERNDORF-NECKAR GERMANY

Prospekt des HK33, Ausbildungsmaterial des MfS – Archiv des Autors

---

[64] Als Nichtsozialistisches Wirtschaftsgebiet wurden Länder außerhalb des Ostblocks bezeichnet.

HK MP5SD 9 x 19 mm – Sammlung LKA Sachsen-Anhalt

HK33 5,56x45 mm – Sammlung LKA Brandenburg

HK P9S 9 x19 mm – Sammlung LKA Brandenburg

Aus der Ausrichtung der Volkswirtschaft mit dem Ziel der Ablösung der NSW-Importe ergaben sich u.a. weitere wirtschaftliche Vorgaben, welche sich direkt auf die Entwicklung des SSG-82 auswirken sollten und welche immer mitbetrachtet werden müssen! Dem MfS standen natürlich zusätzliche Gelder zur Verfügung, jedoch nicht in unbegrenzter Menge wie man es manchmal glaubt.
Auch hätte eine Bestellung über eine große Anzahl von Scharfschützenwaffen und später Revolvern und halbautomatischen Pistolen Rückschlüsse auf die Strukturierung und Bewaffnung des MfS schließen können. Ein nicht zu vernachlässigender Faktor in einem Apparat der absolut verschwiegen war (und ist).

Die Entwicklung wurde unter schwierigen wirtschaftlichen Umständen ausgeführt. Wie in anderen Bereichen der Wirtschaft, hatte auch das MfS Anforderungen zu erfüllen, wie:

- die beschleunigte Durchführung wissenschaftlich-technischer Aufgaben für die dauerhafte Importablösung,

- die Profilierung der Produktion mit dem Ziel der Ablösung von NSW-Importen bei geringstem Umstellungsaufwand,

- die Nutzung aller eigenen Möglichkeiten der Verwendung von einheimischen Rohstoffen und Materialien sowie Sekundärrohstoffen,

- der Sparsamkeit bei der Verwendung der zur Verfügung stehenden Materialien.[65]

Diese Vorgaben schlossen eine teure Neuentwicklung aller Einzelkomponenten natürlich aus und so ist das SSG-82 neben einigen Innovationen – wie dem Lauf – eine Mischung aus verschiedenen bereits vorhandenen System-Komponenten aus dem Katalog des VEB FAJAS in Suhl.

Die Spezialistengruppe unter Leitung von Arnd Ortlepp, welcher zu diesem Zeitpunkt im VEB Fajas nur wenige Räume, Maschinen und Personal zur Verfügung hatte, verwendete die Konstruktionszeichnungen des Kleinkalibergewehres Modell 150 Standard (M150) im Kaliber .22 lfB als Grundlage für die Entwicklung des geforderten Scharfschützengewehres, siehe folgende Aktennotiz:[66]

– das SSG 82 wurde in Anlehnung an der vorhandenen Konstruktion des KK-Standart Mod 150 entwickelt

Ortlepp, Hptm.

Ltr. d. Unterabteilung

Zu Beginn der Entwicklung wurde ein maßstabsgetreues Holzmodell des zukünftigen SSG-82 hergestellt. Zum Produktionsende wurde dem Leiter der Abt BCD Oberst Schwager ein Miniaturmodell des SSG-82 im Kaliber .22 lfB übergeben. Zum Verbleib der o.g. Modelle ist nichts bekannt.

[65] Thür. Staatsarchiv Meiningen VEB Fahrzeug- u. Jagdwaffenwerk Suhl, Nr. 4356

[66] BStU, MfS, BCD Nr. 2890 S. 0092

Auf der Leipziger Herbstmesse 1976 erhält der VEB Fahrzeug- und Jagdwaffenwerk „Ernst Thälmann" die 12. Goldmedaille für das KK-Standardgewehr

12. Goldmedaille für das KK-Standardgewehr während der Leipziger Herbstmesse 1976

[67]

Impressionen des Schießsports in der DDR, Ansichtskarten der Gesellschaft für Sport und Technik (GST), Jahr unbekannt

[67] Erlebnis und Bewährung in der GST, Militärverlag der DDR, 1976

ELH 139 96 - 45 - VVS MfS 0031-670/82

MfS
Abt. BCD

Hersteller:
VEB Fahrzeug-u.
Jagdwaffenwerk
ETW Suhl
Betriebs.-Nr.
05988015

BSTU 0104

KK-Gewehr Modell 150

Kurzbeschreibung:

Das KK-Gewehr Mod. 150 ist ein Standardgewehr, das den Bestimmungen der UIT entspricht. Es dient zum sportlichen Schießen der Disziplinen 40 und 60 Schuß liegend, sowie 3x10 und 3x20 Schuß auf 50m Entfernung.
Die Hauptteile des Gewehrs sind Lauf, Visiereinrichtung, Verschluß Abzugseinrichtung und Schaft.
Der Lauf ist in die Hülse eingepreßtund mit einem Querstift gesichert. Die Hülse ist mit einer Prismenschiene zur Aufnahme des Diopters versehen.
Das Gewehr hat einen verstellbaren Druckpunktabzug, der auch als Direktabzug eingestellt werden kann. Der Rotbuchenholzschaft hat eine verstärkte Form und ist mit einem ausgeprägten Pistolengriff, einer Schiene zur Befestigung der Riemenhalterung und einer Backe versehen.
Das Gewehr hat keine Sicherung.

Verwendungszweck:

Das KK-Gewehr Mod. 150 wird zum Training und Wettkampf in den Sektionen, Trainingszentren und Klubmannschaften verwendet.

Technische Daten:

Kaliber in mm	5,6
Lauflänge in mm	660
Zahl der Züge	6
Gesamtlänge in mm	1130
Masse in kg	4,85
Abzugswiderstand in p	200...600

MfS-interne Beschreibung des KK M150 [68]

Da das KK M150 im VEB Fajas hergestellt wurde, hatte man unmittelbaren Zugriff auf alle dort hergestellten Einzelteile, sowie Einfluss auf die Produktion individueller Einzelteile. Die vorhandenen technischen Zeichnungen mussten natürlich weitreichend angepasst werden:

- Änderung des Zylinders, zur Aufnahme der größeren Patrone M74 und des Magazins, sowie zur Aufnahme der Zielfernrohrmontage
- Änderung des Schlosses für die größere Patrone M74
- Anpassung des Schaftes auf das neue System und das Magazin
- Neuentwicklung des Magazins
- und natürlich die Neuentwicklung des Laufes für das Kaliber 5,45 mm

[68] BStU, MfS, BV Suhl SR BCD Nr. 1 S. 0104

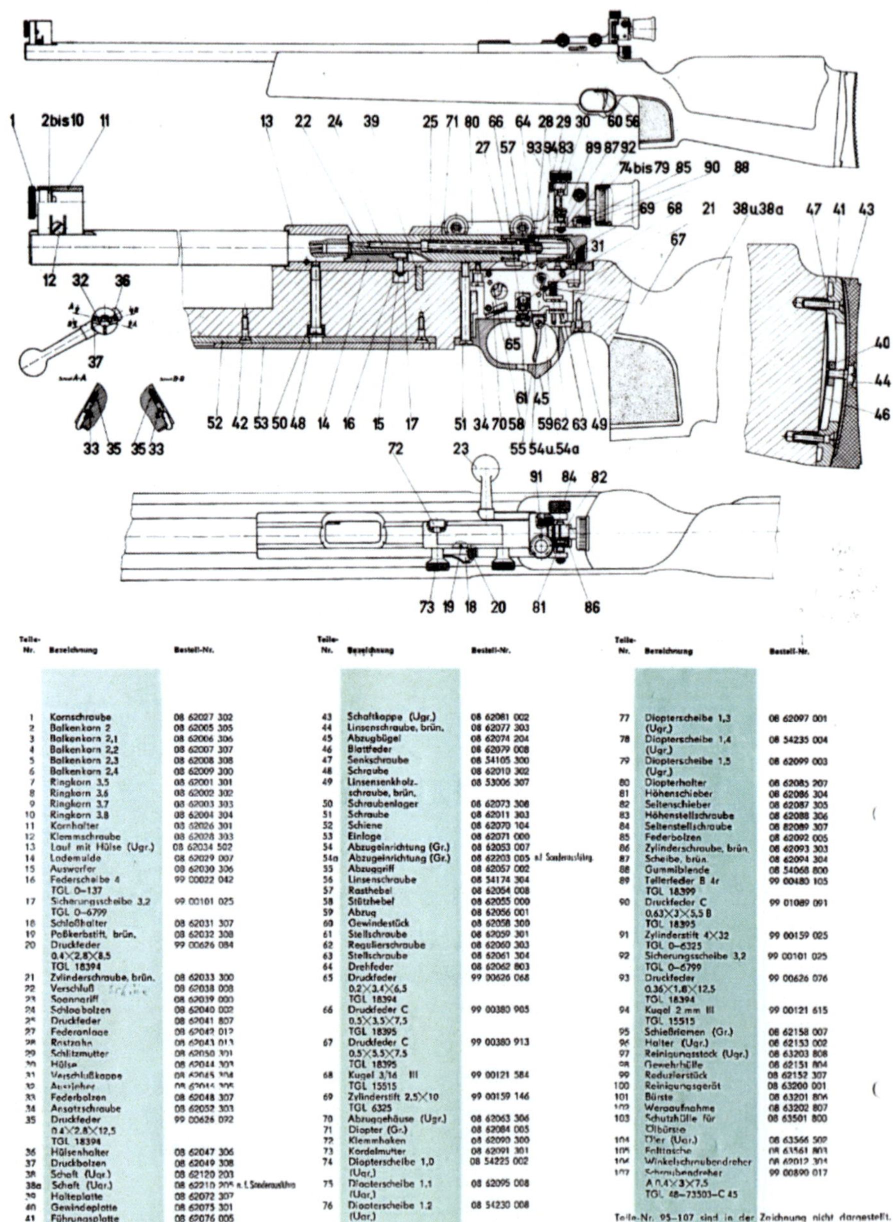

Teile-Nr.	Bezeichnung	Bestell-Nr.
1	Kornschraube	08 62027 302
2	Balkenkorn 2	08 62005 305
3	Balkenkorn 2,1	08 62006 306
4	Balkenkorn 2,2	08 62007 307
5	Balkenkorn 2,3	08 62008 308
6	Balkenkorn 2,4	08 62009 300
7	Ringkorn 3,5	08 62001 301
8	Ringkorn 3,6	08 62002 302
9	Ringkorn 3,7	08 62003 303
10	Ringkorn 3,8	08 62004 304
11	Kornhalter	08 62026 301
12	Klemmschraube	08 62028 303
13	Lauf mit Hülse (Ugr.)	08 62034 502
14	Lademulde	08 62029 007
15	Auswerfer	08 62030 306
16	Federscheibe 4 TGL 0–137	99 00022 042
17	Sicherungsscheibe 3,2 TGL 0–6799	99 00101 025
18	Schloßhalter	08 62031 307
19	Paßkerbstift, brün.	08 62032 308
20	Druckfeder 0,4×2,8×8,5 TGL 18394	99 00626 084
21	Zylinderschraube, brün.	08 62033 300
22	Verschluß	08 62038 008
23	Spanngriff	08 62039 000
24	Schlagbolzen	08 62040 002
25	Druckfeder	08 62041 807
26	Federanlage	08 62042 012
28	Rastzahn	08 62043 013
29	Schlitzmutter	08 62050 301
30	Hülse	08 62044 303
31	Verschlußkappe	08 62045 304
32	Auszieher	08 62046 305
33	Federbolzen	08 62048 307
34	Ansatzschraube	08 62052 303
35	Druckfeder 0,4×2,8×12,5 TGL 18394	99 00626 092
36	Hülsenhalter	08 62047 306
37	Druckbolzen	08 62049 308
38	Schaft (Ugr.)	08 62120 203
38a	Schaft (Ugr.)	08 62210 205 n. f. Sonderausführg.
39	Halteplatte	08 62072 307
40	Gewindeplatte	08 62075 301
41	Führungsplatte	08 62076 005
42	Senkholzschraube, brün.	08 62078 304
43	Schaftkappe (Ugr.)	08 62081 002
44	Linsenschraube, brün.	08 62077 303
45	Abzugbügel	08 62074 204
46	Blattfeder	08 62079 008
47	Senkschraube	08 54105 300
48	Schraube	08 62010 302
49	Linsensenkholzschraube, brün.	08 53006 307
50	Schraubenlager	08 62073 308
51	Schraube	08 62011 303
52	Schiene	08 62070 104
53	Einlage	08 62071 000
54	Abzugeinrichtung (Gr.)	08 62053 007
54a	Abzugeinrichtung (Gr.)	08 62203 005 n. f. Sonderausführg.
55	Abzuggriff	08 62057 002
56	Linsenschraube	08 54174 304
57	Rasthebel	08 62054 008
58	Stützhebel	08 62055 000
59	Abzug	08 62056 001
60	Gewindestück	08 62058 300
61	Stellschraube	08 62059 301
62	Regulierschraube	08 62060 303
63	Stellschraube	08 62061 304
64	Drehfeder	08 62062 803
65	Druckfeder 0,2×3,4×6,5 TGL 18394	99 00626 068
66	Druckfeder C 0,5×3,5×7,5 TGL 18395	99 00380 905
67	Druckfeder C 0,5×5,5×7,5 TGL 18395	99 00380 913
68	Kugel 3/16 III TGL 15515	99 00121 584
69	Zylinderstift 2,5×10 TGL 6325	99 00159 146
70	Abzuggehäuse (Ugr.)	08 62063 306
71	Diopter (Gr.)	08 62084 005
72	Klemmhaken	08 62090 300
73	Kordelmutter	08 62091 301
74	Diopterscheibe 1,0 (Ugr.)	08 54225 002
75	Diopterscheibe 1,1 (Ugr.)	08 62095 008
76	Diopterscheibe 1,2 (Ugr.)	08 54230 008
77	Diopterscheibe 1,3 (Ugr.)	08 62097 001
78	Diopterscheibe 1,4 (Ugr.)	08 54235 004
79	Diopterscheibe 1,5 (Ugr.)	08 62099 003
80	Diopterhalter	08 62085 207
81	Höhenschieber	08 62086 304
82	Seitenschieber	08 62087 305
83	Höhenstellschraube	08 62088 306
84	Seitenstellschraube	08 82089 307
85	Federbolzen	08 62092 005
86	Zylinderschraube, brün.	08 62093 303
87	Scheibe, brün.	08 62094 304
88	Gummiblende	08 54068 800
89	Tellerfeder B 4r TGL 18399	99 00480 105
90	Druckfeder C 0,63×3×5,5 B TGL 18395	99 01089 091
91	Zylinderstift 4×32 TGL 0–6325	99 00159 025
92	Sicherungsscheibe 3,2 TGL 0–6799	99 00101 025
93	Druckfeder 0,36×1,8×12,5 TGL 18394	99 00626 076
94	Kugel 2 mm III TGL 15515	99 00121 615
95	Schießriemen (Gr.)	08 62158 007
96	Halter (Ugr.)	08 62153 002
97	Reinigungsstock (Ugr.)	08 63203 808
98	Gewehrhülle	08 62151 804
99	Reduzierstück	08 62152 307
100	Reinigungsgerät	08 63200 001
101	Bürste	08 63201 806
102	Wergaufnahme	08 63202 807
103	Schutzhülle für Ölbürste	08 63501 800
104	Öler (Ugr.)	08 63566 502
105	Falttasche	08 63561 803
106	Winkelschraubendreher	08 62012 304
107	Schraubendreher A 0,4×3×7,5 TGL 48–73503–C 45	99 00890 017

Teile-Nr. 95–107 sind in der Zeichnung nicht dargestellt.

Schnittzeichnung und Teileliste des KK M150, mit freundlicher Genehmigung des Waffencenter Gotha

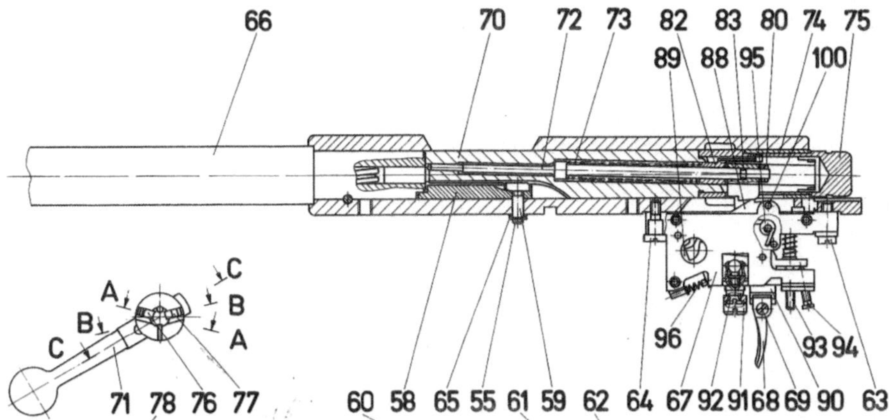

Aus Ersatzteilliste Kleinkalibergewehr Modell 150 – mit freundlicher Genehmigung vom Waffencenter Gotha

Aus diesen Änderungen wurde ein neuer Zeichnungssatz. Leider waren dieser und alle anderen technischen Zeichnungen bei den bisherigen Recherchen nicht mehr aufzufinden. Entweder liegen sie noch im ungesichteten Bereich der Stasiunterlagenbehörde, sind zur Wende vernichtet worden, liegen bei einem ehemaligen Angehörigen des MfS oder sind wie im Falle der Unterlagen für das Sturmgewehr WIEGER bei westdeutschen Behörden zur Auswertung und später Vernichtung gelandet (siehe Kapitel WIEGER).

Neben den Diensteinheiten der Abteilung XXII (Terrorabwehr) sollten auch die Hauptabteilungen Personenschutz (PS), VI (Grenzkontrolle), sowie weitere Diensteinheiten des MfS mit dem SSG-82 ausgestattet werden. Dadurch ergab sich ein recht hoher Bedarf an diesem neuen Scharfschützengewehr. Da nach dem SSG-82 noch weitere MfS eigene Waffen entwickelt und produziert werden sollten, wurde schnell die Forderung laut eine eigene Produktionslinie aufzubauen. Die Entscheidung, ob diese in Berlin oder Suhl aufgebaut werden soll, fiel zugunsten von Suhl, da man hier neben den Waffenexperten, auch unmittelbaren Zugriff auf Materialien und einen großen Maschinenpark hatte.

Daraufhin wurde im Jahre 1979 die „Unterabteilung 3: Produktion“ der Abteilung BCD des MfS in Suhl offiziell aufgestellt und die Entwicklung des SSG-82, sowie der Bau des Produktionsgebäudes vorangetrieben. Nur ein Teil der Spezialistengruppe des VEB Fajas wechselte als hauptamtliche Mitarbeiter zum MfS. Aber auch ohne den Status als hauptamtlicher Mitarbeiter halfen sie später bei der Entwicklung des Gewehres in vielen Bereichen weiter.

Beginnt man mit dem Jahr 1979 als die Forderung zur Entwicklung des Scharfschützengewehres erstmals formuliert wurde, bis zur Produktion der Nullserie, so dauerte die Entwicklung des Gewehres nur eine sehr geringe Zeit.

Die Munition

Die in den 1970er Jahren neue sowjetische Munition M74 im Kaliber 5,45 x 39 mm war die Grundlage zur Entwicklung des SSG-82.
Die Patrone M74 ersetzte die bis 1974 bei den Warschauer Pakt-Staaten übliche Patrone M43 im Kaliber 7,62 x 39 mm und war der Übergang von der AK-47 zur kleiner-kalibrigen AK-74. Es war klar, dass nach der Einführung dieser Waffe und des neuen Kalibers in der Sowjetunion, auch alle „Bruderstaaten" wie die DDR über kurz oder lang diese neue Standardpatrone einführen würden. Die Patrone M43 wurde in der DDR im VEB Mechanische Werkstätten in Königswartha produziert. Die Herstellung der Patrone M74 wurde im VEB Spreewerk Lübben ab Mitte der 80iger realisiert.

Parade sowjetischer Truppen am 07.11.1977 auf dem Roten Platz in Moskau. Getragen von den Fallschirmjägern wird die AK-74 erstmals der Öffentlichkeit präsentiert.

AK-74 im Kaliber 5,45 x 39 mm, leicht zu erkennen am Mündungsfeuerdämpfer, noch mit Holzschaft und Holzhandschutz, beides später aus Plastik[69]

Vergleich der Patrone M43 7,62 x 39 mm (oben) und M74 5,45 x 39 mm – eigene Aufnahme

[69] Wikipedia, Autor Russian Trooper, AK-74 assault rifle

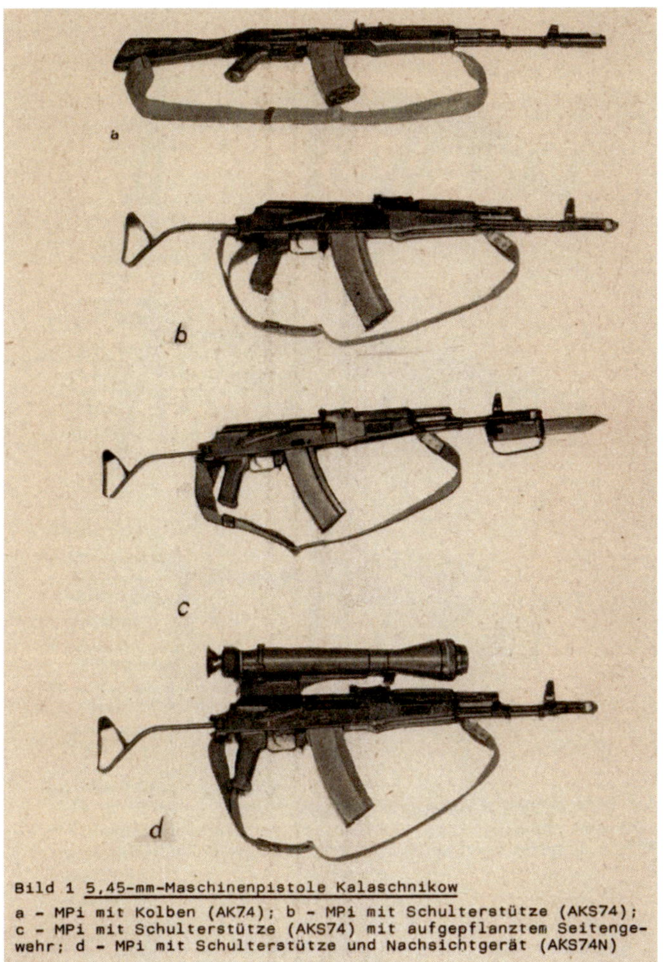

a

b

c

d

Bild 1 5,45-mm-Maschinenpistole Kalaschnikow

a - MPi mit Kolben (AK74); b - MPi mit Schulterstütze (AKS74); c - MPi mit Schulterstütze (AKS74) mit aufgepflanztem Seitengewehr; d - MPi mit Schulterstütze und Nachsichtgerät (AKS74N)

Auszug aus der NVA-Vorschrift MPi AK-74 [70]

Doch was führte zur Entwicklung einer Patrone in einem kleineren Kaliber?

Die DDR und die anderen Staaten des Warschauer Paktes verfolgten sehr genau die Entwicklungen in den NATO-Staaten. Die taktischen Gesichtspunkte zum Einsatz von Schützenwaffen haben sich in den 60iger Jahren verändert. Die optimale Einsatzkampfentfernung wurde allgemein von 600–800 Meter auf 400–500 Meter verringert. Man brauchte, so die Meinung, schlicht kein so großes Kaliber mehr. (das sich diese Entwicklung aufgrund der Erfahrung u.a. im Afghanistan-Krieg ab dem Jahr 2001 heute

[70] NVA Vorschrift A 050/1/721 5,45-mm-Maschinenpistole-AK74, 1985

wieder umkehrt und man hier auch wieder Waffen mit einem größeren Kaliber einführt, sei an dieser Stelle nicht berücksichtigt).

Einige Vorteile waren zur damaligen Zeit ausschlaggebend. Die Reduzierung des Kalibers erhöht beim einzelnen Soldaten die mitzuführenden Kampfsätze (Anzahl der Magazine samt Munition). Das kleinere Kaliber hat einen geringeren Rückstoß und macht die Waffe für den Schützen beherrschbarer. Die gestrecktere Flugbahn führt zur Verringerung individueller Fehler beim Einstellen des Visiers, denn man kann über eine große Distanz ohne eine Visierkorrektur schießen. Zugleich hat die gesteigerte Geschossenergie eine erhöhte Wirkung im Ziel.

$E = m/2 \times v^2$

Der Faktor Geschoßgeschwindigkeit (zum Quadrat / bzw. hoch zwei) hat einen wesentlich größeren Einfluss auf die Geschoßenergie als der Faktor Geschoßmasse

Die USA führten als erstes ab 1963 mit dem Sturmgewehr M16 A 1 im Kaliber 5,56 x 45 mm ein Gewehr ein, welches oben angeführte Forderungen erfüllte. Die Standardpatrone der USA war die Patrone M 193 mit Messinghülse und Vollbleigeschoss. Beides technologisch einfach und günstig herzustellen. Nachteil der Messinghülsen waren – aus Sicht der DDR – neben der Rohstoffsicherung hauptsächlich die Alterung, durch Versprödung mit Geschoßlockerung und die Neigung zur Rissbildung [71]. Um die Durchschlagsleistung der US-Patrone zu erhöhen, wurde die Patrone XM 177 entwickelt, welche einen Stahlkern hatte. Die Sowjetunion führte dazu als Gegenstück mit der AK-74 und der Patronen M74 5,45 x 39 mm ein ebenso kleines Kaliber mit Stahlkern ein.

Fortgeschrittener internationaler Stand auf dem Gebiet der Schützenwaffen und Schützenwaffenmunition

In einer Studie der DDR verglich man die experimental Patrone XM 177 mit der Patrone M74 (da beide einen Stahlkern besitzen), mit der älteren M43 7,62 x 39 mm. Das Ergebnis der Studie war, dass die M74 gegenüber der M43 eine 38 % höhere Gebrauchswertsteigerung hatte und der XM 177 noch um mindestens 4 % überlegen war. Vergleicht man ähnliche Studien von amerikanischer Seite, kommt man zu einem anderen Ergebnis. (siehe US Studie 1986 „7.62 mm Versus 5.56 mm - Does NATO Really Need Two Standard Rifle Calibers?"). Traue keiner Statistik, die du nicht selbst gefälscht hast!

[71] DDR-Studie zum Vergleich der sowjetischen Munition M43, M74 und der amerikanischen XM 177

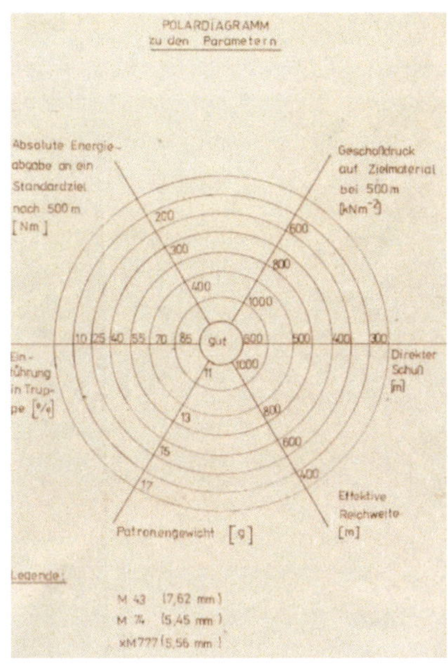

Fest steht, dass man aus damaligen Gesichtspunkten heraus der Meinung war, das Standardkaliber auf beiden Seiten zu reduzieren. Auf Seiten der DDR übernahm man mit der Lizenzproduktion der AK-74 auch die Patrone M74. Grundlage für die Herstellung der AK-74 waren das „Abkommen zwischen den Regierungen der DDR und der UdSSR über die Vergabe der Lizenz und technischen Dokumentation für die Produktion der Maschinenpistolen 5,45 mm Kalaschnikow AK-74, AKS-74 und AKS-74N in der DDR" von 1981. Eingeführt wurde die AK-74 aber nur noch teilweise bei der NVA. 1984 kam sie in der NVA zur Truppenerprobung. Ab 1985/86 standen einige Exemplare auch dem MfS zur Verfügung und die Umrüstung sollte hier planmäßig 1992 beendet sein[72]. Durch das Plenum der SED wurde die Einführung bereits vor der Wende aus ökonomischen Gründen gestoppt.

29.2.84 8-12⁰⁰

BSTU
0078

Ablaufplan für die Schulung der Beauftragten für Bewaffnung und Chemische Ausrüstung der Diensteinheiten

Beauftragte für Bewaffnung:

Tagesordnung:

08.00 - 08.10 Uhr — Eröffnung und Zielstellung
Stellv.-Bewaffnung
Leiter d. UA

08.10 - 09.00 Uhr — **Vortrag**
Aufgaben auf dem Gebiet der Bewaffnung und der materiellen Sicherstellung laut Ausrüstungsnormative im Versorgungsbereich des MfS.
Leiter d. UA
oder Stellv. Bewaffnung

09.00 - 10.00 Uhr — **Vortrag**
MPi AK-74
1. Allgemeines
1.1. Zweckbestimmung und Gefechtseigenschaft der MPi.
1.2. Aufbau der MPi
Leiter d. [illegible]

Schulung der Diensteinheiten im Februar 1984, u.a. Vorstellung AK-74 [73]

[72] BStU, MfS, HA XX Nr. 17308 S. 76
[73] BStU, MfS, HA XX Nr. 17308 S. 0078

Tabelle 2: Vergleich M 74 - XM 777

		f_g	P M 74	P_b XM 777	$P:P_b$	g_p	g_i	$g_i \cdot \frac{P}{P_b}$	Q_g
1.	Kennziffer der Zweckbestimmung	0,70							
1.1.	Rückstoßenergie /J/		2,77	3,67	1,32	20	0,14	0,185	
1.2.	Patronengewicht /g/		10,2	11,6	1,14	25	0,175	0,200	
1.3.	Direkter Schuß /m/		440	440	1,00	20	0,14	0,140	
1.4.	Absolute Energieabgabe an ein Standardziel bei 500 m /J/		181	269	0,67	10	0,07	0,047	
1.5.	Druck des Geschosses auf das Zielmaterial bei 500 m / KJ : cm^{-2} /		894	923	0,97	0,25	0,175	0,170	0,742
2.	Kennziffer des Umweltschutzes	0,05			1,00	100	0,05	0,05	0,050
3.	Kennziffer der Zuverlässigkeit	0,20			1,00	100	0,20	0,20	0,200
4.	Kennziffer Schutzrecht	0,05			1,00	100	0,05	0,05	0,050
Summe									1,042

Auszug aus einer DDR-Studie zum Vergleich der sowjetischen Munition M43, M74 und der amerikanischen XM 177

Serienanlauf der Produktion Gerät 920 und Serienauslauf Gerät 910[74]

Ø GT/a (TStck.)	1983	1984	1985
Fertigungsmuster 920	0,5	--	--
Nullserie Gerät 920	-	2,5	--
Serienanlauf Gerät 920	-	—	26,200
Serienauslauf Gerät 910 KM	112000	116000	50,000

Bereitschaftspolizist des Innenministeriums und Soldaten der Sowjetunion, Aufnahmejahr Anfang der 1980iger – Archiv des Autors

Während sowjetische Soldaten in der DDR bereits mit der AK-74 ausgerüstet waren, hatten die Soldaten der NVA noch die Kalaschnikow älterer Varianten.

74 Thüringer Staatsarchiv, VEB Fajas, Nr. 4356

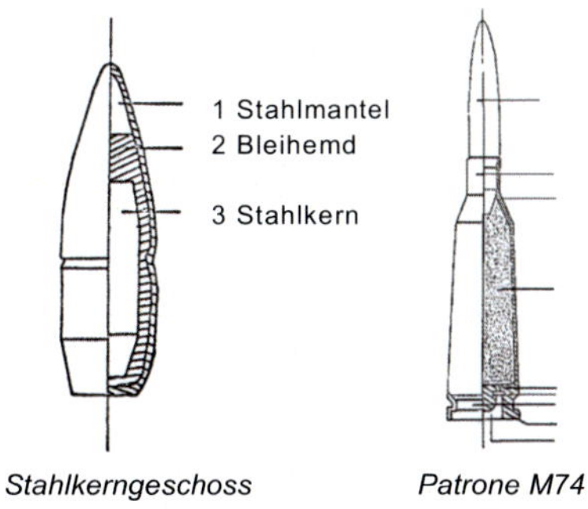

Stahlkerngeschoss *Patrone M74*

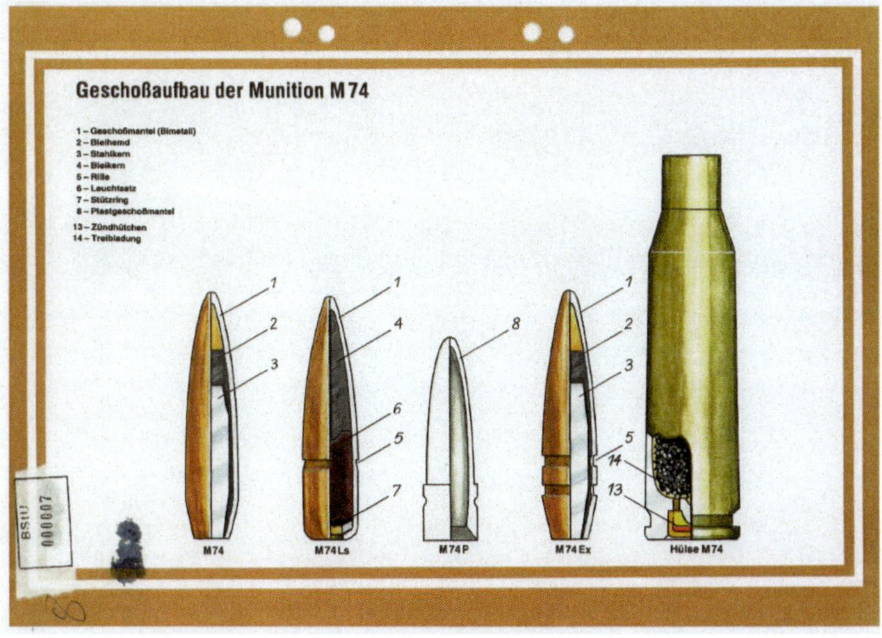

Geschoßaufbau M74 aus Werbeunterlagen des Spreewerk Lübben [75]

Die Gedankenspiele zur Entwicklung des SSG-82 begannen aber bereits mit dem Auftauchen der ersten sowjetischen M74 Patronen in der DDR Ende der 1970er Jahre und somit vor dem eigentlichen Lizenzabkommen zwischen der DDR und der Sowjetunion von 1981. Zu diesem Zeitpunkt verfügte die DDR noch nicht über diese Lizenzunterlagen.

[75] BStU, MfS, AG BKK Nr. 175 S. 0007

In den folgenden Auszügen aus den Technischen Lieferbedingungen (TLB) aus den Unterlagen des VEB Spreewerk Lübben, welches die Patrone M74 in der DDR in Lizenz herstellte:

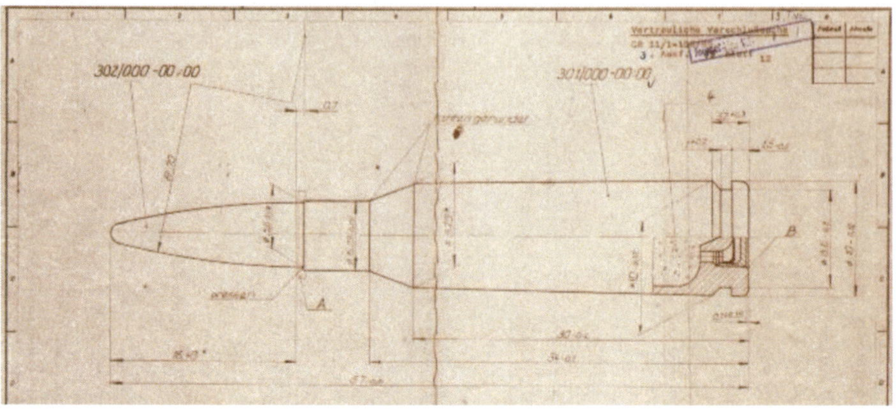

Die Patrone M74

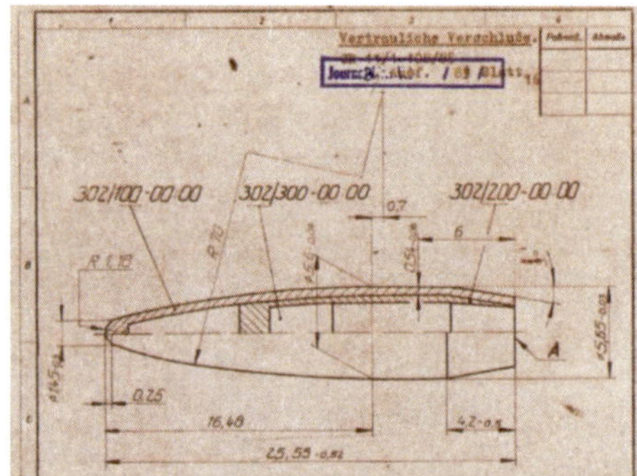

Das Stahlkerngeschoss

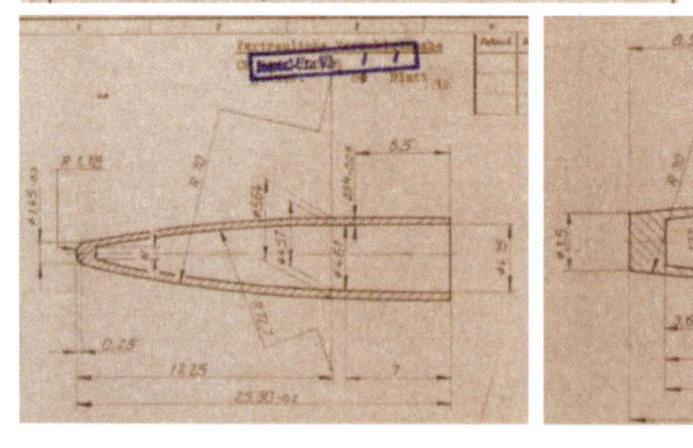

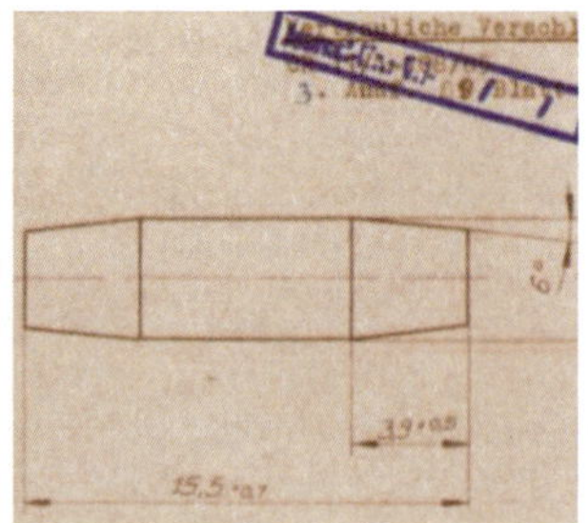

Der Geschoßmantel *Das Bleihemd* *Der Stahlkern*

In den Technischen Lieferbedingungen (TLB) war u.a. auch die genaue Bezeichnung der Packeinheiten geregelt, sowie deren Sortierung in die Holzkisten.

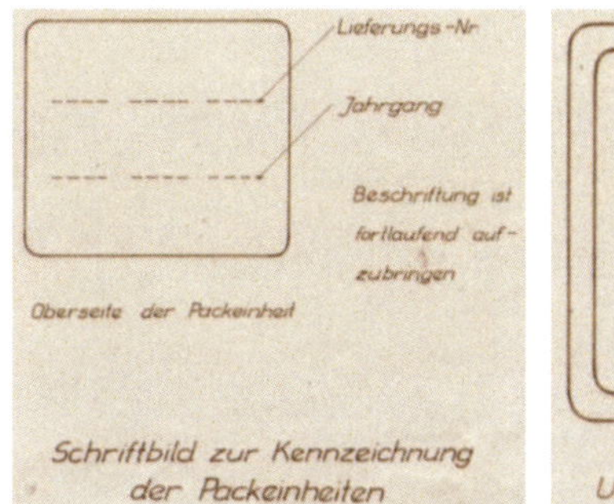

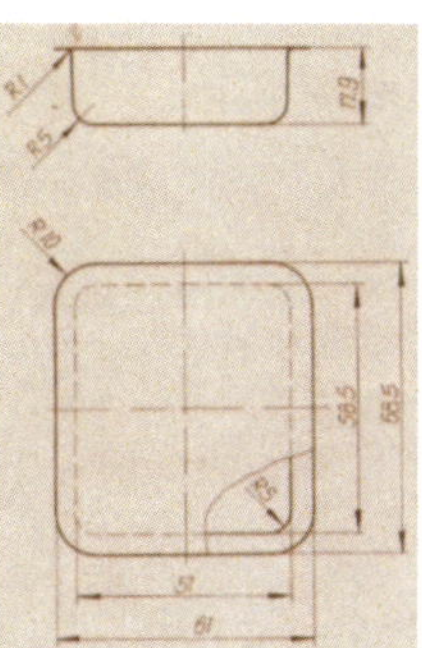

Beschriftung der Packeinheiten

Plasteeinheit für 10 Patronen M74 aus PVC – eigene Aufnahme

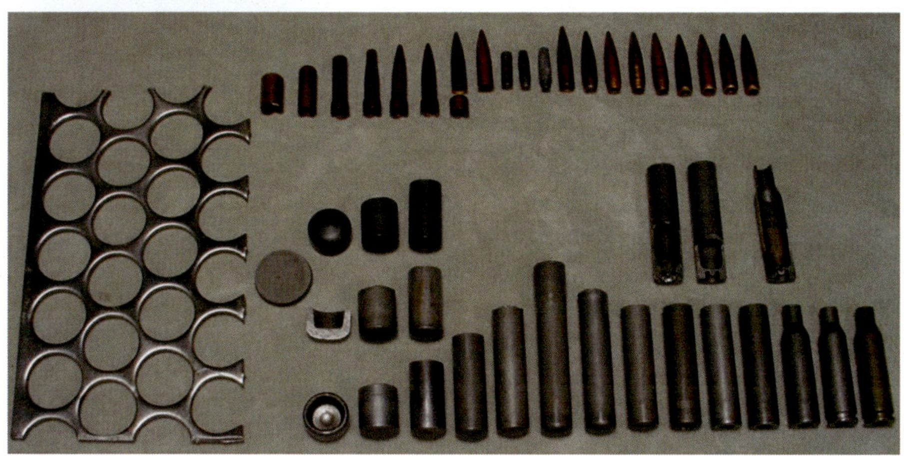

Vom Rohstoff zur fertigen Patrone – oben im Bild versch. Geschossvarianten [76]

[76] Buch VEB Spreewerk Lübben, Gerd Mischinger, Sonderdruck, S. 53

Präzision:

Die Munition M74 ist für das Sturmgewehr AK-74 konzipiert. Entsprechend ist auch die Herstellung mit vorgeschriebenen Toleranzen realisiert wurden. Der sich im Geschoss befindliche Stahlkern war nicht immer im ausreichenden Maße zentriert. Dies führt beim Schießen immer wieder zu Ausreißern im Trefferbild. Für ein Sturmgewehr ist diese Präzision ausreichend. Wie man jedoch auch beim MfS feststellte, sollte man für Scharfschützeneinsätzen eine möglichst an das Gewehr laborierte Munition verwenden, welche immer in engsten Toleranzen hergestellt wurde. Der zu erzielende Ersttreffer ist die Referenz.
Man begegnete diesem Phänomen u.a. mit einer Handauswahl der Munition.
Dies kann natürlich nur als provisorische Maßnahme angesehen werden und war für keinen Beteiligten zufriedenstellend. Nichtsdestotrotz musste das SSG-82 gemäß den Einschiessbedingungen, welche in der Bedienungsanleitung beschrieben sind, auch mit dieser Serienmunition einen Streukreis von 3,5 cm auf 100 m halten. Dies war mit der Munition M74 grundsätzlich möglich und für die Einsatzkriterien ausreichend. Zum Vergleich, das SSG Dragunow musste auf 100 m einen Streukreis von 8 cm halten.[77]
Versuche der Abteilung BCD mit handgeladener Munition und Bleigeschossen bzw. Vollmantelgeschossen für das SSG-82 führten zu einem besseren Schussbild und einer besseren Treffpunktlage. Die massenhafte Herstellung solcher Spezial-Munition war aber laut Lizenzvereinbarung durch das VEB Spreewerk Lübben nicht möglich. Es gab somit keine speziell für das SSG-82 vorgesehene in hohen Stückzahlen produzierte Munition.
Die Auslieferung der SSG-82 und die Kampfsätze waren nur mit der Standardmunition M74 vorgesehen. Nichts desto trotz gab es auch Munition verschiedener Ostblock-Hersteller, die in den Diensteinheiten Verwendung fand, um obengenanntem Problem zu begegnen.

[78]Auch die Militärakademie „Friedrich Engels“ in Dresden beschäftigte sich mit dem SSG-82 und führte wohl Beschusstests mit verschiedenen Munitionsarten durch. Diesbezügliche Dokumente waren im Militärarchiv Freiburg leider nicht überliefert und können damit weder bestätigt noch widerlegt werden.

---

[77] Ausbildungsvorschrift zum Scharfschützengewehr D A050/1/723 Nr.80, sowie BStU, MfS, HAXXII Nr. 1414/4 S.0021 Katalog der Waffen- und Schießausbildung

[78] Informationsdienst der NVA, Sonderausgabe 30 Jahre Sektion Landstreitkräfte der Militärakademie Friedrich Engels, 15.02.1989

Dem Festbacken von Patronenhülsen im Patronenlager sollte u.a. die Verwendung von Cenupaste vorbeugen. Das Trennmittel wurde im VEB Chemiewerk Nünchritz hergestellt. Dazu die Patronen beim Laden des Magazins leicht einreiben.

Cenupaste – eigene Aufnahme

Heimwerken

Cenupaste

Cenupaste – ein neues Gleit- und Trennmittel auf Silikonbasis aus dem VEB Chemiewerk Nünchritz – ist vielseitig im Haushalt und zur Kfz-Pflege verwendbar. Sie verbessert die Gleiteigenschaften von Plasten, Gummi und Holz und kann zum Beispiel bei Schubkästen, Gardinenschienen, Spielzeug, Sportgeräten und ähnlichem genutzt werden. Die Temperaturbeständigkeit der Paste erleichtert das Reinigen von Back- und Bratröhren sowie die Eisentfernung an Kühlschränken und Gefriertruhen. Cenupaste wird dazu dünn als Trennschicht aufgetragen. Back- und Bratreste haften nicht mehr so fest, eine ähnliche Wirkung wird bei der Eisschicht in Kühlaggregaten erzielt. Voraussetzung für eine erfolgreiche Anwendung ist, vor der ersten Benutzung Herde und Kühlschränke gründlich zu reinigen.

P. M.

Werbung aus: Neues Deutschland, 14.03.1981

Die Produktionsstätte

Das SSG-82 wurde in einer MfS-eigenen Produktionsstätte innerhalb des VEB Fahrzeug- und Jagdwaffenwerk Ernst Thälmann (VEB Fajas) in Suhl hergestellt.

Das Suhler Büchsenmacherhandwerk hat eine lange Tradition. Das Vorkommen von Erz in den Bergen um Suhl und genug Wasser zum Betreiben und Kühlen der Schmiedehämmer sorgten für optimale Umgebungsvariablen zum Entstehen einer eisenverarbeitenden Industrie. Frühe Dokumente von 1387 belegen eine Lieferung von 60.000 Armbrustpfeilen an die Schweinfurter Rüstkammer. Die Schloss- und Büchsenmacher der Stadt Suhl erhielten bereits 1563 ihr Privileg vom Grafen Ernst von Henneberg. Eine eigene Innung entstand etwa 100 Jahre später durch den Zusammenschluss von 50 Handwerkern. Die Büchsenmacher wurden zu einer eigenen Zunft erhoben.

Alte Zeichen der Suhler Büchsenmacher-Innung

Suhl ist für seine Büchsenmachermeister und ihre Kunstwerke an Handwaffen bekannt, im Besonderen aber auch für die Massenproduktion von Militärwaffen. Kriegswaffen wurden bereits für die Heere der Könige und Fürsten, im 19. Jahrhundert das Kaiserreich, die Reichswehr, die Wehrmacht, die Nationale Volksarmee und heute für die Armeen in aller Welt hergestellt. In jüngster Zeit kaufte auch die Bundeswehr mit dem G29 Scharfschützenwaffen aus Suhl und ein ebenfalls hier hergestelltes Sturmgewehr MK556 nahm an der Ausschreibung für das neue Ordonanzgewehr der Bundeswehr teil.

Notgeld der Stadt Suhl mit Darstellungen zur Bedeutung Suhler Waffen

Nach dem Ende des zweiten Weltkrieges wurden große Teile der vorhandenen Rüstungsindustrie demontiert und als Reparationsleistungen in die Sowjetunion verschickt.

HEUTE:
Bezirk Suhl

[79]

Um der Enteignung zu entgehen, wechselten große Namen, wie Anschütz, Krieghoff und Walther in die westliche Besatzungszone. Die in der sowjetischen Besatzungszone verbliebenen Betriebe, wie Haenel, Sauer & Sohn und Merkel wurden über mehrere Abschnitte verstaatlicht und zu sog. Volkseigenen Betrieben (VEB) zusammengeschlossen. So entstand am 01.01.1968 als 1. Suhler Großbetrieb das VEB Fahrzeug- und Jagdwaffenwerk (FAJAS) Ernst Thälmann.

Mit 3856 Quadratkilometern ist der Bezirk Suhl der kleinste der 15 DDR-Bezirke. Die Bevölkerungsdichte liegt mit 142 Einwohnern je Quadratkilometer unter dem DDR-Durchschnitt. Von knapp 550 000 Einwohnern leben 53 Prozent in den 32 Städten. Die Bezirksstadt hat heute über 56 300 Einwohner, im Gründungsjahr des Bezirkes waren es 24 500.

Der Bezirk, im Mittelgebirge gelegen, umfaßt den größten Teil des Thüringer Waldes und einen Teil der Rhön. Die höchsten Erhebungen sind der Große Beerberg (982 m) und der Schneekopf (978 m). Mit 835 m ist Neuhaus die höchstgelegene Kreisstadt der DDR. Es gibt 54 Naturschutzgebiete, von denen das Vessertal mit 1649 ha das größte ist. Jeder zweite Werktätige des Bezirkes arbeitet in der Industrie. Das Profil wird neben traditionellen Zweigen wie Kaliindustrie, Werkzeug- und Kleineisenindustrie, Glas- und Keramikindustrie sowie Holz- und Kulturwarenindustrie zunehmend durch die Elektrotechnik/Elektronik und den Maschinen- und Fahrzeugbau bestimmt. Seit 1952 hat sich das Produktionsvolumen des Bezirkes auf mehr als das Zehnfache erhöht, darunter in der Elektrotechnik/Elektronik auf das 30fache. 1988 wurde ein Volumen an industrieller Warenproduktion von rund 16 Milliarden Mark erzeugt. Das sind pro Arbeitstag rund 60 Millionen Mark und pro Arbeitsstunde 7,2 Millionen Mark.

Der Bezirk verfügt über 2,3 Prozent der landwirtschaftlichen Nutzfläche der DDR. Auf der Grundlage des überdurchschnittlichen Grünlandanteils sind die Rinderhaltung und die Milchwirtschaft die bestimmenden Produktionszweige. Mit 187 425 ha Forsten und Holzungen ist der Bezirk Suhl – im Verhältnis zur Gesamtfläche – der waldreichste der DDR.

Die Betriebe der Forstwirtschaft haben 1988 insgesamt 0,9 Millionen Kubikmeter Rohholz für die Weiterverarbeitung zur Verfügung gestellt. Umfangreiche Maßnahmen werden zum Schutz und zur Pflege der Wälder durchgeführt.

Zeitschrift DAS VOLK, Wochenendbeilage 3/40 Jahre DDR, September 1989

---

[79] Zeitschrift DAS VOLK, Wochenendbeilage 3/40 Jahre DDR, September 1989

VEB Fahrzeug- und Jagdwaffenwerk Ernst Thälmann Suhl, ehemalige Berufsschule Geschwister Scholl, Betriebsteil Merkel mit Lehrwerkstatt[80] *Im rechten Gebäudeteil befand sich das Büro von Arnd Ortlepp, bevor das weiße Haus gebaut wurde*

Fajas Werk [81]

---

[80] Buch Suhl herausgegeben vom Rat der Stadt Suhl – Arbeitsgruppe Städtedokumentation, Jahr unbekannt
[81] Stadtarchiv Suhl Signatur. 6.0.5.1. Fajas-Werk III

Stadtzentrum der Stadt Suhl, Aufnahmejahr nach 1980 [82]

Der VEB FAJAS gehörte seit 1972 zum VEB IFA-Kombinat für Zweiradfahrzeuge, Jagd- und Sportwaffen Suhl. Ebenfalls dazu gehörten:

- VEB Motorradwerk Zschopau
- VEB Mifa-Werke Sangerhausen
- VEB Leichtmetallgießerei Anneberg
- VEB Kettenfabrik Berchfeld
- VEB Blechformwerke Erzgebirge Bernsbach
- VEB Stanz- und Ziehwerk Oederen.

Der VEB FAJAS war Alleinhersteller von Kleinkrafträdern, Kleinrollern, Jagd- und Sportwaffen, Druckluftwerkzeugen, Getrieben, Ketten, Speichen und Dübelschußgeräten.

[82] Stadtarchiv Suhl Signatur. 6.0.5.1. Fajas-Werk III

Ebenso ist der VEB Fajas als Alleinhersteller von Jagd- und Sportwaffen auf der Grundlage der LVO verpflichtet, den Bedarf an

- KK-Standard
- KK-MP1
- LG-3.121
- LG-3.109
- MLG 550
- Bockgewehre f. Trap und Skeet
- BSG 725
- Sonderanfertigungen von Sportwaffen und Einzelteile

zu decken, mit einem Wertumfang von ca. 5,0 Mio M und einem Eigenleistungsanteil über 90 %.[83]

Der VEB FAJAS hatte verschiedene Werke in und um Suhl:[84]

1	Fahrzeugfertigung, Kleinkrafträder, Sitz der Kombinatsleitung in Suhl, Meininger-Str. 222
2	Jagd- und Sportwaffen in Suhl, Auenstr. 5, Sitz des Betriebsdirektors
3	Schmiedeteile, Sitz des ZBSK des VPKA[85] in Suhl, Str. des 7. Okt.16
4	Fahrzeugteile in Suhl, Wilhelm-Pieck-Str.
5	Schmiede für Werk 2 & 1 in Suhl, An der Steine
6	Zulieferer für Werk 2 in Brünn in Thüringen
7	Fahrzeugteileproduktion in Zella-Mehlis
8	Fahrzeugteileproduktion in Benshausen
10	Zulieferer für KKR in St. Kilian
11	Bowdenzüge in Gehren
12	Felgenbremsen in Neustadt
13	Fahrzeugteileproduktion in Benshausen

1986 arbeiteten in allen Werken des VEB FAJAS insgesamt 7025 Personen, davon 1070 in der Jagd- und Sportwaffenproduktion. [86]

[83] Archiv des Autors
[84] BStU, MfS, BV Suhl BdL Nr. 3305 Bd. 2 S. 0110 ff
[85] Zentrales Betriebsschutzkommando des Volkspolizeikreisamtes
[86] BStU, MfS, BV Suhl Nr. 3305 Bd. 2 S. 0120

Beschäftigte im VEB Fajas 1986 [87]

3. Nach Strukturbereichen

Bereich	Anzahl
Bereich Generaldirektor - G	140
Bereich 1. Stellv. des GD - V	2
Bereich Dir. Motorsport - R	1
Bereich Qualitätskontrolle - Q	490
Bereich Jagd- u. Sportwaffen - J	1.070
Bereich Produktion - F	1.675
Bereich Fahrzeugteile - H	600
Bereich Außen- und Binnenhandel - K	250
Bereich Materialwirtschaft - M	400
Bereich Grundfondswirtschaft - T	390
Bereich Ökonomie - Z	80
Bereich Ketten, Nippel, Speichen - N	680
Bereich Sozialökonomie - S	240
Bereich Wissenschaft u. Technik - E	500
Bereich Org. und Datenverarb. - W	82
Bereich Hauptbuchhalter - B	195
Bereich Kader und Bildung - P	55
Bereich Berufsausbildung - PB	150
Bereich BGL	15
Bereich BPO	10
Gesamt:	7.025

Personalbestand im VEB Fajas 1986 [88]

[87] BStU, MfS, BV Suhl BdL Nr. 3305 S. 0120

[88] FAJAS Werbeprospekt Suhler Jagdwaffen, Aufnahmejahr unbekannt

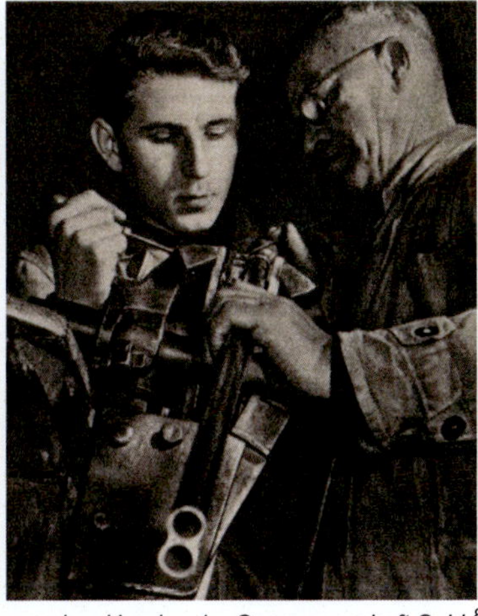

Szenen aus der Waffenproduktion der Büchsenmacher-Handwerks-Genossenschaft Suhl [89]

Als Kooperationspartner des VEB Kombinat Spezialtechnik Dresden war der VEB Fajas ein wichtiger Bestandteil der Verteidigungsindustrie gewesen.

Innerhalb des VEB Fahrzeug und Jagdwaffenwerk (Fajas) „Ernst Thälmann“ gab es ab den 1950igern einen eigenen Produktionsbereich für die sogenannte „Spezielle Produktion“. Hier wurden ab den 60igern vor allem Zubehörteile für die in Lizenz in der DDR gefertigten Kalaschnikow-Varianten gefertigt. Neben den Läufen wurden Verschlussstücke, Bajonette, Mündungsbremsen und Reinigungsgeräte hierfür gefertigt. Dies geschah unter strenger Sicherung und Geheimhaltung. Auch der Schriftverkehr innerhalb der speziellen Produktion war von dieser betroffen.

Bilder aus der Speziellen Produktion, hier Herstellung des Bajonetts zur MPi KM [90]

[89] Das Handwerk, Heft 3, März 1958, 12. Jahrgang

[90] ARMEE Rundschau Heft 3 März 1969 S. 82–85

In Wiesa in der DDR hergestellte Kalaschnikow MPi KM Kaliber 7,62 x 39 mm

In Suhl hergestellte Kleinkaliber MPi 69 im Kaliber .22 lfB, Werksbezeichnung Modell 3.502

Schnittmodell MPi-69, Waffenmuseum Suhl

Die KK-MPi 69 war eine Ausbildungswaffe, um die Trainingsmöglichkeiten der Schießausbildung zu erweitern. Durch die kürzere Reichweite verringern sich zwingend einzuhaltende Sicherheitsbereiche wesentlich. Die Handhabung, Visiereinstellung, das Einstellen der Feuerart (Einzel- und Dauerfeuer), Sichern und das Laden entsprechen bei der KK-MPi 69 der „großen“ MPi KM. Sie wurde für das Training verwendet, sowie in der Gesellschaft für Sport und Technik (GST). Verwendet wurde eine spezielle Munition, die M70 Patrone aus dem VEB Sprengstoffwerk Schönebeck.

MPi-69 – Sammlung LKA Brandenburg

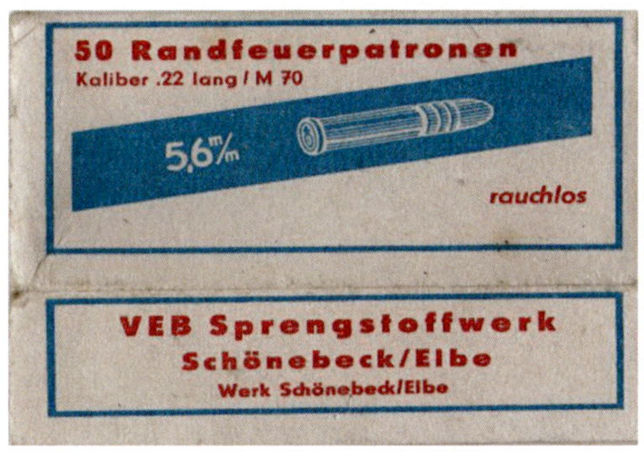

Verpackung KK Spezialpatrone M70 aus DDR-Produktion für die MPi 69 – eigene Aufnahme

Abb. 1 Detailansicht der KK-MPi 69

1 Mündungskappe
2 Kornhalter
3 Kornfuß
4 Korn
5 Zusatzkorn für Nachtschießen
6 Lauf
7 Halterung
8 oberer Handschutz
9 unterer Handschutz
10 Laufaufnahme
11 Druckfeder für Visierklappe
12 Visierklappe
13 Visierschieber
14 Zusatzklmme für Nachtschießen
15 Verschluß
16 Sperrhebel
17 Drehfeder für Sperrhebel
18 Schlagstück
19 Schlagfeder
20 Verzögerer
21 Unterbrecher
22 Schaltstück
23 Gehäuse
24 Gehäusedeckel
25 Schließfeder
26 Kolbenaufnahme
27 Kolben
28 Magazinsperre
29 Feder für Magazinsperre
30 Abzugsbügel
31 Abzug
32 Drehfeder für Abzug
33 Griffstück
34 Patronenauflauframpe
35 Auswerfer
36 Verschlußhalter
37 Magazin
38 Tragegurt

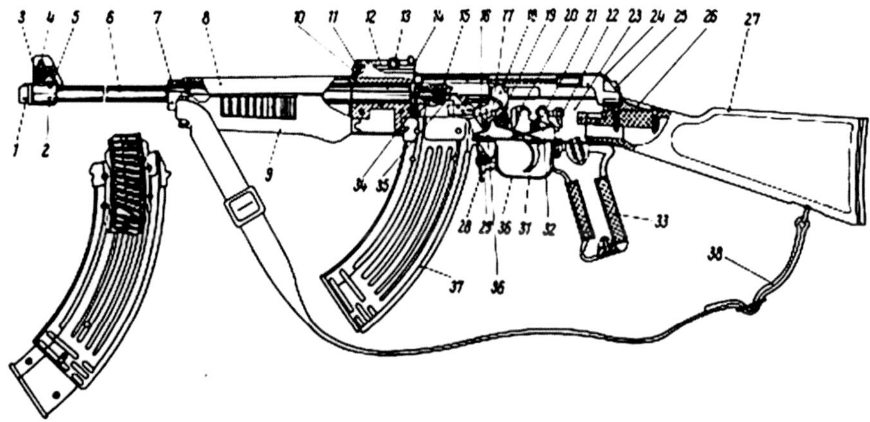

Abb. 2 Magazin mit herausgezogenem Bodenstück, zum Füllen mit 15 Patronen vorbereitet

Aus Bericht zur Vorstellung der KK-MPi 69 durch OTL Willi Setzer, ungefähr 1969

Taktisch technischen Angaben der MPi KM und der KK-MPi 69:

	MPi KM	KK-MPi 69
günstigste Schußentfernung	bis 400 m	bis 100m
Theor. Feuergeschwindigkeit	600 Schuß/min	700 Schuß/Min
Prakt. Feuergeschwindigkeit bei Einzelfeuer bei Dauerfeuer	 40 Schuß/min 100 Schuß/min	 40 Schuß/min 100 Schuß/min
Visierreichweite	1000 m (je 100 m verstellbar)	100 m (25, 50, 75 und 100 m)
Gewicht mit gefülltem Magazin	3,8 kg	3,45 kg
Fassungsvermögen	30 Patronen	15 Patronen
Patronenart	M53	KK-Randfeuerpatronen (Spezialanfertigung)
Kaliber	7,62 mm	5,60 mm
V0 des Geschosses	715 m/s	etwa 310 m/s
Gesamtlänge	870 mm	870 mm
Anzahl der Züge	4	6
Länge der Visierlinie	383 mm	415 mm

Während der Recherchen im Staatsarchiv des Landes Thüringen in der Außenstelle Suhl war es sehr interessant und verwirrend zugleich die gefundenen Dokumente einzelnen Abteilungen und Personen der Speziellen Produktion des VEB Fajas zuzuordnen, da jeder Absender und Empfänger bzw. betroffenen Personen und Abteilungen nur mit einem einzelnen Buchstaben verschleiert wurden. So entstanden beispielhaft folgende Sätze: „Von T an P: Wie bereits mit N und M abgesprochen, wird zukünftig K die Leitung haben".

Exkurs Spezielle Produktion / Landesverteidigungsobjekte (LVO):
Nach dem zweiten Weltkrieg wurden verschiedene Suhler Unternehmen, und Waffenhersteller in Volkseigene Betriebe (VEB) zusammengeführt / umgewandelt. So entstanden in Suhl das VEB Fahrzeug und Gerätewerk Simson Suhl, welches vor allem Zweiräder hergestellt hat, und das VEB Ernst-Thälmann-Werk Suhl, welches Jagdwaffen produziert hat. Aus dem Zusammenschluss beider Betriebe entstand 1968 das VEB Fahrzeug- und Jagdwaffenwerk Ernst Thälmann. Die auch offiziell gebräuchliche Abkürzung war „VEB Fajas". Die Stadt Suhl hat eine lange Tradition für das Büchsenmacherhandwerk und auch heute befindet sich hier eine der zwei Büchsenmacherschulen Deutschlands.

Die sogenannte „spezielle Produktion" war die verschleiernde Bezeichnung für die Verteidigungsindustrie der DDR, die aber nicht als solche benannt werden durfte. Denn nach dem Potsdamer Abkommen vom 02.August 1945 war für Deutschland die Produktion von Waffen, Kriegsausrüstungen und Kriegsmitteln verboten.

„B. W i r t s c h a f t l i c h e G r u n d s ä t z e
11. Mit dem Ziele der Vernichtung des deutschen Kriegspotentials ist die Produktion von Waffen, Kriegsausrüstung und Kriegsmitteln, ebenso die Herstellung aller Typen von Flugzeugen und Seeschiffen zu verbieten und zu unterbinden."[91]

Bereits seit den fünfziger Jahren (1952) wurde die Spezielle Produktion in der DDR aber stetig ausgebaut.
Mit der Aufnahme der DDR in den Warschauer Vertrag und der BRD in die NATO wurde die Waffenproduktion von den Siegermächten wieder genehmigt.
Der speziellen Produktion gehörten verschiedenen VEB in der DDR an, welche alles in Allem das gesamte Spektrum der Produktion für die kasernierten Einheiten der Volkspolizei (KVP), später Nationale Volksarmee (NVA), mit Ausnahme der aus der Sowjetunion und anderen sozialistischen Ländern gelieferten Kampftechnik, Bewaffnung und Munition, umfasste.
Als Beispiele seien genannt:

- Das VEB Geräte- und Werkzeugbau Wiesa baute ab 1958 in sowjetischer Lizenz die AK-47.
- Das VEB Kombinat Spezialtechnik Dresden, Spezialgerätewerk in Wiesa entwickelte zum Ende der DDR unter Anderem das Gerät 940, die Wieger (Wortschöpfung aus WIEsa GERätebau). Die Wieger war eine Neuentwicklung der AK-74 im NATO-Standardkaliber 5,56 x 45 mm und für den Export bestimmt.
- Das VEB Ernst Thälmann in Suhl produzierte ab 1955 die Pistole Makarow nach sowjetischer Lizenz, die Pistole 1001, die Leuchtpistole 1, den Selbstladekarabiner SIMONOV. Später die Kleinkaliber MPi-69, Waffenteile für die Geräte 920, 930 und auch die Läufe für das Gerät 940. Das VEB Fajas stellte als wichtigstes Einzelteil den Lauf her. Im VEB GWB Wiesa wurden dann alle zugelieferten Einzelteile zur fertigen Waffe montiert.

Selbstladekarabiner SKS Simonov
Mit freundlicher Genehmigung von waffenhof-gurtner.at

- Das VEB Mechanische Werkstätten in Königswartha produzierte ab 1956 Munition verschiedenster Handwaffenkaliber bis hin zur RPG-18.[92]

Und viele mehr.

[91] Mitteilung über die Dreimächtekonferenz von Berlin („Potsdamer Abkommen") vom 2. August 1945, Punkt 11
[92] Erinnerungen an den Dienstbereich Technik und Bewaffnung des Ministeriums für Nationale Verteidigung, Entwicklung, Aufgaben, Struktur, Arbeitsweise und Probleme von GenLt a.D. Dipl.-Ök. Ulrich Gall, Seite 3ff

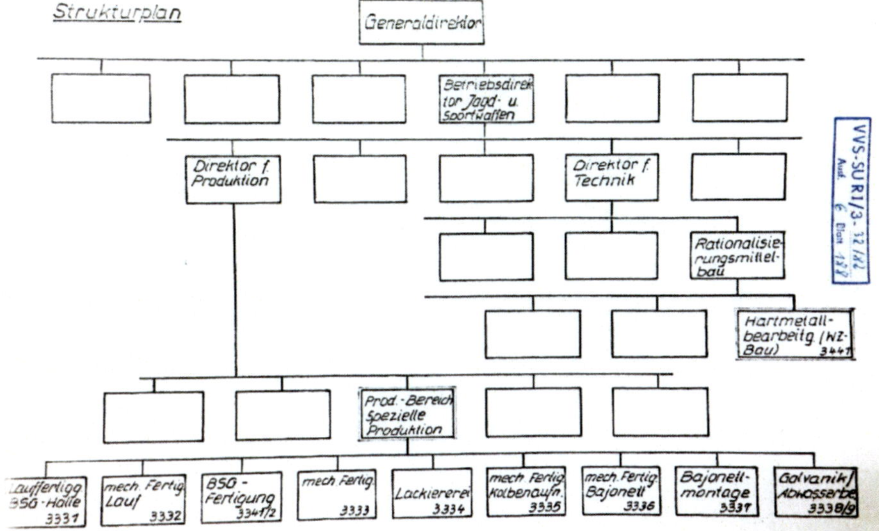

Strukturplan der Speziellen Produktion im VEB Fajas 1982 – eigene Aufnahme

Das VEB FAJAS war aufgrund der vorhandenen Speziellen Produktion der Kategorie B zugeordnet (= verteidigungswichtige Betriebe).
Das bedeutet, dass im Ernstfall (E-Fall) die Produktion der Jagd- und Sportwaffen eingestellt wurden wäre und die Produktion der Teile der Speziellen Produktion um das 3 – 6-fache erhöht wurden wäre. Für das zum VEB Fajas gehörende Werk in Brünn gab es aufgrund der Nähe zur innerdeutschen Grenze auch eine Ersatzvariante der Produktionsverlagerung nach Suhl. Die Produktion von Kleinkrafträdern im Werk 1 wäre eingestellt wurden und die Arbeiter für die Reparatur von Militärfahrzeugen eingesetzt.
Auch im Friedensbetrieb galt das VEB FAJAS als Angriffsobjekt für den Gegner (aus damaliger Sicht der DDR) und war einer besonderen Gefährdung durch Konzerne und Firmen der westdeutschen Waffenbranche (sog. Gegenobjekte) ausgesetzt. Man schloss einen Einfluss auf die Produktion und den Absatz durch diese Unternehmen nicht aus. Solche „Gegenobjekte" waren aus Sicht des MfS die Firmen Anschütz (Ulm), Sauer & Sohn (Eckernförde) und Dynamit-Nobel AG (Troisdorf). Betriebe der BRD mit denen die Jagd- und Sportwaffenproduktion des VEB Fajas kommerzielle Verbindungen hielt, waren u.a. Frankonia-Jagd Würzburg und Dynamit Nobel Troisdorf.[93]

Wer sich näher mit der speziellen Produktion in der DDR beschäftigen möchte, den verweise ich auf das Buch „Waffenschmiede DDR" von Uwe Markus, erschienen im Verlag DAS NEUE BERLIN GmbH, sowie den „Erinnerungen an den Dienstbereich Technik und Bewaffnung des Ministeriums für Nationale Verteidigung, Entwicklung, Aufgaben, Struktur, Arbeitsweise und Probleme" von GenLt a.D. Dipl.-Ök. Ulrich Gall, Seite 3ff

[93] BStU, MfS, BV Suhl BdL Nr. 3305 Bd. 2 S. 0127

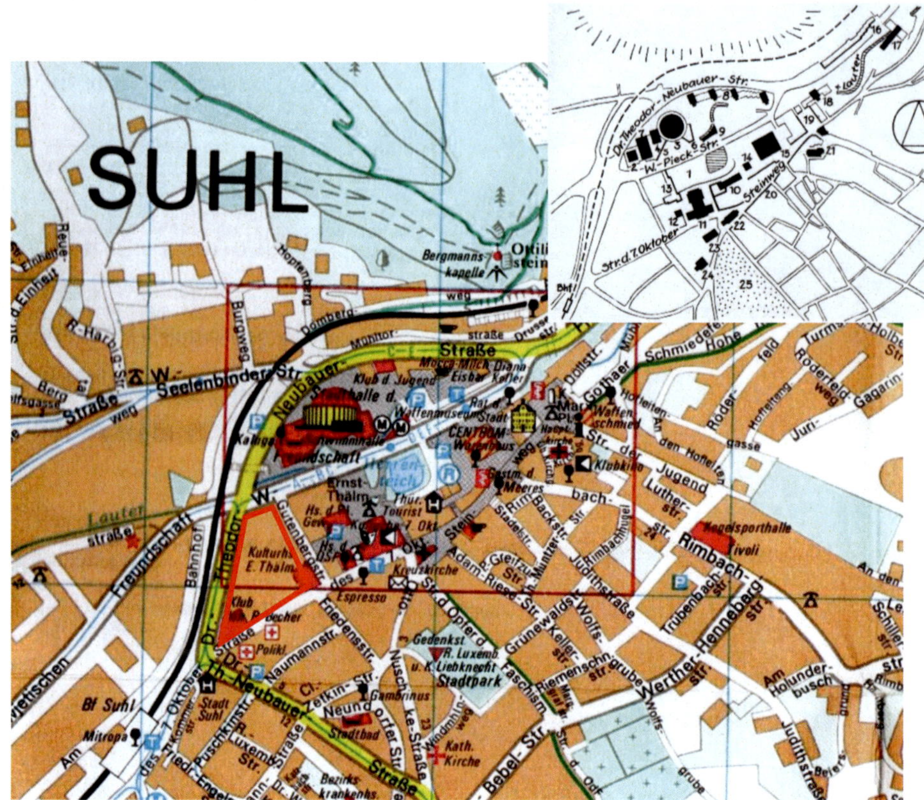

Stadtplan Suhl Zentrum 1990, rot markiert das ehemalige HAENEL-Werk in dem das SSG-82 hergestellt wurde[94]

Die Bereiche der Speziellen Produktion des VEB Fajas galten als sogenannte „Sicherungsobjekte" und somit unterlagen der Zugang zu dem Gelände, sowie die Arbeit im Werk einer strengen Kontrolle und Geheimhaltung. Genaueres regelten Verordnungen wie z.B. „System der Sicherheit und Ordnung und des Geheimnisschutzes im VEB Fahrzeug- und Jagdwaffenwerk Ernst-Thälmann Suhl" vom 29.04.1980.

Hier wurden folgenden Themen festgelegt:

- Betriebsbesichtigung
- Fotografiererlaubnis
- Ausweisberechtigungen
- Beantragung von Arbeitserlaubnissen für die Werke:

Um in der Speziellen Produktion arbeiten zu dürfen, musste man die kaderpolitischen Bedingungen, wie Zuverlässigkeit und politische Treue erfüllen. Bereits in den Lehrlingsjahren wurden die Lehrlinge durch die Berufsschule namentlich an die

[94] Stadtplan Suhl/Zelle-Mehlis, 6. Bearbeitete Auflage 1990, VEB Tourist Verlag, Berlin/Leipzig
s/w Plan - Architekturführer DDR Bezirk Suhl, VEB Verlag für Bauwesen Berlin, 1989

Kaderabteilung weitergemeldet und ein späterer Einsatz innerhalb der speziellen Produktion geprüft.

Für die Zufahrt auf das Gelände gab es eine eigene Wache und die Sicherung erfolgte durch das Betriebskommando der Volkspolizei (BVP). Auch das Verlassen während der Pausen war geregelt. Der Fahrzeugverkehr zum und innerhalb des Bereiches waren ebenfalls festgelegt.

Mitte 1978 stellte man fest, dass es große Lieferrückstände des VEB FAJAS Suhl gegenüber dem VEB GWB Wiesa bei der Lieferung von Läufen für die in Lizenz gefertigte Kalaschnikow Modell AKM gab. Dies führte man zum einen auf den veralteten Maschinenpark, die nicht qualitätsgerechte Lieferung von Stahl aus dem VEB Edelstahlwerk Freital, sowie auf fehlerhafte Entscheidungen in der Leitungsebene des VEB FAJAS Suhl in Bezug auf den Bereich der Speziellen Produktion zurück. Konkret wurde der Leitungsebene vorgeworfen, die spezielle Produktion vernachlässigt zu haben. So standen der Jagd- und Sportwaffenproduktion bereits moderne Hämmermaschinen zur Lauffertigung (mehr dazu im Kapitel Lauf) zur Verfügung, der speziellen Produktion wurden diese zu diesem Zeitpunkt versagt. Der restliche Maschinenpark der Speziellen Produktion war verschlissen und die Produktionsräume zu klein bzw. teilweise sogar wegen Einsturzgefahr gesperrt.

Im Gebäude 10 - (1.500 m^2 Produktionsfläche für Bajonett und Lauf) wurde das mittlere Geschoß 500 m^2 von der Staatl. Bauaufsicht gesperrt, da die mögliche Deckenbelastung gegen "0" abgesunken ist.(Die tatsächliche Ist-Belastung beträgt 500-600 kp/m^2) Auf dieser Fläche werden die AKM-Läufe produziert.

Aus Dokument VVS – SU RI / 3-81/1978

Durch die Lieferrückstände seitens des VEB Fajas musste das GWB Wiesa seine Produktionsreserven aufbrauchen, um die Produktion zu sichern.[95]

Die spezielle Produktion im VEB Ernst Thälmann in Suhl wurde daraufhin Anfang der Achtziger Jahre ausgebaut und eine Reihe neuer Gebäude entstanden. Unter anderem wurden ein Produktionsgebäude und ein Filtergebäude gebaut.

[95] BStU, MfS, BV Suhl Abt. XVIII / 2407 S. 0001–000009

Ausbau der Speziellen Produktion ab Beginn der 1980er Jahre[96]

Heute ist oben gezeigtes Gebäude Bestandteil eines Autohändlers und von außen durch Modernisierung nicht mehr ohne weiteres erkennbar.

[96] Thür. Staatsarchiv Meiningen VEB Fahrzeug- u. Jagdwaffenwerk Suhl, Nr. 4356

Luftbild Suhl Zentrum von 2008 – links der damalige Neubau des Produktionsgebäudes der Speziellen Produktion im ehemaligen Sauer-Werk, rechts Neubau Abnahmegebäude im ehemaligen Haenel-Werk, oben mittig im Bild die Stadthalle von Suhl[97]

Da der Bereich der speziellen Produktion schon ein besonders abgesicherter Bereich mit strengen Kontrollen war, entschied das MfS unter Nutzung dieser Tatsache das neue eigene Dienstobjekt zur Herstellung seiner Spezialwaffen hier aufzubauen.
In diesem sollte die neuaufgestellte „Unterabteilung 3 – Produktion“ der Abteilung BCD des MfS untergebracht werden. Entsprechend der Bezeichnungen für die neugebauten Gebäude der speziellen Produktion - „Filtergebäude“ und „Produktionsgebäude“ - wurde das Gebäude als „Abnahmegebäude“ benannt. Der besonders schutzwürdige Bereich der speziellen Produktion machte eine Legendierung des neuen Produktionsgebäudes als Landesverteidigungsobjekt-Vorhaben (LVO) und als Teil der Speziellen Produktion wesentlich einfacher. Da in der Speziellen Produktion Teile für die AK-47 und später AK-74 und somit für die NVA produzierte, war eine Legendierung als NVA-Dienststelle naheliegend. Die Bezeichnung Abnahmegebäude, sollte den Eindruck erwecken, dass hier die gefertigten Teile für den militärischen Abnehmer geprüft und abgenommen wurden.
Trotzdem gab es über diesen Neubau einige Verwunderung innerhalb des VEB Fajas, doch dazu später mehr.

Im Folgenden wollen wir uns die Planung und Umsetzung zum Bau der Produktionsstätte genauer anschauen.

[97] Luftbild Suhl Zentrum vom 31.08.2008, mit freundlicher Genehmigung von Michael Zacher

Durch die Forderung das neu zu entwickelnde Scharfschützengewehr in hohen Stückzahlen zu produzieren, wurde 1979 beschlossen, innerhalb des VEB Fajas eine Unterabteilung des MfS aufzustellen. Diese bestand aus Mitarbeitern der bis dahin für das MfS tätigen Spezialistengruppe und rekrutierte seit ihrem Bestehen Mitarbeiter aus dem VEB Fajas. Die neue Unterabteilung Produktion der Abteilung BCD des MfS im VEB Fajas wuchs stetig auf. Zu Beginn war nur der als Sonderbeauftragter legendierte Konstrukteur Arnd Ortlepp hier tätig. Als Sonderbeauftragter konnte er sich innerhalb der VEB Fajas Werke frei bewegen und sowohl Maschinen als auch Kapazitäten für Vorhaben einfordern. Arnd Ortlepp, jetzt hauptamtlich beim MfS tätig und im Range eines Leutnants, hatte zu Beginn ein Büro mit Zeichenbrett zur Verfügung, später kamen eine Sekretärin, sowie weitere Räume und Mitarbeiter hinzu. Ein Maschinenpark ermöglichte die Herstellung von Kleinserien und Einzelprojekten. Außerdem nutzte man die guten Kontakte zu den verbliebenen ortsansässigen privaten Büchsenmacherbetrieben. Die Räumlichkeiten im VEB Fajas hatten aber keine Kapazität für eine Serienfertigung, wie es für das SSG-82 und spätere Waffenentwicklungen vorgesehen war.

Um die zu erwartende Produktionsleistung zur Herstellung von Spezialwaffen wie dem SSG-82 zu gewährleisten, wurde ab 1979 der Neubau eines Produktionsgebäudes innerhalb des VEB Fajas Werk (ehemals HAENEL Werk) geplant und realisiert.
Offiziell wurde das Projekt „Abnahmegebäude – Suhl“ auf der Besprechung des Leiters der Abteilung BCD am 02.04.1980 in Berlin beschlossen.[98]

Das Dienstobjekt Abnahmegebäude, Aufnahme circa 2005, Aufnahme Waffenmuseum Suhl

Zur praktischen Umsetzung wurden Folgemaßnahmen aufgestellt:

- Erarbeitung von Grundsatzdokumenten,
- Erstellung von Verträgen zur Zusammenarbeit mit Fajas,
- Sicherung der notwendigen finanziellen Mittel,
- Planung der Wasser- und Wärmeversorgung,

[98] Thür. Staatsarchiv Meiningen VEB Fahrzeug- u. Jagdwaffenwerk Suhl, Nr. 4356

- Medizinische Betreuung der Angehörigen,
- Befugnisberechtigungen für die Angehörigen,
- Einrichtung eines Kurier- und Postverkehrs,
- Planung von Sicherungstechnik,
- Absicherung der Maßnahmen zur offenen Legende „NVA-ZAB-Stelle“

[...]

Hauptgrund für die Entscheidung die Produktion in Suhl aufzubauen, waren natürlich die in Suhl vorhandenen Kenntnisse im Waffenbau, sowie das Vorhandensein einer kompletten Waffenindustrie. Neben dieser Anbindung konnte man hier auf erfahrene Mitarbeiter zurückgreifen bzw. auf die Zukunft gesehen einen eigenen Personalkörper rekrutieren.

Zuerst kaufte das MfS dazu 1979 ein Grundstück samt Baracke für 3500 Mark innerhalb der ehemaligen HAENEL-Werke. Die Baracke wurde abgerissen und ein 3-geschossiger Neubau geplant. Dies geschah durch Arbeitskommandos und teilweise in Nachdienstarbeit durch sog. Feierabendbrigaden.
Der für das neue Produktionsgebäude benötigte Werkzeugmaschinenbedarf wurde im Juni 1980 angefordert[99]. Grundlage für die Anforderung war die Realisierung eines LVO-Vorhabens im VEB Fajas.

Exkurs LVO: Als Landesverteidigungsobjekt bezeichnete man alle im Zusammenhang mit Landesverteidigung, Rüstung oder aus politischen Motiven priorisiert bezeichneten Ausgaben und Verfahren. Sie hatten eine gegenüber der restlichen Wirtschaft bevorzugten Rang und wurden begünstigt ausgeführt. Ein Ausspruch des ehemaligen ersten Sekretärs der SED-Bezirksleitung von Berlin (Ost) Günter Schabowski macht dies deutlich: „Wenn ein Bau, gleich ob militärischer oder ziviler Bestimmung, beschleunigt hochgezogen werden sollte, benötigte er dieses [LVO] Prädikat vom [Verteidigungs- und] Bauministerium. Damit war dem Bauherrn der Zugang zu jenem Schlaraffenland eröffnet, wo der Strom an Zement und anderen begehrten Baumaterialien nie versiegt. Auch an Arbeitskräften und Technik war dann nicht länger Mangel, der das Bauen in den Wohnungsgebieten oder in der Industrie für die Bauleute zum Dauerstress machte.“ [100]
Genauso gern wurden Vorhaben mit diesem – wie G. Schabowski es nennt – Prädikat gekennzeichnet, um eine schnelle Realisierung zu erreichen. Bei dem hier dargestellten Bau eines Produktionsgebäudes handelte es sich um ein richtiges LVO-Projekt mit militärischer Bedeutung.

[99] Thüringer Staatsarchiv, VEB Fajas, Nr. 4356
[100] Vgl. zum Beleg Günter Schabowski, Der Absturz, Hamburg, 1992, S. 294

Rechts im Bild das sog. Weiße Haus, Aufnahmedatum unbekannt

Vielen Mitarbeitern ist das Abnahmegebäude auch als „kleines weißes Haus" bekannt.

Anm. d. A.: Das „große weiße Haus" hingegen befand sich im ehemaligen SAUER-Werk in der dortigen Speziellen Produktion und hier wurden Teile – wie z.B. Bajonettteile, Visierteile, Lauf – für die DDR eigene Kalaschnikow hergestellt.
Eine mehrmalige Umbenennung und Umstrukturierung des VEB Fajas führte im Laufe der Zeit zu einer Änderung der Benennung der Werke. Die hier angegebene Nummerierung der Werke entspricht den vorliegenden Dokumenten und wurde innerhalb dieser mehrfach so verwendet.

Luftbild Gelände des Werkes 3 des VEB Fahrzeug- und Jagdwaffenwerk Ernst Thälmann in Suhl/Thüringen. Hier befand sich die Sportwaffenproduktion, der Maschinenbau, sowie die Holzbearbeitung / Schäfterei. Mittig ist das kleine weiße Haus, das sogenannte „Abnahmegebäude", zu erkennen[101]

[101] TLBG Bildflug 198308, Bildnr.0004 vom Datum 24.08.1983

Geb. 18, Ansicht von Nordosten, Aufnahme circa 1998

Geb. 18, Ansicht von Südosten, Aufnahmedatum unbekannt [102]

[102] Archiv Gewerbepark Simson GmbH

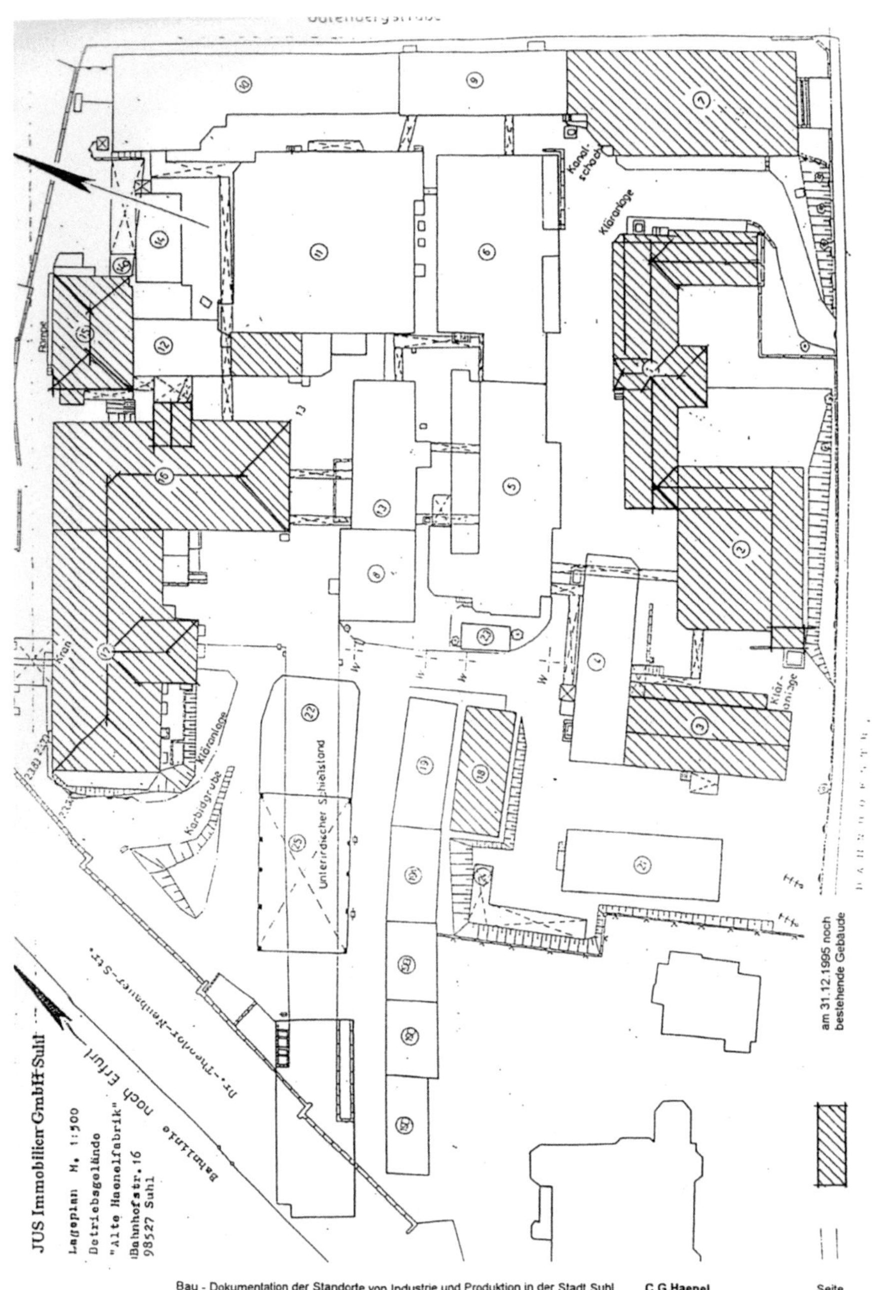

Lageplan Betriebsgelände „Alte Haenelfabrik" 1993, Archiv Gewerbepark Simson GmbH

4. FOTODOKUMENTATION VOR ABRISS (1993)

1 L 1 Eingangsgebäude
V 6 Holzbearbeitung
R 7 Klubhaus

2 1 Eingangsgebäude, Hofseite

2b 3 Alte Schmiede

2a 5 Holzbearbeitung
Geb. 4 bereits abgebrochen)

3 L 8 "neue Schmiede"
V 5 altes Schornsteinfundament
davor ehem. Beschußanlage

4 L 16 Geschoßbau I
V 8 "neue Schmiede"
H 13 Schlosserei

5 L Zugang zum unterirdischen
Schießstand
25 offene Überdachung

6 L 17 Geschoßbau II
R 25 offene Überdachung
H 16 Geschoßbau I

7 L 8 "neue Schmiede"
M 23 Acetylen-Anlage
H 5 Holzbearbeitung
R 19 Garagen

8/9 V 8/13 Schlosserei
H 5 Holzbearbeitung
R 18 mechan. Fertigung

10 L 12 Lackiererei
V 13 Schlosserei
R 16 Geschoßbau I

11 L 13 Schlossere
R 12 Lackiererei
H 16 Geschoßbau I

12 L 5 Holzbearbeitung
R 13 Schlosserei

13 LV 13 Schlosserei
LH 11 Fräserei

14 H 12 Lackierei

15 L 14 Dach Toilettengebäude
H 10 Geschoßbau III

16 Blick vom Geschoßbau III
V 11 Shedsaal
HL 11 Randbebauung
HR 13 Schlosserei

17 L 10 Geschoßbau III
R 11 Fräserei

18/19 von oben nach unten:
7 Klubhaus
9 Lager/Gütekontrelle
10 Geschoßbau III

Legende zum Lageplan JUS von 1995

Im Folgenden Werksansichten um 1990 aus dem Archiv der Gewerbepark Simson GmbH

Ganz links im Bild Hauswand des weißen Hauses

Bereits Ende 1979 wurden Maschinen für das neue Dienstobjekt für das Jahr 1981 angefordert. Die Maschinen mussten bilanziert werden, d.h. sie mussten beantragt, bestellt und genehmigt werden. Die Bilanzanmeldung der benötigten Materialien und Maschinen geschah über das VEB Fajas. Sich daraus ergebende Rechnungen an das VEB Fajas wurden zur Bezahlung an das MfS übergeben. So gab es keinen unmittelbaren Zusammenhang zwischen dem MfS und den bestellten Maschinen und Mitteln. Aus Gründen der Konspiration wurde Schriftverkehr vermieden und die Investitionen im VAB Fajas unter „zusätzliche Investitionen – Sonderbeauftragter GA“ erfasst und begründet.[103]
Am 11.04.1980 wurde die Standortgenehmigung zur Errichtung eines Abnahmegebäudes für die bewaffneten Organe im Bereich der Speziellen Produktion des VEB Fajas an die Stadt Suhl gestellt und am 22.05.1980 dieses genehmigt. Wie bereits beschrieben, nutzte das MfS die bereits vorhandene Spezielle Produktion als Legendierung ihres eigenen Vorhabens. **Das Abnahmegebäude war aber nie Teil der Speziellen Produktion.** In der Genehmigung wurde darauf verwiesen, dass das neue Gebäude für einen Sonderbedarfsträger, d.h. für das MfS, vorgesehen war.

[103] Thüringer Staatsarchiv, VEB Fajas, Nr. 4356

VEB Fahrzeug- und Jagdwaffenwerk
Ernst Thälmann Suhl

IFA-KOMBINAT
für Zweiradfahrzeuge
DDR - 60 Suhl · PSF 209

Generaldirektor

Rat der Stadt Suhl
Oberbürgermeister
Genosse K u n z e

60 S u h l
Karl-Marx-Platz

Suhl, den 11.04.1980
Meininger Straße 222
Fernruf: 630
Journal-Nr. 2.10180

Erteilung einer Standortgenehmigung

Zur Errichtung eines Abnahmegebäudes für die bewaffneten Organe im Bereich der Speziellen Produktion des VEB Fahrzeug- und Jagdwaffenwerk Ernst Thälmann Suhl wird die Erteilung einer Standortgenehmigung beantragt.

Diese Maßnahme ist für einen Sonderbedarfsträger vorgesehen. Die erforderlichen Mittel werden von diesem geplant.

Forderungen gemäß Formblatt F 702 werden an das Territorium nicht gestellt.

Rat der Stadt Suhl
Stellv. d. Oberbürgermeisters
u. Vors. d. Plankommission - Lossow -

Für die Errichtung des Abnahmegebäudes im VEB Fahrzeug- und Jagdwaffenwerk Ernst-Thälmann Suhl erteilt die Stadtplankommission hiermit die Zustimmung.

Suhl, den 22. 5. 1980

Rat der Stadt Suhl
— Plankommission

i. V. Werner
Stadtrat f. Finanzen u. Preise

Standortgenehmigung der Stadt Suhl [104]

[104] Thür. Staatsarchiv Meiningen VEB Fahrzeug- u. Jagdwaffenwerk Suhl, Nr. 4356

Kaufvertrag[105]

Zwischen dem VEB Fahrzeug- und Jagdwaffenwerk
Ernst Thälmann Suhl
IFA-Kombinat für Zweiradfahrzeuge
Vertreten durch den Direktor für Rationalisierung
[geschwärzt]

- als Verkäufer -

und dem Ministerium für Staatssicherheit

- als Käufer –

wird folgendes vereinbart:

1. Zwischen den Vertragspartnern besteht Übereinstimmung, daß der Käufer im Produktionsbereich JS, Straße d. 7. Oktober, ein Abnahmegebäude errichtet. Als Standort für dieses Abnahmegebäude ist der derzeitige Standort des Störreservelagers (Baracke) vorgesehen.
2. Der Verkäufer verkauft an den Käufer mit dem Tag der beiderseitigen Unterzeichnung dieses Vertrages vorgenannte Baracke zu einem Vereinbarungspreis von
   3.500,-- M.
   Dem Käufer ist bekannt, daß der Buchwert auf „0" steht.
   Die Baracke ist eine Holzkonstruktion mit dem Abmaßen 19,5 x 8,5 x 3,5 m. Der Fußboden ist teilweise betoniert, und teilweise besteht er aus Holz.
3. Dem Käufer ist der Zustand der Baracke bekannt. Für den Wiederaufbau kann aufgrund des hohen Verschleißgrades keinerlei Gewähr übernommen werden.
4. Mit dem Tag der Unterzeichnung dieses Vertrages gilt die Baracke als übergeben.
5. Die Zahlungsfrist für den Kaufpreis beträgt 14 Tage nach Unterzeichnung des Vertrages. Die Überweisung hat auf das Konto der Staatsbank der DDR, Filiale Suhl, Nr. 4811-18-900 zu erfolgen.

b.w.

6. Für Streitigkeiten aus diesem Vertrag ist das BVG Suhl zuständig.

Der Vertrag ist 4fach ausgefertigt, wovon jeder Vertragspartner 2 Exemplare erhält.
Suhl, dem 07.05.1980

Für den Verkäufer	Für den Käufer
[geschwärzt]	*Unterschrift*
Dir. F. Rationalisierung	Sonderbeauftragter

Es folgten die standardmäßigen Prüfungen durch die Bauaufsicht [106] und der Abriss der vorhandenen Bausubstanz, d.h. der Baracke.

Für die Errichtung des Neubaus „Abnahmegebäude Suhl" im Fertigungsbereich JS (JS = Jagd- und Sportwaffen), gab es eine gesonderte Vereinbarung [107] zwischen dem VEB Fajas und dem MfS. Gegenstand dieser war die Errichtung eines drei geschossigen Gebäudes in monolithischer Bauweise und einem Grundriss von 8,20 x 29,20 m und einer Höhe von 10 m.

Der Baubeginn wurde für April 1980 vereinbart. Bis zum 15.11.1980 sollte das Gebäude rohbaufertig und zum Jahrestag der Republik im IV. Quartal 1981 sollte das Gebäude fertiggestellt sein. Auch die Bereitstellung von Personal und Fahrzeugen durch das MfS wurde hier vereinbart. Zur Stimulierung wurden durch das MfS Prämienmittel entsprechend der erbrachten Leistungen zur Verfügung gestellt.

[105] Abschrift des Kaufvertrages aus Thür. Staatsarchiv Meiningen VEB Fahrzeug- u. Jagdwaffenwerk Suhl, Nr. 4356
[106] Thür. Staatsarchiv Meiningen VEB Fahrzeug- u. Jagdwaffenwerk Suhl, Nr. 4356
[107] Thür. Staatsarchiv Meiningen VEB Fahrzeug- u. Jagdwaffenwerk Suhl, Nr. 4356

Die mit der Nutzung entstehenden wirtschaftlichen Beziehungen wurden wieder gesondert vereinbart.

Der eigentliche Produktionsanlauf war für das Jahr 1982 geplant.

Für die Bauausführung standen 550.000 Mark zur Verfügung. Davon gingen 373.882,02 Mark an das VEB Fajas für die Fertigstellung des Rohbaus, dessen Ausbau und die Anbringung des Außenputz. 97.870.68 Mark wurden als sogenannte Feierabendarbeit aufgewendet. 1.653.900 Mark standen für die technologische Ausrüstung des Dienstobjektes zur Verfügung. Diese sollten auf 1981 und 1982 verteilt für die Beschaffung von Maschinen ausgegeben werden. Einen nicht geringen Anteil machten die erbrachten Eigenleistungen aus, welche sich auf rund 340.870 Mark beliefen. Darunter fallen u.a. der Einsatz eines acht köpfigen Arbeitskommandos vom 01.06.1980 bis 15.07.1981, der Einsatz eines ständig kommandierten Arbeitskommandos und Angehörigen der Unterabteilung Produktion der Abt BCD (auch aus Berlin), sowie die Bereitstellung von Material, wie Sanitäreinrichtung, Fenster, Türen, Innenausstattung und Isoliermaterial aus.

Die Abteilung Operativ-technischer Sektor (OTS) des MfS installierte die geforderte Sicherungstechnik, u.a. Codeschalter.
Da nun im Bereich der speziellen Produktion ein noch geheimeres Objekt entstand, sorgte dies wohl für Aufregung und Verwunderung unter den Mitarbeitern im VEB FAJAS. Um unnötigen Spekulationen und dem Rätselraten über das „Abnahmegebäude" vorzubeugen, hat der Leiter der Abt BCD Oberst Voigt das neue Dienstobjekt über die Hauptabteilung I (NVA und Grenztruppen) des MfS als eine Einrichtung der NVA legendiert.[108]

Beide Chefs sollten erfahren, daß dieses Dienstobjekt unter diesem Postfach 60264 der Linie 2000 offiziell angemeldet und unter Bezeichnung

NVA ZAB-Stelle

offen legendiert wurden.

Weitere Information wären nach Konsultation mit der Linie HA I nicht notwendig.

Ich wäre Ihnen sehr dankbar, wenn Sie persönlich diese Aufgabe übernehmen bzw. erledigen würden.

Voigt
Oberst

Schreiben von Oberst Voigt – Archiv des Autors

[108] Thür. Staatsarchiv Meiningen VEB Fahrzeug- u. Jagdwaffenwerk Suhl, Nr. 4356

Die offene Bezeichnung lautet „ZAB-Stelle der Nationalen Volksarmee“. Wobei ZAB für Zentrale Abnahme und Betriebsstelle steht.

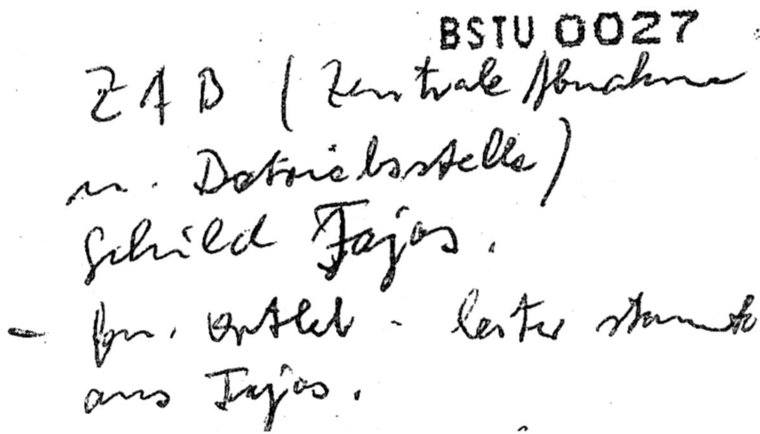

Handschriftliche Notiz mit der Abkürzung ZAB aus dem Jahreskalender Abt BCD[109]

Für die offene Legende des Abnahmegebäudes als „ZAB-Stelle der Nationalen Volksarmee“ wurden verschiedene Maßnahmen getroffen:

- Für den offenen Postverkehr wurde auf der Grundlage eines Armeedokumentes (Attestat) ein Postfach bzw. Postschließfach eingerichtet

  NVA ZAB-Stelle
  6000 Suhl
  Postschließfach 38/60264

  Gleichfalls wurde dem Postfach die Betriebsnummer 95906255 zugeteilt.

  Die Anschrift lautete:

  ZAB-Stelle der NVA
  Im Werk 2, Bereich JFS [110]

- Ab dem 01.012.1981 wurde ein wie bei der Armee übliches Schild an das Gebäude angehangen, um die Legende nach außen offen zu dokumentieren.

[109] BStU, MfS, Abt BCD Nr. 3302 S. 0027
[110] BStU, MfS, Abt BCD Nr. 3301 S. 0123ff

Originalschild – Archiv des Autors

- Für die Absiegelung von Dokumenten und Verträgen wurde ein Siegel und ein Stempel erstellt

Dienstsiegel

NATIONALE VOLKSARMEE
ZAB-Stelle
6000 Suhl
Postfach 38/60264

Stempel

- Es wurden notwendige Ausweisdokumente sowie Fahrzeugkennzeichnungen beschafft.

Beispiel für einen Werksausweis eines MfS Mitarbeiters für das VEB Fajas – Archiv des Autors

- Das Finanzwegverfahren und die Rechnungsabsicherung mussten abgesichert werden. Dazu erhielt die ZAB-Stelle eine innerbetriebliche fiktive Kostenstelle (0964), sowie eine Kundennummer
- Über zwei innerbetriebliche Telefonanschlüsse des VEB Fajas war das Objekt telefonisch unter 430 und 456 erreichbar. Innerhalb des innerbetrieblichen Telefonbuches war die 430 als „Sonderbeauftragter des Generaldirektors" ersichtlich.
- Das Wehrbezirkskommando (WBK) und das Wehrkreiskommando (WKK) der NVA mussten über den Zweck und die Aufgabe informiert werden und es musste klargestellt werden, dass diese vermeintliche NVA-Dienststelle nicht in deren Zuständigkeitsbereich fällt.

Zur materiellen und finanziellen Absicherung der technologischen Ausrüstung für das Objekt „Abnahmegebäude" wurde wiederum eine gesonderte Vereinbarung zwischen dem MfS und dem VEB Fajas am 31.12.1980 getroffen. In diesem wurde u.a. vereinbart, dass die Bilanzanmeldung über das VEB Fajas erfolgt, die an Fajas daraufhin eingehenden Rechnungen hingegen an das MfS weitergeleitet werden. Keine Spur sollte hier auf ein Objekt des MfS hinweisen. Auch die Versorgung mit Grundmaterial, Strom, Wasser etc. wurde über Verträge vereinbart.

Die Zusammenarbeit des MfS mit dem VEB Ernst Thälmann wurde am 25.03.1981 vertraglich festgelegt:[111] Eine neue Vereinbarung vom 05.Juni 1989 lag nur im Entwurf vor.

---

[111] BStU, MfS, Abt. BCD Nr. 3744 0052–0055

Vertragliche Vereinbarung

zwischen den

VEB Fahrzeug- und Jagdwaffenwerk Suhl
IFA-Kombinat für Zweiradfahrzeuge

und des

Ministerium für Staatssicherheit

Über die in Zusammenhang mit der Nutzung des Abnahmegebäudes Am Standort VEB Fahrzeug- und Jagdwaffenwerk Suhl, 6000 Suhl, Straße des 7.Oktober, entstehenden Wirtschaftsbeziehungen wird folgende Vereinbarung abgeschlossen:

1. Das neu errichtete Abnahmegebäude verbleibt als Eigentum des MfS.
Der VEB Fajas übergibt die bebaute Fläche einschließlich eines Außenbereiches (Anlage 1) zur unentgeltlichen Nutzung an das MfS.

Fahrzeuge des MfS sind berechtigt, die werkseigenen Verkehrsflächen unentgeltlich zur ungehinderten Zu- und Abfahrt zu dem Gebäude zu nutzen.
Der VEB Fajas behält weiterhin das Recht, den Außenbereich so zu nutzen, daß keine Beeinträchtigung der Nutzungsfähigkeit dieser Flächen für das MfS entsteht.

2. Für alle Fragen

des Gesundheits-, Arbeits- und Brandschutzes,
der technischen Überwachung,
der rationellen Energie.... und
der Ordnung und Sicherheit

innerhalb des Gebäudes ist das MfS entsprechend den geltenden gesetzlichen Bestimmungen eigenverantwortlich und realisiert die erforderlichen Maßnahmen in eigener Zuständigkeit.

Für den Bereich außerhalb des Gebäudes (einschließlich Werksverkehr) gelten die für den VEB Fajas zutreffenden Bestimmungen bzw. betrieblichen Weisungen.

3. Die Ver- und Entsorgung des Abnahmegebäudes wird von VEB Fajas gesichert. 2

Das betrifft: Elektroenergie,
Gas,
Wasser/Abwasser,
Heizung,
Druckluft,
Schrott/Müll.

Die für diese Leistungen dem VEB Fajas entstehenden Kosten werden erstattet.

Elektroenergie, Gas und Wasser erfolgt lt. **Verbrauchsabrechnung** zu den für den VEB Fajas gültigen Tarifen.
Die Verrechnung der übrigen Kosten erfolgt über eine Pauschale (Anlage 2).
Änderungen dieser Pauschale, die auf Grund von wesentlichen Voränderungen des Verbrauchs, von Tarifen usw. notwendig werden, sind von den unterzeichnenden Seiten gegebenenfalls neu zu vereinbaren.

4. Instandsetzungs- und Instandhaltungsleistungen für das Gebäude und seine Ausrüstungen (einschließlich technologischer Ausrüstungen) werden von dem VEB Fajas geplant und realisiert.

Erforderliche Abstimmungen erfolgen zwischen den Leiter des Abnahmegebäudes und dem Direktor für Rationalisierung des VEB Fajas.

5. Der VEB Fajas berücksichtigt bei evtl. perspektivischen Baumaßnahmen des errichteten Abnahmegebäudes und sichert, daß die Funktionstüchtigkeit in keiner Weise eingeschränkt wird.

6. Zur Sicherung der innerbetrieblichen Beziehungen wird das Abnahmegebäude (Arbeitsbereich) über eine feststehende Kundennummer monatlich abgerechnet.

7. Der VEB Fajas plant und beschafft den Bedarf an Hilfsmaterialien und Kleinstmengen anderer Materialien für die technologischen Abläufe. Lieferbedingungen wie Sortimente, Mengen, Qualitäten u. a. für das jeweilige Folgejahr werden mit dem Bereich Materialwirtschaft des VEB Fajas und dem Leiter der Arbeitsbereiches Abnahmegebäude vereinbart.

Die Entnahme erfolgt über Materialentnahmekarten bei den jeweiligen Lagern.

8. Der VEB Fajas stellt 5 vollamtliche Telefonanschlüsse und einen Betriebsfunkanschluß zur Einspeisung Abnahmegebäude zur Verfügung. 3

	Unterschrift
Ministerium für Staatssicherheit	VEB Fahrzeug- und Jagdwaffenwerk Suhl IFA-Kombinat für Zweiradfahrzeuge
Berlin, den	Suhl, den

Anlagen:
1. Lageskizze
2. Pauschale

25.3.81

Anlage zur Vereinbarung

Jährliche Pauschale zur Verrechnung der Kosten für Ver- und Entsorgung des Objektes (lt. Punkt 3. der Vereinbarung):

Heizungskosten	21.000,00 M
Abwasser	250,00 M
Druckluft	500,00 M
Schrott, Müll usw.	1.000,00 M
	-----------------
insgesamt:	22.750,00 M
	==========

Anlage 1

Lfd.Nr.	Benennung	Type	Stck.	Auftr.-Nr.	vertr. Bindung	Planwert
1	Universalfräsm.	FUW 200	1)	694010123		)
2	"	FA 20 opt.	6)		I7/81	) 440
3	"	FUA 250	2	158	bil.	)
4	"	FA 32	1	159	bil.	)
5	"	FA 32 opt.	2	139	bil.	
6	Flächenschleifm.	SAH 20 A II	1	138	bil.	110,0
7	Waag. Stoßmasch.	7E35	1	120	IV/81	48,0
8	" "	SA 6050	1	140	bil.)	80,0
9	Tischbohrmaschine	G 13	2	126	bil.	4,0
10	Säulenbohrmaschine	PR 203	2	141	I/81	16,0
11	Bügelsäge	BB72	1	127	IV/81	4,0
12	Drehmaschine	16K 20x710	2			72,0
13	"	1A616P	2			43,0
14	Rundschleifmasch.	RE 100x500	1			80,0
15	Metallbandsäge	SU 4	1			22,0
16	Hydr. Presse	PYE 40N	1			21,0
17	Polierschleifbock	SEPN 1,5	1)		vorgem. f. 81	1,5
18	Elektro-Schleifb.	SME 125A	2)	694010084	1 Stck.f. /81	1,0
19	Polierschleifbock	SEPNa 2,4/3	1)		vorgem. f. 81	2,0
20	Kammerofen	SEKD-3	1	85	II/82	9,0
21	Handhebelschere	ScFDH 8	1	86	/81	2,0
22	Spindelpresse	YB3	2	87		6,0
23	Handbohrmaschine	HBM 3001	2	88		1,0
24	Profilprojektor	PB 320	1)	89	vorgem. f. 81	10,0
25	Meßmikroskop	BK 70x50	1)			10,0
26	Stahlschrank	AL4	1)	90		0,4
27	Werkzeugschrank	Mod. IV	10)		erst 82 lieferbar	1,8
28	"	Mod. I	1)		" " "	0,1
29	Werkbank	Mod. 5	17	91	/81	2,9
30	Industriestaubsauger	5/125-1	3	92		1,3
31	Elektrohebezug	MB 093	1	93	erst 82 lieferbar	2,0
32	Kleinlastenaufzug	LO32	1	94	I/81	9,0
33	Transportwagen	WDP 630/600-F	2	95		1,2

Anlage 2

Lfd.Nr.	Benennung	Typ	Stck.	Wert (TM)
1	Schreibtisch	1-01 6020-33	12	4,7
2	Sekretärinneneinheit	1-01 6020-39	1	0,5
3	Arbeitstisch	1500x700	1	0,1
4	Stuhl gepolstert	K1	22	1,6
5	Drehstuhl	DS 78	1	0,1
6	Stuhl, Sperrholzsitz	3110 1915	68	1,8
7	Beistellschrank	4-001143	1	0,1
8	Aktenschrank	4-001146	5	1,3
9	Aktenkleiderschrank	4-001148	13	3,2
10	Aufsatz	4-000141	13	1,1
11	Unterkunftsschrank	2-teilig	21	2,2
12	Zeichenmaschine	Diplom II	3	2,4
13	-dto-	Exakt III	1	0,6
14	Tisch	88 E1	10	0,8
15	Tisch	812 E1	3	0,3
16	Ablagebank		5	0,3
17	Industriestaubsauger	JSS 1600	1	2,1
18	Generalschlüsselanlage		1	2,0
19	Materialständer		2	0,6
20	Handfeuerlöscher	CO_2	3	0,5
21	-dto-	SL 10	1	0,1
22	Parallelschraubstock		15	1,1
23	Kühlschrank	1701	1	1,4
24	Blumenbank	300x700	4	1,0
25	-dto-	300x1500	4	2,4
26	Regal		6	1,5
27	Stahlleiter		1	0,2
28	Schilder		div.	0,3
29	Sanitätskasten		5	0,7
30	Spänewagen		3	1,2

Zum damaligen Zeitpunkt äußerst moderne Maschinenausstattung des Abnahmegebäudes [112]

[112] Thür. Staatsarchiv Meiningen VEB Fahrzeug- u. Jagdwaffenwerk Suhl, Nr. 4356

Auf dem Gelände des ehemaligen Werkes 3 befindet sich ein unterirdischer Schießstand mit einer 100 m Bahn. Circa 1954-56 gebaut mit 5 Schiessbahnen. Dieser Schießstand wurde durch die Mitarbeiter des Abnahmegebäudes mitgenutzt.

Der andere Teil der unterirdischen Anlage wird heute noch als Kälteschiessstand u.a. von der Bundeswehr zum Einschießen der Biathlonwaffen genutzt. Im Bereich von 0 bis -20 Grad können die Biathlonwaffen unter realen Wettkampfbedingungen erprobt werden.[113]

Neben dem aktiven Kälteschießstand ist der seit langem ungenutzte 100 m Schießstand – eigene Aufnahme

Nachdem das SSG-82 am Zeichenbrett entworfen war, das Produktionsgebäude hierfür fertiggestellt war, konnte man die Nullserie herstellen, das Testprogramm durchlaufen lassen und dann mit der Serienfertigung Anfang des Jahres 1984 beginnen. Abgeleitet aus allen verfügbaren Unterlagen ergeben sich folgende Produktionszahlen:

Am 02.09.1983:

13 Stück (für Testprogramm verwendet)

[113] Kälteschießstand – eigene Aufnahme

Produktionsstand vom 31. 7. 1984

Geräte SSG-82		Fehlmenge zum Plan
lieferbereit	59 Stück	- 34 Stück
weißfertig mit ZF	89 Stück	- 9 Stück
weißfertig ohne ZF	99 Stück	- 59 Stück
Baugruppen		
Lauf	89 Stück	-114 Stück
Verschluß	160 Stück	- 43 Stück
Hülse	198 Stück	- 5 Stück
Schaft	134 Stück	- 24 Stück

Produktionsstand unmittelbar vor Beginn der Serienfertigung 31.07.1984 [114]

Im Berichtszeitraum wurde die Serienproduktion des SSG 82 - unsere Kampfaufgabe - aufgenommen.

Im August 1984 wurde die Serienproduktion begonnen[115]

1 Fertigungslos bestand aus 25 Stück SSG-82.[116]

Bestände in den Diensteinheiten:
SR BCD
Bezirksverwaltung Neubrandenburg, Abteilung XXII

- 8 Scharfschützengewehre, davon zwei SWD, 8 SWD mit NSPU, sowie 8 SSG-82[117]

[114] BStU, MfS, BCD Nr. 2891 S. 0043
[115] BStU, MfS, BCD Nr. 2891 S. 0053
[116] BStU, MfS, BCD Nr. 2891 S. 0073
[117] BStU, MfS, BV Neubrandenburg SR BCD Nr. 76 S. 0016

Die Technische und organisatorische Absicherung

Das Werk auf dem sich das Dienstobjekt befand, lag im Stadtzentrum von Suhl, an einem von Norden nach Süden ansteigenden Geländeabschnitt.
Das Werk ist im Norden durch die Wilhelm-Pieck-Straße (heute Bahnhofstraße), im Osten die Gutenbergstraße, im Süden durch die Straße des 7. Oktober, im Westen die Doktor-Theodor-Neubauer-Straße und das Objekt des ehemaligen Wehrkreiskommandos der NVA begrenzt.

Das Werksgelände war nach Norden, Westen und Süden hin durch einen Latten- bzw. Eisenzaun begrenzt. Nach Osten schließte das Gelände mit der Außenfront das Gelände ab.

Die Außensicherung des Dienstobjektes erfolgt durch das Betriebsschutzkommando der DVP (Deutsche Volkspolizei) im Werk 2 des VEB Fajas.[118]

Aufgrund des Geheimschutzes mussten alle Gebäude des MfS einem strengen Kriterienkatalog erfüllen. Dazu erließ Erich Mielke u.a. die Dienstanweisung 10/80 zur „Gewährleistung der Sicherheit der Dienstgebäude des MfS".[119]

Für die Ausstattung mit Absicherungstechnik von Dienstobjekten des MfS war die Abteilung „Operativ Technischer Sektor" (OTS) zuständig. Diese installierte 1984 die umfangreiche kombinierte äußere und innere Sicherungsanlage für das Dienstobjekt. Diese technischen Sicherungsanlagen (TSA) waren äußerst modern und restriktiv.[120]

---

[118] BStU, MfS, BV Suhl, AGL, S. 109
[119] BStU, MfS, BdL/Dok. Nr. 1928, Bl. 1-19
[120] BStU, MfS, BCD Nr. 2890 S. 0135

Abteilung Bewaffnung
und Chemischer Dienst
Leiter

Berlin, 4. Januar 1984
eng-ha 24 /1984

BStU
000136

Operativ-Technischer Sektor
Leiter
Genossen Generalmajor Schmidt

Vorhaben TSA 30480 - Objekt "Abnahmegebäude" Suhl -
Ihr Schreiben vom 19. 12. 1983, Tgb.-Nr. 2654/83

Bezug nehmend auf die operativ-taktische Aufgabenstellung zum Vorhaben TSA 30480 werden unsererseits ihre Forderungen bei der zuständigen Fachabteilung beantragt.

Als Anlage erhalten Sie die Bestätigung der operativ-taktischen Aufgabenstellung zurück.

Anlage

Voigt
Oberst

5.1.84

Anlage zum Antrag der TSA für das Dienstobjekt[121]

Dem MfS standen umfangreiche Raumschutzanlagen (RSA), Geländeschutzanlagen (GSA), Brandmeldeanlagen (BMA) und Fernbeobachteranlagen (FBA) zur Objektsicherung zur Verfügung.
Eine Auswahl verfügbarer Sensoren soll die technischen Möglichkeiten aufzeigen[122]:

Optischer Meldungsgeber OE 21
Mittels eines Infrarotstrahles wird die optische Achse von Sender und Empfänger auf max. 10 m überwacht.

[121] BStU, MfS, BCD Nr. 2890 S. 0136
[122] Katalog Sicherungstechnik, Jahr und Herausgeber unbekannt, Archiv des Autors

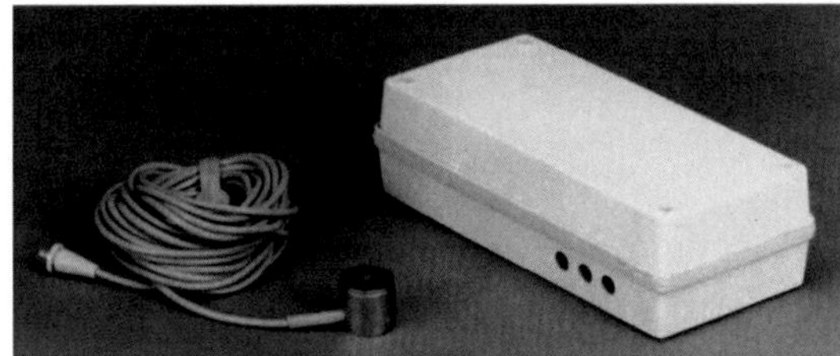

Glasbeschädigungsmelde-Systeme UGM Signalisiert Beschädigungen von Glasflächen an durch die Auswertung von Schwingungen am Sensor.

Kapazitiver Meldungsgeber CL 5
Dient der Überwachung von Objektgrenzen bzw. Räumen und Einzelobjekten. Sog. Fühlerantennen senden kapazitive Änderungen an das Grundgerät, z.B. bei Annäherungen von Personen.

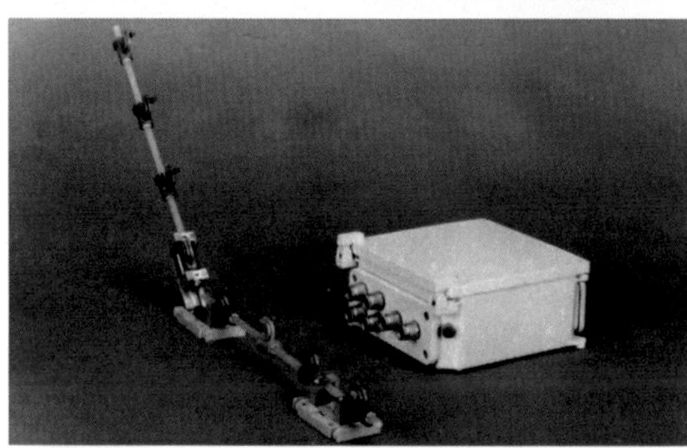

Impulsspannungs-Meldegeber MI 1
Dient der Überwachung von Objektgrenzen mittels Hochspannungsimpulsen, die über einen als Zweidrahtschleife gestalteten Signalzaun geführt werden.

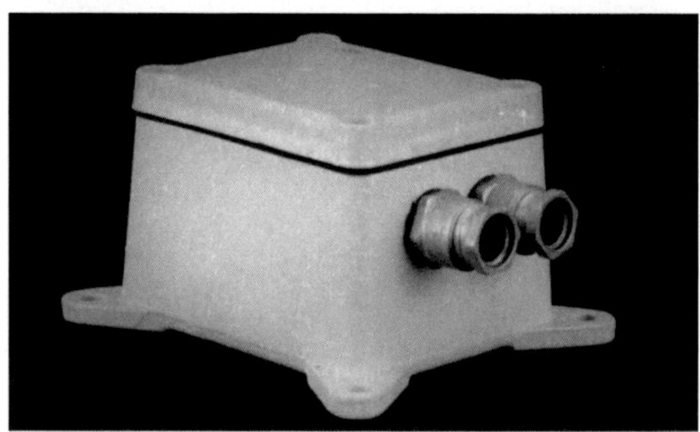

Körperschall-Meldungsgeber AK 1
Passiver Meldungsgeber, um eine begrenzte Fläche der Außenhaut eines Gebäudes zu überwachen. Die auftretenden Schwingungen z.B. bei Bohrungen und Explosionen werden ausgewertet.

Höchstfrequenz-Meldungsgeber HD 2
Aktiver Meldungsgeber. Dient der Volumenüberwachung in Räumen durch den Aufbau eines Mikrowellenfeldes.

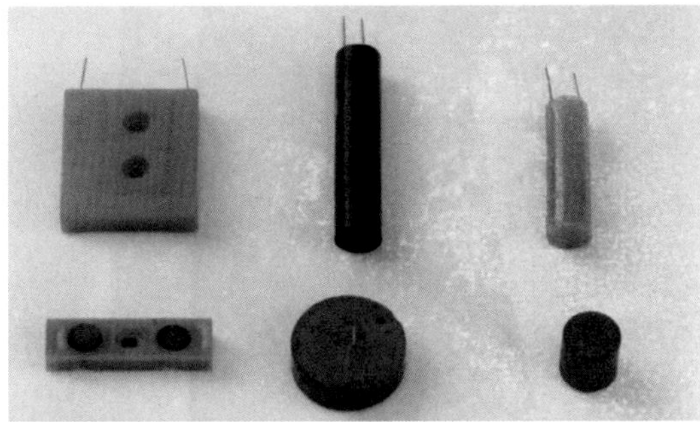

Kontakt-Meldungsgeber MS
Aktiver Meldungsgeber für die Überwachung beweglicher Teile auf Lage- bzw. Ortsveränderung.

Magnetschalter MS K/H/G
Zur Überwachung von beweglichen Teilen auf Lage- bzw. Ortsveränderung.

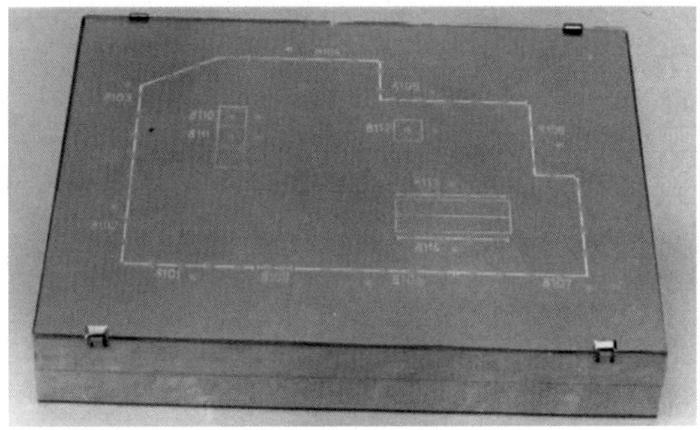

Objektschaubild OSB 80
Das Tableau zeigt den Zustand der verbauten Sicherungslinien an.

Die Sicherungstechnik bestand aus einer äußeren und inneren Sicherungsanlage und einem Diensthabendensystem.
Der Zugang zum Abnahmegebäude war mit einem Code-System gesichert. Die Fenster waren mit Infrarot und Lichtschranken gesichert. Unter der Treppe waren Blei-Akkus untergebracht, mit dessen Hilfe die Wachanlage im Falle eines Stromausfalles noch stundenlang scharf geschaltet sein konnte. Auch Notstromaggregate zur Versorgung der gesamten Technik bei einem langen Stromausfall waren vorhanden. Die einzelnen Räume waren mit Bewegungsmeldern ausgestattet.

Noch heute erkennbare äußere Absicherung durch Maschendrahtzaun – eigene Aufnahme

Die Sicherungsanlage wurde von einem Diensthabenden des Objektes überwacht. Außerhalb der Dienstzeit war das Objekt immer durch einen Mitarbeiter des MfS besetzt. Ein Betreten des Objektes durch Betriebsangehörige (z.B. vom VEB FAJAS) war ohne Anwesenheit eines MfS Mitarbeiters nicht möglich.
Am Eingang befand sich aber ein für jeden zugänglicher Besucherraum. Dieser wurde auch für kurze Absprachen genutzt.[123]
Heute zeugt kaum noch etwas von dem ehemals strenggeheimen Komplex. Ende der 2000er wurde das Abnahmegebäude abgerissen und ein Supermarkt samt Parkplatz gebaut.

[123] BStU, MfS, BV Suhl, AGL, S. 87–108

Die Personelle Absicherung

Die Kenntnis eines MfS Dienstobjektes innerhalb des VEB Fajas war restriktiv, der Zugang zum Dienstobjekt umso mehr. Die Produktionsstätte des MfS war aber auf externe Zuarbeit und Unterstützung seitens des VEB Fajas, z.B. bei der Wartung und im Havariefall sowie umfassende Kooperationsaufträge, angewiesen. Trotzdem musste die Geheimhaltung gewahrt werden. Alle „betriebsfremden Personen", welche neben dem Stammpersonal des MfS temporären Zugang zum Dienstobjekt benötigten, wurden detailliert erfasst und bezüglich ihrer Gefährdung bewertet. Im Folgenden dazu ein Auszug aus einem Schreiben des Leiters der Unterabteilung zur „Einschätzung des Personenkreises entsprechend der vorgegebenen Fragenkomplexe"[124] vom 05.03.1984. In diesem wird auch auf die Sicherungsmaßnahmen des Dienstobjektes eingegangen.

„Fragenkomplexe:

1. Welcher Personenkreis aus dem VEB Fajas muss aus welchen Gründen das Dienstobjekt betreten bzw. war bereits aus welchen Gründen im Objekt?
2. Mit welchem Personenkreis aus dem VEB Fajas wird zur Lösung von Aufgaben durch unsere Mitarbeiter zusammengearbeitet, welche Kenntnisse erhält dieser Personenkreis über unsere Tätigkeit und welche Rückschlüsse können über unsere Tätigkeit gezogen werden.
3. Welcher Personenkreis zeigt ein besonderes Interesse für unser Dienstobjekt?

Im Folgenden Ausschnitte zu dem Personenkreis, Namen geschwärzt:

<u>1. Personenkreis zum 1. Fragenkomplex</u>
Prinzipiell wird im Dienstobjekt gehandhabt, dass vor Betreten von „betriebsfremden Personen" aus den Werkstätten alle Geräteteile entfernt werden, damit keine direkte Einsichtnahme ins Fertigungsprogramm möglich ist. Der betreffende Monteur wird im gesamten Objekt über den gesamten Zeitraum seiner Tätigkeit durch einen Mitarbeiter unseres Dienstobjektes begleitet.

BS Betriebsschutz

<u>Personengruppe Elektriker Werk JS</u>
- Meister
Dieser Personenkreis wird zu Instandsetzungs- und Instandhaltungsaufgaben am Maschinenpark und an der elektrischen Anlage des Dienstobjektes eingesetzt.
Dabei erlangen sie folgende Kenntnisse:
- Übersicht über den gesamten Maschinenpark

[124] BStU, MfS, BV Suhl, AGL, S. 87–100 vom 05.03.1984

- Übersicht über die Anordnung des Maschinenparks im Dienstobjekt und der Anordnung der Werkstätten
- Aufbau, Größe, Umfang und Anordnung der E-Anlage ab Einspeisung einschließlich E-Verteilung
- Anordnung von Sicherungstechnik
(Arbeiten an der Sicherungsanlage werden von diesen Monteuren nicht ausgeführt)
- E-Einspeisungspunkte für die Sicherungsanlagen
- Anordnung der Büroräume

Personengruppe Schlosser Werk 2 JD und JS

- Gruppenleiter

- Meister

Dieser Personenkreis wird zu Instandsetzungs- und Instandhaltungsaufgaben an Wasserver- und Entsorgungsanlagen, Sanitäreinrichtungen, Gasversorgungsanlage und allgemeine Anlagen eingesetzt
Dabei erlangen sie folgende Kenntnisse:
- Anordnung der Werkstätten im Dienstobjekt
- Einspeise- und Versorgungspunkte der oben genannten Anlagen
- Anordnung von Sicherungstechnik (rein visuell)
- Maschinenanordnung und Verteilung im Objekt

Personengruppe Schlosser, Maschinenbau Werk JS

- Meister

Dieser Personenkreis wurde vorwiegend zum Aufstellen des Maschinenparks und zur Inbetriebnahme der Werkzeugmaschinen (Erstinbetriebnahme durch Hersteller zum Teil vorgeschrieben) im Dienstobjekt eingesetzt. Des Weiteren wird auch je nach Maschinentyp und Defekt der oben genannte Personenkreis zu Instandsetzungsarbeiten am gesamten Maschinenpark des Dienstobjektes eingesetzt.
Dabei erlangen sie folgende Kenntnisse:
- Anordnung der Werkstätten und Lage einschließlich der Anordnung des Maschinenparks
- Spezifikation des Maschinenparks
- Anordnung der Sicherungstechnik (visuell)

Personengruppe Tischler, Werk 2 JD

Personengruppe BMSR-Techniker Werk 1

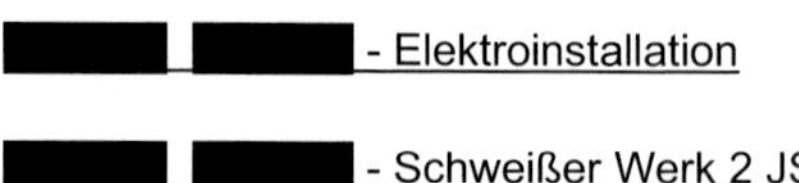

- Elektroinstallation

- Schweißer Werk 2 JS

█████ wurde zum Schweißen eines Regals im Bereich der Werkstatt des Erdgeschosses eingesetzt. Dabei lernte er die Anordnung der Werkstätten, Maschinenpark und die Sicherungstechnik in diesem Bereich kennen.
Darüber hinaus werden mit █████ Kooperationsbeziehungen unterhalten. Bei ihm werden Vorrichtungsteile aller Art geschweißt und Geräteteile in verschiedensten Ausführungen. Diese Teile lassen für █████ den Schluss zu, welche Art Waffen wir bauen könnten. Bestätigungen hierfür hat er noch nicht erhalten. Mehrfach hat █████ versucht, Einzelheiten zu unserer Tätigkeit zu erfragen. Verschiedenen Mitarbeiter befragte er nach Dienstgrad, Gehalt, Beruf und Qualifikation. Direkte Fragen nach den Geräteteilen die wir bauen wurden bisher nicht gestellt. Insgesamt macht Th. einen neugierigen Eindruck. Er zeigt sich jederzeit hilfsbereit und zuvorkommend und unterstützt uns jeder Zeit in unserer Arbeit mit Schweißleistungen.

█████ - Elektroinstallation Werk 2 JD
█████
█████ und █████ wurden zur Lösung spezifischer Probleme auf dem Gebiet von F und E in unsere Tätigkeit einbezogen. Zur Klärung eines fachspezifischen Problems betraten beide die Werkstatträume im 1. Obergeschoß. Auf Grund dieser Aufgabe können beide Rückschlüsse ziehen:
- auf die bei uns verwendeten Kalibermaße und Waffentypen
- den Verwendungszweck der Geräte und
- auf spezifische Details der eingesetzten Läufe.

Es ist einzuschätzen, dass zwischenzeitlich die spezifischen Details der Lauffertigung des Kalibers 5,45 mm ebenfalls im VEB Fajas vorliegen und beide Personen mit diesen Dokumenten arbeiten und ständig Umgang haben. Beide waren als erste Mitarbeiter des VEB Fajas in fachspezifische Aufgaben unserer Abteilung einbezogen.
█████ erhält darüber hinaus auf Grund seiner Funktion detaillierte Kenntnisse über den Einsatz von speziellen Lehren für den Waffenbau und kann damit Rückschlüsse auf mögliche Waffentypen ziehen.

█████ und █████ - Sondermaschinenkonstruktion Werk 1
Beide Ingenieure wurden zu Fehleranalysen am Elektroniksteuerteil von Werkzeugmaschinen eingesetzt.
█████ lernte dabei die Werkstätten des 2. Obergeschosses kennen, während █████ in einer Nebenwerkstatt, die wir als solche nicht mehr nutzen, eingesetzt wurde. (Jetzt unser Bereich Lager)
Beide erhielten Kenntnisse über Anordnung von Sicherungstechnik, Werkstattordnung und - einrichtungen. Beide sind Spezialisten für elektrische und elektronische Werkzeugmaschinensteuerungen.

█████ - Schlosserei Werk 2 JD
█████ wurde einmalig zum isolieren unseres Warmwasseraufbereiters im Bereich der Werkstatt des Erdgeschosses eingesetzt. Dabei lernte er die Anordnung der Werkstatt und die Werkstatteinrichtung kennen.

und - Lehrlinge

Beide Lehrlinge wurden von unserem Organ zur Ausbildung in den VEB Fajas delegiert. Sie werden durch unsere Abteilung betreut. Dazu betreten sie den Klubraum unseres Dienstobjektes. Beide Lehrlinge sind für eine Einstellung ins Organ vorgesehen.

und

Beide Personen wurden zur Klärung von Sachverhalten einbezogen. Dazu betraten sie den Bereich des Dienstobjektes, speziell den Klubraum im 2. Obergeschoss.

- Kaderabteilung Werk 1

wurde zur Klärung eines Sachverhaltes ins Dienstobjekt eingelassen. Dabei erhielt er Kenntnis von der Lage und Anordnung des Sekretariats, Leiterzimmers, Eingangsbereich und Treppenhaus. Ebenfalls erhielt er Kenntnis von der Anordnung und Lage von Sicherungstechnik.

Die im Punkt 1 aufgeführte Sicherheitstechnik besteht aus Code-Schlössern im Bereich Eingangstür, Bereich Werkstatt 1. Obergeschoss und der vorbereiteten Installation von Zuleitungen an Türen und Fenstern des Dienstobjektes. Nach Einbau der Raumschutz- und Sicherungsanlage im Februar 1984 hat von dem oben genannten Personenkreis bisher keiner das Dienstobjekt betreten.

Nachtrag zu

ist der Bereichsleiter JS. Über ihn gehen alle Verträge über Kooperationsleistungen mit dem VEB Fajas. Daher ist es möglich Schlussfolgerungen zu ziehen über:
- die Produktionskapazität unserer DE
- das Produktionsprofil unserer DE einschließlich der möglichen Gerätetypen die bei uns produziert werden können
- Entwicklungstendenzen unserer DE zur Produktionskapazität und -profil
- Gerätetypische Details zu Ausführungen, Formen, Anforderungen und Einsatzgebiete der Geräte

ist ein wichtiges Verbindungsglied zwischen unserer Diensteinheit und dem Produktionsbereich des VEB Fajas, da Produktionsabsprachen, Termine und Ziele zu Kooperationsleistungen mit ihm abgesprochen werden.

2. Personenkreis zum 2 Fragekomplex

Mit werden alle Aufgaben zur Konstruktion und zum Bau von Vorrichtungen, Werkzeugen und Lehren abgesprochen, die über Kooperationsleistungen durch den VEB Fajas für den Einsatz in unserer Fertigung konstruiert und gebaut werden. Dabei erhält eine Übersicht über:
- den Umfang der Kooperationsleistungen zur Konstruktion und zum Bau von Ratiomitteln zwischen dem VEB Fajas und unserer Diensteinheit, konstruktive Gestaltungen von Geräteteilen, die in unserer DE produziert und zu fertigen Geräten erstellt werden (konstruktive und technologische Details)
- Art und Weise der Fertigung in unserer DE

- Stückzahlen der Fertigung in unserer DE

Auf der Grundlage seiner spezifischen Fachkenntnisse als ausgebildeter Konstrukteur mit langjährigen Erfahrungen des Waffenbaues kann folgende Schlussfolgerungen ziehen:

- was für Gerätetypen bzw. -arten werden bei uns gebaut
- wie sind die Regimefrage bei der Entwicklung eines Gerätes in unserer Diensteinheit gelöst
- welcher Fertigungsaufwand wird mit welchen technologischen Möglichkeiten betrieben (Art und Weise des Maschinenparks und der Fertigungsmethoden)

Im Zusammenhang mit der Absprache zu Lehren erlangte auch Kenntnisse über das zurzeit bei uns eingesetzte Kaliber und der verwendeten Munition.

wurde als verantwortlicher Konstrukteur zur Konstruktion von Ratiomitteln für eine Hauptgruppe an eines unserer Geräte eingesetzt. Auf der Grundlage der übergebenen Aufgabenstellung zur Konstruktion kann folgende Schlussfolgerungen ziehen:

- um was für Geräteteile handelt es sich
- welche Gerätearten werden in unserer DE gefertigt
- spezifische Angaben zum Gerät
- Art der verwendeten Munition
- welche Technologien zum Schneiden und Biegen angewendet werden in unserer DE.

wurde als verantwortlicher Konstrukteur für die Konstruktion aller Lehren eingesetzt, die durch den VEB Fajas für unsere DE in Kooperation angefertigt wurden. Auf der Grundlage der übergebenen Aufgabenstellungen zur Konstruktion, seiner Ausbildung als Konstrukteur und seiner langjährigen Erfahrungen im Bereich des Ratiomittelbaues für Waffen kann folgende Schlussfolgerungen ziehen:

- um welche Geräteteile handelt es sich und wie ist ihr mögliches Zusammenwirken
- mögliche Funktionen, Anforderungen, konstruktive Ausführung und Technologien zur Herstellung von Geräteteilen.

wurde 1979/80 als Konstrukteur zur Erstellung von Holzbearbeitungsvorrichtungen eingesetzt. Er kann daraus ableiten, dass wir uns mit der Konstruktion und dem Bau von Waffen befassen.

wurde wie 1979/80 als Konstrukteur zur Erstellung von Holzbearbeitungsvorrichtungen eingesetzt. Darüber hinaus wurde zu Konstruktionsfragen für spezielle Lehren im Waffenbau konsultiert. kann aus dieser Information die Schlussfolgerung ziehen, dass wir uns mit der Konstruktion und dem Bau von Waffen beschäftigen und um welche Typen (z.B. Gewehr oder Pistole) es sich dabei handelt.

wurde als Konstrukteur zur Konstruktion von Sonderwerkzeugen und Lehren eingesetzt, die über Kooperationsleistungen durch den VEB Fajas konstruiert und gefertigt wurden und in der Fertigung unserer Abteilung zum Einsatz kommen. Rückschlüsse auf die Tätigkeiten in unserem Bereich sind dabei nicht möglich. ist mir persönlich aus gemeinsamem Studium an der Ingenieurschule Schmalkalden bekannt.

ist der verantwortliche Konstrukteur im VEB Fajas zur Konstruktion von Lehren für die spezielle Fertigung, insbesondere für die Erstellung der Lehren. wurde eingesetzt, um spezielle Lehren, die im VEB Fajas für den Bereich der speziellen Fertigung eingesetzt sind, für die spezifischen Anforderungen unserer DE umzukonstruieren. Aus den übergebenen Informationen zur Konstruktion kann die Schlussfolgerung ziehen, welche Kalibergröße wir einsetzen, welche Waffentypen wir produzieren und welche Munition eingesetzt wird.

Mit den genannten Personen ; ; ; und wurden zur Lösung der Konstruktionsaufgaben direkte Absprachen getroffen. Diesen Personen gegenüber wurde unter der Legende „NVA-Dienststelle des Werkes 2/JS" aufgetreten, Die genannten Personen arbeiten gemeinsam in einer Abteilung.

ist Lagerleiter Werkzeuge im Fertigungsbereich JS des Werkes 2. Für unsere Unterabteilung werden bei jährlich spezielle Werkzeuge für die Waffenherstellung geplant und durch bereitgestellt. Dadurch hat eine Übersicht über den Verbrauch spezifischer Werkzeuge und kann Rückschlüsse auf die Art der Produktion und die Art der bei uns durchgeführten Tätigkeiten ziehen. Aus dem Schriftverkehr ist für nicht ersichtlich, dass es sich bei unserer DE um eine Dienststelle des MfS handelt. Ihm gegenüber wird in direkten Verhandlungen unter der Legende „NVA-Dienststelle" aufgetreten.

Über wird ein Teil der Kooperationsleistungen unserer Diensteinheit mit dem VEB Fajas an Fertigbezug von Geräteteilen und Zeichnungslehren für den Einsatz in unserer DE abgewickelt. kann dabei erkennen, welche Geräteteile aus dem VEB Fajas in unserer Fertigung in welcher Stückzahl eingesetzt werden. Er kann dabei den Rückschluss ziehen, dass in unserem Bereich Waffen gefertigt werden und welchen Typ (z.B. Gewehr oder Pistole) diese sind.
Aus dem Schriftverkehr ist für nicht ersichtlich, dass es sich um eine Dienststelle des MfS handelt. In direkten Verhandlungen wird gegenüber unter der Legende „NVA-Dienststelle" aufgetreten.

Unter Leitung von wurde das Dienstgebäude unserer Diensteinheit projektiert. In der Phase der Projektierung wurden alle Absprachen mit direkt durch den Leiter der Unterabteilung durchgeführt. In der Endphase der Projektierung nahm █████ zur Klärung einiger spezifischer baulicher Ausführungen unseres Gebäudes in einem Dienstobjekt des MfS in Berlin an einer Beratung teil. █████ wurde durch den Leiter der Unterabteilung eingewiesen, dass es sich bei unserer Dienstabteilung um einen Bereich des MfS handelt.

█████ kennt alle Details der Bauausführung des Dienstobjektes unserer DE. Alle Zeichnungen und Bauunterlagen wurden in seinem Verantwortungsbereich unter seiner Leitung erstellt. █████ kann dabei auch Rückschlüsse auf das Produktionsprofil ziehen, da er die Maschinenaufstellungspläne ebenfalls erarbeitet hat.

Bei █████ werden die gesamten Holzbearbeitungsaufgaben als Kooperationsleistung für unseren Bereich ausgeführt. █████ kann damit die Schlussfolgerung ziehen, welche Geräte wir in welcher Menge produzieren. An Hand der bei █████ produzierten Geräteteile sind spezifische gerätetypische Details erkennbar und ableitbar. █████ gegenüber wird unter der Legende „NVA-Dienststelle“ aufgetreten. Aus dem Schriftverkehr ist für █████ nicht ersichtlich, dass es sich um ein Dienstobjekt des MfS handelt.

█████ und █████

█████ und █████ sind Einrichter im Meisterbereich des █████. Beide sind unmittelbar für die Fertigung unserer Geräteteile in ihrem Meisterbereich verantwortlich. Analog den aufgeführten Schlussfolgerungen bei █████ können beide die gleichen Kenntnisse wie █ █████ erlangen. Ihnen gegenüber wird ebenfalls unter der Legende „NVA-Dienststelle“ aufgetreten.

█████

Im Meisterbereich des █████ wurden und werden Geräteteile zum Einsatz in unserer Diensteinheit als Kooperationsleistungen gefertigt. █████ kann aus den Geräteteilen nicht erkennen, dass es sich um Waffenteile handelt. Aus den Vertragsunterlagen ist für █████ ersichtlich, dass es sich um Teile für das NVA-Objekt im Werk JS handelt. █████ gegenüber wird unter der Legende „NVA-Dienststelle“ aufgetreten.

█████

█████ wurde zur Lösung der finanztechnischen Fragen eingesetzt, die sich aus der Zusammenarbeit unserer Diensteinheit mit den Bereichen des VEB Fajas ergeben. Mit der Lösung dieser Aufgaben erhält █████ Informationen darüber, welche Leistungen wir in welchem Umfang in Anspruch nehmen und kann damit Schlussfolgerungen darüber ziehen, mit welchen Aufgaben wir uns im Produktionsprozess befassen und wie groß die Kapazität unseres Fertigungsbereiches ist. █████ gegenüber wird ebenfalls legendiert als NVA-Dienststelle aufgetreten. Aus den ihm zugänglichen Schriftverkehr ist nicht ersichtlich, dass es sich um eine Dienststelle des MfS handelt.

ist im Bereich des die direkte Bearbeiterin unserer Vorgänge zwischen dem VEB Fajas und unserer Diensteinheit. Ihr gelangt dabei zur Kenntnis, welcher Art und Umfang die Leistungsansprüche unserer Diensteinheit mit dem VEB Fajas sind und kann damit Rückschlüsse auf die Art und Weise unserer Fertigung ziehen.

Wie wichtig der personelle Geheimschutz ist, zeigen Archivdokumente des Bundesnachrichtendienstes (BND).
Trotz einer eigenen Regelung, wie der Geheimnisschutz auf der Leipziger Messe seitens der DDR durchzusetzen war [125], kam es zu unvorsichtigen Aussagen von Vertretern der VEB gegenüber westdeutschen Besuchern.

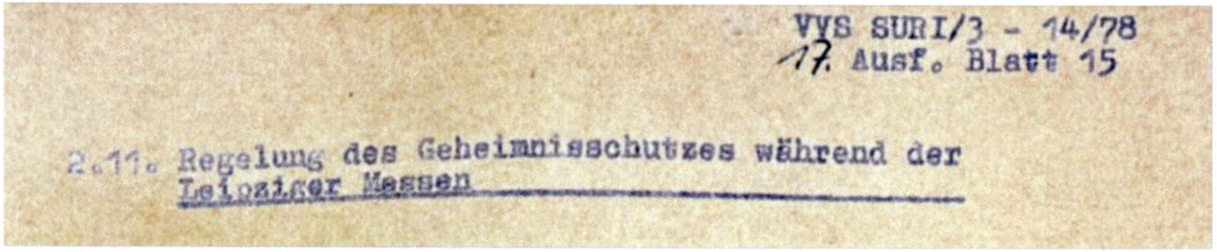

VVS SURI/3 - 14/78
17. Ausf. Blatt 15

2.11. Regelung des Geheimnisschutzes während der Leipziger Messen

Regelung Geheimnisschutz – Archiv des Autors

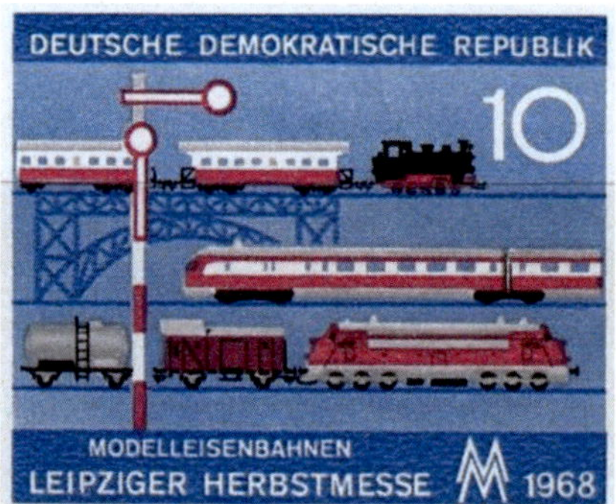

Auf der Leipziger Messe äußerte ein hoher Mitarbeiter des VEB FAJAS Suhl gegenüber einem Besucher der Leipziger Herbstmesse 1968, dass ab 1969 innerhalb des VEB FAJAS die Standardwaffe des Warschauer Paktes hergestellt werden würde. Dazu würden Bereiche der Produktion umzäunt und zu militärischen Sperrbereichen erklärt. (Anmerkung: wahrscheinlich ist die Einführung einer Produktionslinie zur Herstellung einer Kalaschnikow-Variante gemeint) Der Besucher, eine Quelle des BND, meldete diese Information weiter. [126] Mithilfe solcher kleinen Puzzleteile konnten sich die gegnerischen Nachrichtendienste ein umfassendes Bild über die Waffenproduktion in der DDR und darüber hinaus über die innere, wirtschaftliche und soziale Lage machen.

---

[125] Thür. Staatsarchiv Meiningen VEB Fahrzeug- u. Jagdwaffenwerk Suhl, Nr. 4356
[126] BND B206 171

170

~~Geheim~~ / ~~Amtlich geheimgehalten~~ ... Verschlußsache

Von: 183/Op-I/S

S-Nr.: 132 140 vom 19.9.1968

A-Nr.: vom 19

An: 46 WR/C ~~LMH~~ 183

Anzahl: Eingang WR 20. SEP. 1968 Nr. 1615

Land: SBZ

Betrifft: Umstellung der Waffenproduktion bei VEB Fahrzeug- und Gerätewerk SIMSON/SUHL/THÜRINGEN

Takt. Zeit: Ende 1968 Anfang 1969

Zeit d. Festst.: 08.09.1968 Berichtsart: T

Bewertung: C Sachber. Nr.:

Bezug:

Anlagen:

Bemerkungen:

Dringlichkeit:

Herkunftsbezeichnungen und Hinweise zu Bewertung, Inhalt und Weitergabe:

Betr.: Umstellung der Waffenproduktion bei VEB Fahrzeug- und Gerätewerk SIMSON/SUHL

Ein deutscher Kaufmann, der die LEIPZIGER Herbstmesse 1968 besuchte, verhandelte u.a. mit der Firma VEB Fahrzeug- und Gerätewerk SIMSON, SUHL/Thr. Dabei erfuhr er von dem ██████ des SIMSON-Werkes streng vertraulich folgendes:

Die Jagdwaffenproduktion dieser Firma soll Ende 1968 eingestellt und die Fertigungsanlagen auf den Bau von Kriegswaffen umgestellt werden.

Verschiedene Werkhallen und Produktionsstätten seien schon jetzt umzäunt und zu militärischen Sperrgebieten erklärt worden.

Auf die Frage der Qu., was ab 1969 hergestellt werden soll, habe der ██████ mit einem etwas zynischen Unterton geantwortet: "Die infanteristische Standardwaffe der Warschauer Pakt-Truppen."

Aktennotiz des BND zu den Erkenntnissen der Leipziger Messe [127]

[127] Bundesarchiv B206/1874 BND B206 S. 170ff

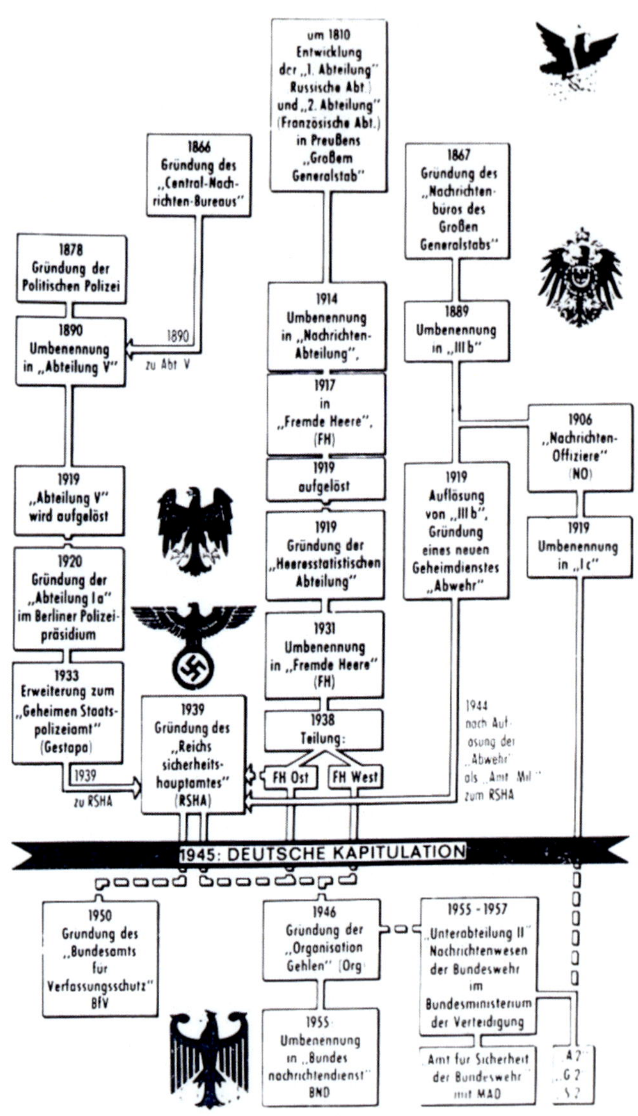

1 In der Traditionslinie der reaktionärsten Kräfte des preußisch-deutschen Militarismus: die Geheimdienste der BRD

Geschichte der Geheimdienste der BRD aus Sicht der DDR, publiziert vom MfS [128]

[128] Ag 146/61/88 Der Bundesnachrichtendienst der BRD, Bildmaterial für die Öffentlichkeitsarbeit,

Dass der BND jedoch vor der Wende von einer Waffenproduktion des MfS in Suhl wusste, konnte durch bislang freigegebene Dokumente nicht bestätigt werden!
Im BND-Verzeichnis der bekannten MfS-Objekte, mit Stand 01/1989, werden im Bezirk Suhl lediglich die Bezirksverwaltung, die Untersuchungshaftanstalt, und eine unbestätigte Postkontrollstelle, sowie die sieben Kreisdienststellen im Bezirk Suhl aufgeführt. Davon ausgehend, dass im gleichen Katalog die Parkplätze, Wohngebiete und Wohnhäuser des MfS in anderen Bezirken detailliert aufgelistet sind, kann man den Rückschluss ziehen, dass es keine konkreten Erkenntnisse zum Objekt Abnahmegebäude – als Diensteinheit und Dienstobjekt des MfS – in Suhl gab.[129]

2.2.28 MfS-Objekte in SUHL

Hölderlinstrasse 1		Bezirksverwaltung	
Neundorfer Strasse		Untersuchungs-haftanstalt MfS	
Rathausstrasse 2 ZELLA MEHLIS	*	Postkontrollstelle des MfS	TZ: UU/86

2.2.29 Kreisdienststellen im Bezirk SUHL

BAD SALZUNGEN	Friedrich Engels Strasse 2
HILDBURGHAUSEN	Geschwister Scholl Strasse 17
ILMENAU	An der Schloßmauer 5
MEININGEN	Ernst Thälmann Strasse 5
NEUHAUS AM RENNWEG	Schöne Aussicht 8
SCHMALKALDEN	Gartenweg 1
SONNEBERG	Ernst Thälmannstrasse 42

Dem BND bekannte Objekte im Bezirk Suhl mit Stand 01/1989

Die Bezirksverwaltung Suhl des MfS wusste natürlich um das Dienstobjekt der Abteilung BCD. Im Rahmen der Absicherung wurde eine Zusammenarbeit der Bezirksverwaltung für Staatssicherheit Suhl und der Abteilung BCD, Unterabteilung 3 im VEB Fajas genau festgelegt. Im Folgenden einige Auszüge vom 08.02.1988.

MfS Presseabteilung
[129] Bundesarchiv B206/1874 BND Archiv 32357 S. 60

Bezirksverwaltung für
Staatssicherheit Suhl
Abteilung XVIII

Suhl, 8. 2. 1988

000107

bestätigt:
Leiter der BV Suhl

bestätigt:
Leiter der Abteilung BCD

Lange
Generalmajor

Schwager
Oberst

Konzeption
zur Gestaltung der Zusammenarbeit zwischen der Abteilung XVIII der BV Suhl und der Abteilung Bewaffnung und Chemischer Dienst des MfS, Unterabteilung 3 zur politisch-operativen Sicherung des Dienstobjektes der Abteilung Bewaffnung und Chemischer Dienst des MfS, Unterabteilung 3 im VEB Fahrzeug- und Jagdwaffenwerk Suhl

Konzeption der Zusammenarbeit BV Suhl und Abt BCD[130]

Zur operativen Absicherung der Kooperationsbeziehungen mit dem VEB Fajas wurden der Abteilung XVIII der Bezirksverwaltung Suhl, nach entsprechendem Vorgabekomplex, Informationen zu Personen (103 Personen) mit denen bestimmte Kooperationsbeziehungen abgewickelt werden, übergeben. Weiterhin wurden Informationen zu operativen Sachverhalten und zu bestimmten Personenkreisen erarbeitet. Nach Ausarbeitung der Sicherungskonzeption durch die Abteilung XVIII wird zu bestimmten operativen Problemen durch die Unterabteilung Zuarbeit geleistet. Die terminliche Abstimmung wurde eingehalten, bis auf die vorzunehmende Einschätzung zu einem bestimmten Personenkreis durch den Leiter der Unterabteilung.

Absicherung der Kooperationsbeziehungen[131]

Zur Durchführung von Dienstleistungen zur Realisierung notwendiger Kooperationsleistungen (siehe Vertragliche Vereinbarung VEB Fajas und MfS) mit dem VEB Fajas sowie im Falle möglicher Havarien ist es unerlässlich, dass Beschäftigte des VEB Fajas das Dienstobjekt betreten, die dadurch zumindestens Teilkenntnisse über das Objekt, dessen Einrichtung einschließlich der vorhandenen Sicherungstechnik erlangen und deshalb vorbeugend zu sichern sind. Die abwehrmäßige Sicherung ist schwerpunktmäßig

[130] BStU, MfS, BV Suhl, AGL, S. 107–111, S. 87–100 vom 08.02.1988
[131] BStU, MfS, BCD Nr. 2891 S. 0045

auf diesen Personenkreis zu konzentrieren. Für die Sicherung der MfS-fremden Personen ist der Leiter des Dienstobjektes verantwortlich.
Maßnahmen:
- Aufbau von Informationsbeziehungen zwischen BV Suhl und Unterabteilung 3 durch einen Verbindungsoffizier der Abteilung XVIII (Schutz der Volkswirtschaft) der BV Suhl
- Durchführung von Sicherheitsüberprüfungen zu Personen, die das Dienstobjekt auf Grund von Bau-, Versorgungs- und Dienstleistungsaufgaben betreten und Personen, die zu Kooperationsleistungen eingezogen werden sollen
- die Auswahl dieser Personen erfolgte durch die Unterabteilung 3
- Zielgerichteter Einsatz von IM für oben genannten Personenkreis mit dem Ziel der Vorbeugung, Bekämpfung und Verhinderung feindlich negativer Handlungen
- Erfassung der Personen, die das Dienstobjekt betreten und lückenloser Nachweis über halbjährliche Übersichten“

Ministerium für Staatssicherheit
Abteilung Bewaffnung
und Chemischer Dienst
Abteilung 3

Suhl, 14. 2. 1989
[geschwärzt] 49 /1989

BStU
000125

Bezirksverwaltung
für Staatssicherheit
Abteilung XVIII
Leiter

Suhl

Sicherheitsüberprüfung

Zur Lösung einer technisch-technologischen Fertigungsaufgabe macht sich eine Zusammenarbeit unserer Struktureinheit mit

Name, Vorname: [geschwärzt]
Tätigkeit: Werkleiter
Betrieb: VEB Fahrzeug- und Jagdwaffenwerk Suhl Werk 3 (Schmiede)

und

Name, Vorname: [geschwärzt]
Tätigkeit: Technologe
Betrieb: VEB Fahrzeug- und Jagdwaffenwerk Suhl Werk 3 (Schmiede)

erforderlich. Ich bitte um sicherheitspolitische Überprüfung gemäß Richtlinie 1/82 und um Bestätigung / Ablehnung zur Zusammenarbeit mit genannten Personen. Bei Bestätigung zur Zusammenarbeit macht sich eine GVS-Verpflichtung für Beide erforderlich.

Leiter der Abteilung 3

[geschwärzt]
Major

Sicherheitsüberprüfung für Personen mit Zugang zum Dienstobjekt [132]

[132] BStU, MfS, BV Suhl AGL 175 S. 000125

GVS- o007 - 605/86 28

Anlage 1 **IM/GMS-Verbindungssystem**

1	2	3	4	5	6
Kategorie Deckname	Reg.-Nr.	Funktion/Tätigkeit Bereich	operative Einsatzmöglichkeiten	Verbindungsaufnahme Losungswort	Zurückstellung lt. MSAO
IME „Ruhla"	XV 46/65	Hauptabt.leiter W 2	Bereich Sportwaffen	telef. Arb.stelle / Wohnung - Deckname -	+
IME „Martin Arnold"	XV 17/82	SQT	Sachverständige Qualität	telef. Arbeitsstelle - Deckname -	
IME „Richard"	XV 193/84	1. Leitungsebene	Kontrolle Personen 1. Leitungsebene	telef. Arb.stelle/Wohnung - Deckname -	+
IME „Heinz Weber"	XV 106/75	1. Leitungsebene	S.B.	telef. Arb.stelle/Wohnung - Deckname -	+
IMS „Wolfgang Rennies"	XV 470/79	1. Leitungsebene	Pers. Bereich FuE, RK, NSA-ER	telef. Arbeitsstelle - Deckname -	
IMS „Hermann"	XV 1262/81	TKO	Sachverständige Qualität	telef. Arbeitsstelle - Deckname -	
IMS „Kurt"	XV 404/01	FuE, W 2	Kontrolle NSA-ER " NSA-RK	telef. Arbeitsstelle - Deckname -	
IMS „Willi Felder"	XV 249/76	FuE	Kontrolle NSA-RK	telef. Arb.stelle/Wohnung - Deckname -	
IMS „Karsten Steiner"	XV 476/72	1. Leitungsebene	Kontrolle NSA-RK " NSA-ER	telef. Arbeitsstelle - Deckname -	
IMS „Willi Lutz"	XV 386/77	1. Leitungsebene	Kontrolle Personen 1. Leitungsebene	telef. Arbeitsstelle - Deckname -	+
IMS „Fred Hirkel"	XV 509/86	Technologie Jagdwaffen	Sachverständige Material Jagdwaffen	telef. Arbeitsstelle - Deckname -	
IME „Heimdal"	VIII 148/60	Bereich Generaldirektor	Kontrolle Personen Bereich GD	telef. Arbeitsstelle - Deckname -	
IMS „Taube"	XV 879/82	Sportwaffenzentrum	Kontrolle NSA-RK	telef. Arbeitsstelle - Deckname -	

BStU 0136

Auszug aus der IM-Liste des VEB Fajas [133]

[133] BStU, MfS, BV Suhl BdL Nr. 3305 Bd. 2 S. 0136

Um den relativ hohen Umfang an Materialwegen vom Hersteller der Teile über Berlin bis zur Produktionsstätte nach Suhl zu kürzen, wurde durch den Leiter der Unterabteilung 1 der BCD vorgeschlagen, ab 1990 dies in der direkten Zusammenarbeit mit dem VEB Fajas durchzuführen.[134]

Abteilung Bewaffnung
und Chemischer Dienst
Abteilung 1

Berlin, 29. März 1988

bestätigt: Leiter der Abteilung
Schwager
Oberst

Entscheidungsvorschlag zur materiell-technischen Sicherstellung der Abteilung 3

Es wird vorgeschlagen, ab Planjahr 1990 die Abteilung 3 grundsätzlich über Fajas Suhl sicherzustellen. Ausgenommen davon sind Grundmittel.

Ausnahmen ergeben sich nur bei über diesen Weg nicht beschaffbaren Materialien und Leistungen.

Begründung:

1. Die vertragliche Vereinbarung zwischen Fajas und MfS vom 25. 3. 1981 sieht im Abschnitt 4 für Instandsetzungs- und Instandhaltungsleistungen und im Abschnitt 7 für Materialien diesen Verfahrensweg vor.
   Einschränkungen ergeben sich nur aus der Formulierung des Abschnittes 7 „Kleinstmengen“ an Material für technologische Abläufe, die in Zusammenarbeit der Abteilung 3 mit Fajas zu überprüfen und zu korrigieren wäre.
2. Der wesentliche Vorteil ist in der schnellen und unproblematischen Verfügbarkeit der benötigten Materialien und Leistungen zu sehen. Darüber hinaus entfällt die Transportkette Hersteller – Fachabteilung – Abteilung 1 (Berlin – Abteilung 3 (Suhl) einschließlich der Zwischenlagerungen.
   Bei Bestätigung des Vorschlages wird Arbeitszeit in der Abteilung 1 eingespart, ohne dass sich für die Abteilung 3 eine wesentliche Aufwandserhöhung ergibt.
3. Eine Rücksprache mit der VRD/Abteilung Planung/Abteilung I/OSL Kretschmar am 25. 3. 88 ergab, keine Hinderungsgründe für die Realisierung o. g. Vorschlages.

Maßnahmen bei Bestätigung des Vorschlages:

1. Absprache Abteilung 3 und Fajas zur vollen Ausschöpfung der durch die vertraglichen Vereinbarung gegebenen Möglichkeiten.
2. Berücksichtigung der finanziellen Konsequenzen für das NVA-Konto, ob Planung für 1990.

[geschwärzt]
Hauptmann

[134] BStU, MfS, Abt. BCD Nr. 3744 S. 0015

Die Mitarbeiter

Alle Mitarbeiter innerhalb des Abnahmegebäudes waren Angehörige des MfS. Im Anfang der 1980iger neugebauten Abnahmegebäude arbeiteten stetig wachsend zum Ende 1989 bis zu 30 Mitarbeiter der Abteilung BCD – Unterabteilung Produktion des MfS. Hergestellt wurde nach dem SSG-82 auch der Revolver SMART, von dem nur sehr wenige Modelle gebaut wurden (mehr dazu im Kapitel SMART Revolver).

Fast alle Mitarbeiter waren Fachkräfte mit einem Metall- bzw. Holzverarbeitenden Beruf und als solche tätig. Die Einstellung beim MfS bedeutete neben der Attraktivität, die ein Nachrichtendienst immer mit sich bringt, auch einen überdurchschnittlichen Lohn und damit einhergehend eine bessere finanzielle Absicherung. Es ist davon auszugehen, dass dies besonders für die sehr jungen Mitarbeiter einen besonderen Reiz darstellte und die ideologische Motivation zweitrangig war. Unabhängig davon musste eine politische, persönliche und systemtreue Zuverlässigkeit für eine Arbeit im MfS vorhanden sein. Ein Parteisekretär war für die ideologische Schulung innerhalb der Dienststelle zuständig.
Fast alle Mitarbeiter lebten im unmittelbaren Umfeld der Produktionsstätte in Suhl, Zella-Mehlis und Meiningen.

Der Weg ins MfS [135]

[135] BStU, MfS, HA KuSch 33038

Die Dienstgrade der Mitarbeiter ergaben sich aus deren Funktion. Der Leiter war Hauptmann / Major. Die „Arbeiter“ je nach Qualifikation Oberfeldwebel, ggf. mit einer Planstelle als Fähnrich. Im Zeitraum ihres Bestehens hatte die Unterabteilung zwei Leiter. Beide waren Diplom-Ingenieure.
1987 wurden im MfS zusätzlich Fähnrich-Dienstgrade für Tätigkeiten eingeführt, bei denen „Facharbeiter mit zusätzlicher Qualifikation bzw. Spezialkenntnissen" gefordert waren bzw. bei denen aus Besoldungsgründen eine Positionierung oberhalb des höchsten Unteroffiziersdienstgrades als notwendig erachtet wurde, ohne sie zu Offizieren zu ernennen[136]. Der Begriff des Unterleutnants wurde gestrichen.

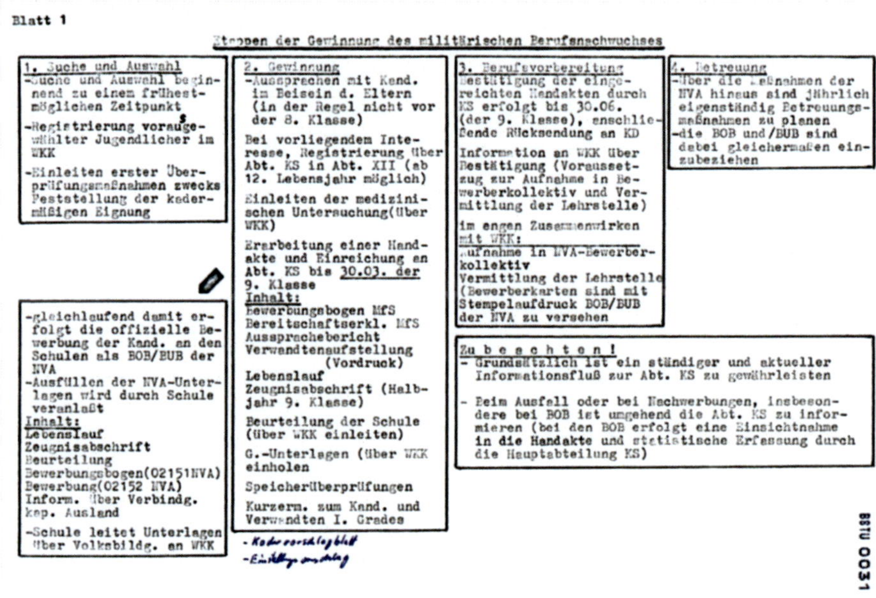

Blatt 1

Etappen der Gewinnung des militärischen Berufsnachwuchses

1. Suche und Auswahl
-Suche und Auswahl beginnend zu einem frühestmöglichen Zeitpunkt
-Registrierung vorausgewählter Jugendlicher im WKK
-Einleiten erster Überprüfungsmaßnahmen zwecks Feststellung der kadermäßigen Eignung

-gleichlaufend damit erfolgt die offizielle Bewerbung der Kand. an den Schulen als BOB/BUB der NVA
-Ausfüllen der NVA-Unterlagen wird durch Schule veranlaßt
Inhalt:
Lebenslauf
Zeugnisabschrift
Beurteilung
Bewerbungsbogen(02151NVA)
Bewerbung(02152 NVA)
Inform. über Verbindg. kap. Ausland
-Schule leitet Unterlagen über Volksbildg. an WKK

2. Gewinnung
-Aussprachen mit Kand. im Beisein d. Eltern (in der Regel nicht vor der 8. Klasse)
Bei vorliegendem Interesse, Registrierung über Abt. KS in Abt. XII (ab 12. Lebensjahr möglich)
Einleiten der medizinischen Untersuchung(über WKK)
Erarbeitung einer Handakte und Einreichung an Abt. KS bis 30.03. der 9. Klasse
Inhalt:
Bewerbungsbogen MfS
Bereitschaftserkl. MfS
Aussprachebericht
Verwandtenaufstellung (Vordruck)
Lebenslauf
Zeugnisabschrift (Halbjahr 9. Klasse)
Beurteilung der Schule (über WKK einleiten)
G.-Unterlagen (über WKK einholen
Speicherüberprüfungen
Kurzerm. zum Kand. und Verwandten I. Grades
- Kadervorschlagblatt
- Einstellungsantrag

3. Berufsvorbereitung
Bestätigung der eingereichten Handakten durch KS erfolgt bis 30.06. (der 9. Klasse), anschließende Rücksendung an KD
Information an WKK über Bestätigung (Voraussetzug zur Aufnahme in Bewerberkollektiv und Vermittlung der Lehrstelle)
im engen Zusammenwirken mit WKK:
Aufnahme in NVA-Bewerberkollektiv
Vermittlung der Lehrstelle
(Bewerberkarten sind mit Stempelaufdruck BOB/BUB der NVA zu versehen

4. Betreuung
-Über die Maßnahmen der NVA hinaus sind jährlich eigenständig Betreuungsmaßnahmen zu planen
-die BOB und /BUB sind dabei gleichermaßen einzubeziehen

Zu beachten!
- Grundsätzlich ist ein ständiger und aktueller Informationsfluß zur Abt. KS zu gewährleisten
- Beim Ausfall oder bei Nachwerbungen, insbesondere bei BOB ist umgehend die Abt. KS zu informieren (bei den BOB erfolgt eine Einsichtnahme in die Handakte und statistische Erfassung durch die Hauptabteilung KS)

BStU 0031

Etappen der Gewinnung des militärischen Berufsnachwuchses[137]

[136] Aus MfS Handbuch Hauptamtlichen Mitarbeiter Gieseke
[137] BStU, MfS, BV Neubrandenburg, KD Teterow, Nr. 8, Bl. 31

Pflichten eines Angehörigen des MfS

Tschekist sein kann nur ein Mensch mit kühlem Kopf, heißem Herzen und sauberen Händen.

F. E. Dzierzynski

FAHNENEID

Ich schwöre:

Ich schwöre:

Ich schwöre:

Ich schwöre:

Fahneneid des MfS [138]

[138] BStU, MfS, HA KuSch 33038

Rekrutierung am Beispiel des Mitarbeiters Karl Wald[139]:

> Karl Wald wurde 1960 in Suhl geboren und besuchte die POS in Zella-Mehlis bis zur 10. Klasse. Danach lernte er von 1977 – 1979 Jagdwaffenmechaniker im VEB Fajas. Bereits während der Lehre fiel Karl als guter, interessierter aber auch bescheidener Lehrling auf. Karl hatte sich zu diesem Zeitpunkt bereits als Soldat auf Zeit (SaZ) bei der NVA beworben und so Interesse am Dienst innerhalb der bewaffneten Organe gezeigt. In einen sog. Ausspracheberiсht 1978 wurde er durch einen Mitarbeiter des MfS zu seinem zukünftigen Werdegang, der Arbeit und seiner Haltung der DDR gegenüber befragt. Dabei wurden keine Sachverhalte bekannt, die gegen eine Einstellung in das MfS sprachen und er wurde nach seiner grundlegenden Bereitschaft gefragt Dienst im MfS zu leisten. Hierbei wurde ihm der Status eines Berufssoldaten sowie als Dienstort Suhl vorgeschlagen.
> Außer dem obligatorischen Wehrdienst in Berlin konnte Karl so in seinem Handwerk an seinem Heimatort weiterarbeiten. Eigentlich war Karl aufgrund eines Rückgradleidens untauglich für den Militärdienst. Auf Antrag der Abteilung BCD MfS konnte er aber seine Militärgrundausbildung mit Einschränkungen durchführen und so die Voraussetzung für seine spätere Tätigkeit schaffen. Nach Abschluss der Grundausbildung wurde Karl als erstes 1980 auf der Baustelle des Abnahmegebäudes in Suhl eingesetzt. Später wurde er in Schulungen des VEB Fajas auf seine Tätigkeit im Abnahmegebäude vorbereitet. Bis zum Fall der Mauer arbeitete Karl als Fähnrich im Abnahmegebäude.

Alle Mitarbeiter hatten Betriebserfahrung, die sie vor ihrer MfS-Tätigkeit erwarben. Der größte Anteil der Mitarbeiter hatte waffentechnische Berufsabschlüsse.
Das durchschnittliche Alter der Mitarbeiter 1989 lag bei nur 30 Jahren.
Im Rahmen der Absicherung gab es auch einen Plan der Benachrichtigung des Mitarbeiterbestandes mit der telefonischen Erreichbarkeit und den Adressen aller Mitarbeiter für Notfälle, sowie im Havariefall.

Die Mitarbeiter des Abnahmegebäudes bildeten wie in der DDR üblich ein sog. Kollektiv. Die gemeinsame „Kampfaufgabe“ war zu Beginn die Herstellung des SSG-82.[140] Dieses Kollektiv wurde genauso wie alle anderen allzeit beobachtet und in seinem Verhalten bewertet. Spannungen innerhalb der Belegschaft, aber auch mit den Leitern und Vorgesetzten wurden genauestens dokumentiert.

Den Mitarbeitern wurden im Gegenzug für vorbildliche Pflichterfüllung Prämien in unterschiedlicher Höhe ausgeschüttet.[141] Auch Mitarbeiter des VEB Fajas wurden für ihre Mitarbeit und Hilfestellungen prämiert.[142]
Die Unterabteilung Produktion wurde 1985 von Arnd Ortlepp übergeben. Sein Nachfolger führte die Abteilung bis zur Auflösung.

---

[139] Name geändert
[140] BStU, MfS, BCD Nr. 2891 S.0044–0045
[141] BStU, MfS, BCD Nr. 2891 S. 0136
[142] BStU, MfS, BV Suhl AGL AGL175 S. 0121

Abteilung Bewaffnung [geschwärzt] Suhl, 27. August 1985
und Chemischer Dienst [geschwärzt] /85
Unterabteilung Produktion

bestätigt:
Offizier für Sonderaufgaben

[geschwärzt]
Major

Übernahme/Übergabeprotokoll der Dienststellung Leiter der Unterabteilung Produktion zwischen dem Genossen Ortlepp (Übergebender) und dem Genossen [geschwärzt] (Übernehmender)

1. Folgende Dokumente ohne laufende Vorgänge, Absprachen und Maßnahmen werden übergeben/übernommen:

1. Entwurf der Beurteilung [geschwärzt] vom 24.07.1985
2. Entwurf der Beurteilung [geschwärzt] vom 06.08.1985
3. Einarbeitungsplan [geschwärzt] vom 06.08.1985 provisor.
4. Einarbeitungsplan [geschwärzt] vom 30.07.1985
5. Einarbeitungsplan [geschwärzt] vom 06.01.1984
6. Beurteilung [geschwärzt] vom 12.12.1984
7. Zuarbeit Beurteilung [geschwärzt] vom 19.06.1985
8. Stellungnahme vom Genossen [geschwärzt] vom 03.06.1985
9. Ordnung Nr. 8/82 Reg.Nr. E 2447/82 Ex. Nr. 1612
10. Fernwahlkennzahlen Ex. Nr. 09795
11. Jahresarbeitsplan 1985 vom 28.11.1984 (Original)
12. Dienstplan Juli vom 27.06.1985
13. Dienstplan August vom 17.07.1985
14. Themenplan linienspezifische Fachschulung 1985 Reg. Nr. 368/84
15. Urlaubsplan Unterabteilung Produktion 1985 vom 04.01.1985 mit grafischer Übersicht
16. Plan der militärischen Ausbildung 1985 vom 31.01.1985
17. Arbeitsplan der Sportgruppe 7 für 1985
18. Konzeption Produktionsplan 1985 vom 19.12.1984
19. Berichterstattung "Wirksamkeit leitender Kader" 1985
20. Berichterstattung "Wirksamkeit der Führung und Leitung bei der materiellen Sicherstellung der Produktion" 1985
21. Zuarbeit zur Halbjahresanalyse vom Genossen [geschwärzt]
22. Jugendobjektübersicht 1985 vom 03.12.1984
23. Monatsarbeitsplan August Genossin [geschwärzt]
24. Ordnung 1/84 vom 30.03.1984
25. Anweisung Lagerung vom 01.02.1983
26. Monatsstandardarbeitsplan der Unterabteilung Produktion
27. Standard zur Federberechnung (Marienberg)
28. Anschreiben Lagerung und Transport von Blech vom 09.08.1985 an Genossen [geschwärzt]

Übergabeprotokoll der Abt von Arnd Ortlepp an seinen Nachfolger – Archiv des Autors

In den folgenden Kapiteln werden die Bauteile einzeln betrachtet:

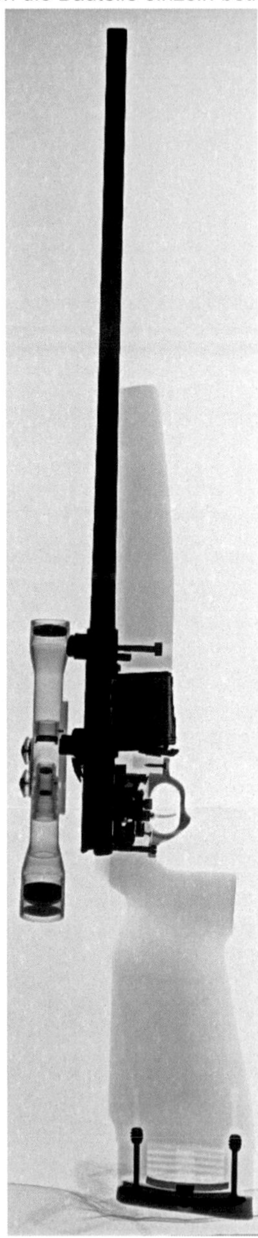

Röntgenbild des SSG-82, mit freundlicher Genehmigung der Radiologie Eisenach / Eschwege BAG

Der Lauf

Lauf vom SSG-82 mit deutlich erkennbaren Hämmerspuren – eigene Aufnahme

Der Lauf ist 595 mm lang und hat 4 Züge. Er ist aus speziellem Laufstahl, im Kaltformverfahren hergestellt und mit der Hülse fest verbunden.

Die sowjetischen Streitkräfte führten Mitte der 1970er mit der AK-74 ein neuartiges Standardgewehr flächendeckend in ihre Streitkräfte ein. Und mit ihr die neue Patrone M74 im Kaliber 5,45 x 39 mm. Mit den in der DDR stationierten Truppen blieb diese auch den bewaffneten Organen und dem MfS nicht verborgen.

Der Leiter der Abteilung BCD des MfS Kurt Voigt stellte 1978 die Forderung auf, zur neuen sowjetischen Patrone ein eigenes Scharfschützengewehr zu entwickeln:

„Baut mir ein Gewehr für diese Patrone!“

Deutscher Schießrekord

Eine Armeegewehrmannschaft der Sportvereinigung Dynamo verbesserte im Rahmen eines Vergleichskampfes gegen den sowjetischen Armeesportclub Wünsdorf ihren erst kürzlich in Moskau aufgestellten deutschen Rekord von 2535 auf 2551 Ringe. Die Einzelleistungen: Hauptmann der VP Kurt Voigt 522 Ringe, Unterleutnant Karl Kuhnt 520, Major der VP Erich Schippel 515, Unterleutnant Egon Weiß 509, VP-Hauptwachtmeister Armin Pfennig 485 Ringe.

Neues Deutschland vom 19.6.1959, S. 8

Kurt Voigt wurde 1927 in Luckenau/Zeitz geboren und war seit 1948 bei der Deutschen Volkspolizei (DVP) der DDR. Kurt Voigt war aktiver und erfolgreicher Sportschütze, zuerst im SC Dynamo Halle, später im SC Dynamo Berlin-Mitte.
1954 wurde er vom Ministerium des Inneren (MdI) mit dem Aufbau und Training der Schießmannschaft des SV Dynamo beauftragt. Ab 1961 wurde er Cheftrainer der Diensteinheit Kampfsport, Sektion Schießsport des Wachregiment Dzierzynnski in Berlin. Seit 1965 war er in der Abteilung Waffen und Gerät (WuG später BCD) des MfS. 1974 absolvierte er ein Ingenieursstudium an der Hochschule für Verkehrswesen Friedrich List in Dresden und schloss es als Diplom-Ingenieur für Ballistik ab. Kurt Voigt war seit 1984 Generalmajor und von 1975 bis zu seinem Ausscheiden aus dem MfS 1988 Leiter der Abteilung BCD in Berlin. Als begeisterter und erfolgreicher DDR-Sportschütze und Mitglied des MfS Jagdkollektives (Jagdgesellschaft Waldsee) war Kurt Voigt immer an Neuerungen und technischen Innovationen in der Waffentechnik interessiert. Er selber war Inhaber mehrerer sog. Militärischer Geheimpatente des MfS. Diesbezügliche Unterlagen waren nicht verfügbar.

Für die Entwicklung des SSG-82 stand zum Zeitpunkt der Entwicklung nur Munition sowjetischer Herkunft zur Verfügung. Die DDR eigene Lizenzproduktion der AK-74 und der Munition im VEB Spreewerk Lübben begann erst Mitte der 1980er. Basis für die spätere Produktion der AK-74 in der DDR war das „Abkommen zwischen den Regierungen der DDR und der UdSSR über die Vergabe der Lizenz und technischen Dokumentation für die Produktion der Maschinenpistolen 5,45 mm Kalaschnikow AK-74, AKS-74 und AKS-74N in der DDR“ vom 15.05.1981. Gemäß der „Sicherungskonzeption zur Vorbereitung und Durchführung der Produktion des Gerätes 920 (AK-74) im VEB FAJAS Suhl“ sollten die Produktionsvorbereitungen bis 1983 abgeschlossen sein und die Produktion 1984 beginnen.[143]
Somit standen zu Beginn der Entwicklung des SSG-82 keine detaillierten Informationen zur Patrone zur Verfügung. Allein aus der vorhandenen gesammelten sowjetischen Munition war es nicht möglich einen Lauf zu entwickeln.

[143] BStU, MfS, BV Suhl Abt. XVIII / 2407 S. 0010–0022

Originalpläne der Patrone M74 konnten Mitarbeiter des VEB Fajas – die für das MfS Entwicklungen durchführten – jedoch auf einer Treibjagd im Jahre 1980 auf dem „kleinen Dienstweg“ organisieren. D.h. man bekam über einen sowjetischen Mittelsmann die genauen Pläne der Patrone M74 und damit die Grunddaten über Schulterhöhe, Übergangskegel, Winkel etc. Mithilfe dieser „sowjetischen Dokumentation"[144] konnte man den Lauf anfertigen, den Hämmerdorn herstellen und das maximal ballistisch mögliche in Verbindung mit der Patrone M74 entwickeln.

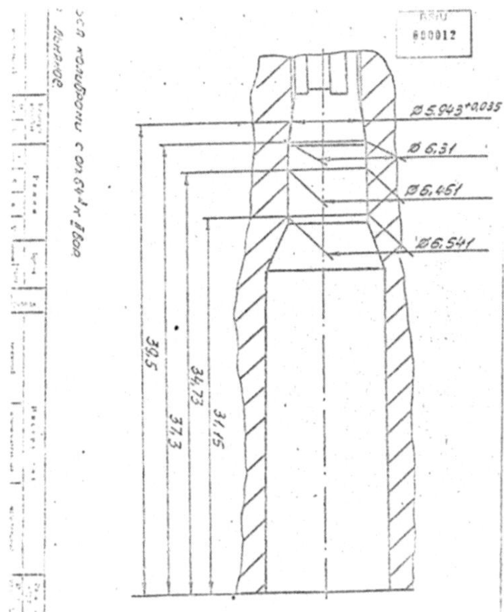

Auszüge aus der „sowjetischen Dokumentation“ [145]

[144] BStU, MfS, BV Suhl AGL Nr.175 S. 00001ff
[145] BStU, MfS, BV Suhl AGL AGLI 175 S. 00012

Der Lauf im SSG-82 ist von der Länge so berechnet, dass er die Expansion der Pulvergase entsprechend der Pulverladung der Patrone M74 möglichst voll ausnützt. Da bei einem Repetiergewehr keine Energie für das Öffnen des Verschlusses benötigt wird, ist die Ausgangsenergie des Geschosses höher, als bei einer automatischen Waffe und damit auch die ballistischen Leistungen im Vergleich zur AK-74.

Im VEB Fajas standen seit Mitte der 1970iger Jahre Maschinen der österreichischen Firma Gesellschaft für Fertigungstechnik und Maschinenbau (GFM) vom Typ SHK-6 und ab 1980 die erste SHK-10 zur Verfügung.[146] [147]. Mit diesen Rohrschmiedemaschinen wurden bereits die Läufe für die AK-47/AKM im Kaliber 7,62 x 39 mm und später die AK-74 5,45 x 39 mm in Suhl und ab Ende der 1990iger Jahre das Gerät 940 (WIEGER) in 5,56 x 45 mm gefertigt.

Exkurs: Seit Mitte der 1960iger Jahre haben einige Ostblockstaaten, sowie die Sowjetunion alleine mindestens 26 Kaltschmiedemaschinen von der österreichischen Firma GFM aus Steyr gekauft. Hierbei wurden für die Produktion der Panzerläufe des sowjetischen T-72 die gleichen Maschinen verwendet wie auch für die Pänzerläufe des US M-1 Panzers. Der Export von westlicher Technologie in den Ostblock wurde über die CoCOM (Coordinating Committee on Multilateral Export Controls – dt. Koordinationsausschuss für multilaterale Ausfuhrkontrollen) reguliert. Die Kaltschmiedemaschinen standen hier auf der Verbotsliste und durften nicht von CoCom-Mitgliedsstatten an kommunistische Länder verkauft werden. Durch den Verkauf der Waren von einem CoCom-Mitglied über ein Nicht-CoCom Staat weiter an die Sowjetunion konnte das de facto Exportverbot umgangen werden und die Sowjetunion diese Rüstungsmaschinen erwerben. Dazu gab es ein Netz von weltweit agierenden Scheinfirmen. Zusätzlich gehören Kaltschmiedemaschinen zu den sogenannten Dual-Use-Gütern (doppelter Verwendungszweck). Hierbei handelt es sich um Güter, die sowohl zivil als auch militärisch nutzbar sind (z.B. bestimmte Chemikalien, Maschinen, Technologien und Werkstoffe, aber insbesondere auch Software oder Technologien). So können die Rohrschmiedemaschinen zivil genutzt werden, um Rohre und Rohrkupplungen uvm. herzustellen.
Durch den Kauf von Laufschmiedemaschinen konnte die Sowjetunion ihre Kapazität zur Herstellung von Läufen in klein- (kleiner 8 mm), mittel- (9–100 mm) und großkalibrigen (größer 100 mm) Bereich enorm steigern. Auch über den Kauf einer Lizenz zur Herstellung eigener Schmiedemaschinen in der Sowjetunion wurde verhandelt, jedoch ohne Erfolg.

---

[146] Thür. Staatsarchiv
[147] BStU, MfS, BV Suhl Abt. XVIII XVIII/2407 S. 000036

Soviet Purchases of GFM Barrel-Forging Equipment

Order Date	Delivery Date *	Model	Number	Comments
Unknown	1967	SVK 412	1	Barrels up to 8 mm.
1969	1971	SVK 412	1	Barrels up to 8 mm.
1969	1971	SHK 10	9	Barrels up to 8 mm. Installed at Tula.
1971	1973	SXP 25	1	Barrels 21 to 75 mm.
1971	1974	SXP 55	1	Barrels up to 203 mm. Installed at Perm'.
Unknown	1975	SVK 412	1	Barrels up to 8 mm.
Unknown	1975	SXP 55	1	Elektrostal' Metallurgical Plant. Military application possible.
Unknown	1977	SXP 55	1	Elektrostal' Metallurgical Plant. (Forge still in crates as of November 1981.) Military application possible.
Unknown	1977/78	SHK 17	8	Barrels 20 to 40 mm.
Unknown	1978	SXP 16	1	Barrels 20 to 40 mm. (Experimental.)
1980	1983	SXP 85	1	Barrels over 200 mm (est.). Conflicting reports on exact configuration of this machine.

Auszug aus einem ehemals als „Secret" eingestuften Dokumentes der CIA zur Verbreitung von Laufschmiedemaschinen in den Ostblockstaaten.[148]

Die USA nutzten ebenfalls die GFM-Technologie zur Herstellung von Läufen, u.a. für das MG M219, Minigun M134, Sturmgewehr M16A1, Selbstlader M14 usw.

Von Dezember 1974 bis Juni 1975 testete man in den USA das Modell SHK-10 auf einer Pilotbahn. Im darauf aufbauenden technischen Bericht aus dem Jahre 1975 kam man zu dem Schluss, dass das Kalthämmern auf der SHK-10 eine verbesserte Methode zur Herstellung von Kalibern .17 bis .50 sei. Der Prozess ist schneller, genauer, kostengünstiger und übertreffe in einigen Teilen die militärisch geforderten Spezifikationen.[149]

Tooling costs
(Rifled & chambered barrel)

Convention (Per 1000 barrels)		Rotary Forge (Per 5000 barrels)	
Body reamer	$262.00	Forging mandrels	
Second shoulder reamer	$250.00 (2@ $450)		$900.00
Bullet seat reamer	$200.00	Forging Hammers	
Rifling broach	$608.00		$2000.00
Bore reamer (3@ $81.00)	$243.00		
	$ 1,563.00		$2900.00
Tool maintenance costs	4,400.00		0.00
	$5,963.00		$2900.00
Tool cost per barrel	$ 5.96		$ 0.58
Tool cost savings per barrel	$5.38		

Gegenüberstellung der Kosten konventioneller Herstellung zum Hämmerschmieden [150]

[148] CIA Transfer of Austrian Gun-Barrel Forging Technology to the USSR, March 1982
[149] Technical Report Cold rotary forged of small caliber gun barrels, December 1975
[150] Technical Report Cold rotary forged of small caliber gun barrels, December 1975

Die eigentliche Herstellung eines Laufes umfasst viele Einzelschritte:

Der aus der Schmiede angelieferte mehrere Meter lange Rundstahl wird im ersten Schritt auf Länge geschnitten. Anschließend wird dieser Rohling tiefengebohrt und im Weiteren ggf. gehont. Beim Honen werden die Innenflächen geschliffen und sind danach extrem glatt. Danach kommt dieser Laufrohling in die Schmiedemaschine.

Der Rohling ist zu diesem Zeitpunkt kürzer und dicker als der spätere fertige Lauf. Beim Lauf des SSG-82 ist die Länge und Masse des Rohlings so berechnet, dass er nach dem Kaltrundkneten die optimale Länge (595 mm) und Dicke hat und so die Verbrennung des Pulvers der Patrone M74 optimal ausnutzt. Dadurch wird u.a. auch der verräterische Feuerball vermindert, welcher durch die Verbrennung der Gase nach der Laufmündung entsteht und so den Schützen ggf. enttarnen könnte.

In den Kaltschmiedemaschinen hämmern dann vier sog. Backen gleichmäßig auf den Laufrohling (sog. kaltrundkneten). Dabei wird im Inneren ein Kaliberdorn (auch Hämmerdorn genannt) geführt, der das Profil der Züge und Felder sowie das Patronenlager als Negativ, trägt – und während des Schmiedevorgangs auf das Innere des Laufes überträgt. Am Ende wird das Patronenlager vom Hämmerdorn in den Rohling übertragen. Dies geschieht automatisiert.

v. unten: Rundstahl, tiefengebohrter Laufrohling, gehämmerter Lauf, abgedrehter fertiger Gewehrlauf, mit freundlicher Genehmigung C.G. HAENEL GmbH Suhl

Der Laufrohling und der Hämmerdorn in der Hämmermaschine, mit freundlicher Genehmigung C.G. HAENEL GmbH Suhl

Durch das Schmieden wird der Laufrohling bis zu seiner Endlänge geformt und es entstehen die typischen Hämmerspuren auf dem Lauf des SSG-82. Normalerweise wird der Lauf nach diesem Arbeitsschritt überdreht und die äußerlichen Hämmerspuren entfernt. Bei den ersten Modellen wurde dies beim SSG-82 auch gemacht, man verzichtete im Folgenden aber auf diesen Arbeitsschritt, u.a. um zu zeigen, dass man diese Technik des Kaltschmieden beherrscht. Auch in hohen Seriennummern des SSG-82 gibt es vereinzelte Modelle mit überdrehtem Lauf, hierbei wurde aber aufgrund optischer Fehler am Lauf zu dieser Maßnahme gegriffen.

Nach jedem einzelnen Arbeitsschritt muss ein sogenannter Laufrichter die Flucht der Laufbohrung kontrollieren. Hierbei schaut dieser durch den Lauf auf einen Leuchtkasten. Durch das einfallende Licht wird sichtbar, ob die Züge und Felder gleichmäßig sind oder ggf. Schatten oder ähnliches auftreten. Mithilfe des Laufrichtblocks wird an den auffälligen Stellen Druck ausgeübt und der Lauf so gerichtet. Diese Arbeit erfordert eine überdurchschnittliche Sehfähigkeit, höchste Konzentration und eine jahrelange Ausbildung.[151]

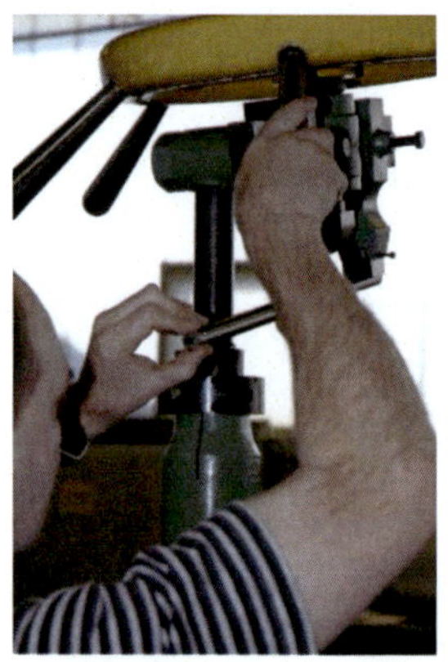

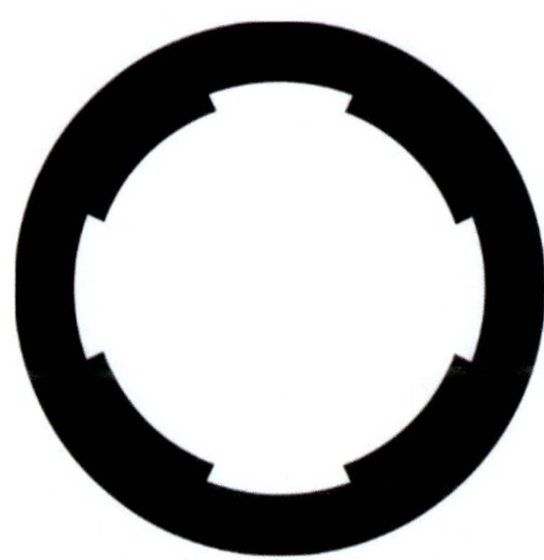

Links Laufrichter bei der Arbeit am Laufrichtblock, rechts Zug-Feld-Profil eines Laufes
Mit freundlicher Genehmigung der J.G. ANSCHÜTZ GmbH & Co. KG

Eines der wenigen Fotos aus der Speziellen Produktion des VEB Fajas zeigt u.a. den Laufrichter Heinz S. beim Richten von AK-47 Läufen. Die Laufrichter schauen durch den Lauf auf eine spezielle Scheibe und erkennen durch den Schattenwurf jede Abweichung der Geradlinigkeit des Laufes.

[151] Mit freundlicher Unterstützung der J.G. Anschütz GmbH & Co. KG

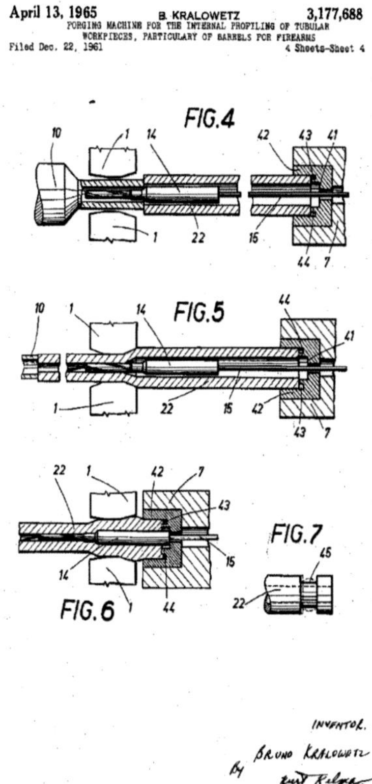

Patent US3177688 A vom 22.12.1961

„Unter Laufhämmern versteht man das Einbringen der Züge in den Lauf. Es wird allgemein Laufhämmern oder auch Kaltschmieden genannt. Das Kalthämmern geht in seiner Entwicklung bis in das Jahr 1880 zurück. Erst im Jahre 1939, als von der Industrie eine große Stückzahl an Läufen gefordert wurde, ging man daran, die Möglichkeit des Kalthämmerns für den Lauf zu untersuchen. Die durch das Hämmern entstehenden Flächen nehmen Spiegelglanz an und haben eine besonders glatte Oberfläche. Hierdurch ergibt sich neben der hohen Verschleißfestigkeit eine Verminderung der Kerbwirkung. Es tritt eine Verfeinerung des Gefüges und Steigung der Festigkeit an der inneren Randzone bis zu zehn Prozent ein. Die Zugflanken weisen eine Härtesteigerung auf. Die hohe Verschließfestigkeit ergibt eine längere Lebensdauer des Laufes.“[152]

Der Gründer der Gesellschaft für Fertigungstechnik und Maschinenbau (GFM) in Steyr, Bruno Kralowetz hat die Produktion von Hämmermaschinen mit mehreren Patenten und Erfindungen besonders zur weltweiten Bedeutung gebracht.
Im Folgenden eine Kopie seines Patentes aus dem Jahre 1965, welches den Schmiedevorgang verdeutlicht.

FIG.4 Der Laufrohling wird sowohl vorne (10), als auch hinten (42-44) in der Maschine gehalten und während des Hämmerns (nach links) geführt. Der Hämmerdorn (14) – mit seinem Negativprofil der Züge und Felder und des Patronenlagers – wird in den Laufrohling geschoben. Dieser hat einen überkalibergroßen Innendurchmesser. Während des Hämmerns schlagen je zwei gegenüberliegende Hämmerbacken (1) abwechselnd auf den Laufrohling.

FIG.5 Dabei wird der Laufrohling bis auf den Hämmerdorn verdichtet und der Negativabdruck der Züge und Felder auf das Laufinnere übertragen. Der Laufrohling wird neben dem Vortrieb auch um seine eigene Achse gedreht und erhält dadurch seinen Drall. Außerdem verlängert sich die Länge des Laufes.
FIG 7 Im letzten Schritt wird der Hämmerdorn so weit nach vorne geführt, dass das Patronenlager gehämmert werden kann. Überstehende Enden werden am Ende abgesägt.

[152] Aus Waffen-Almanach Fachverlag Dr. N. Stoytscheff 1960

Der Lauf des SSG-82 ist innen konisch, das heißt vom Patronenlager zur Mündung verengt sich das Innere des Laufes um circa dreihunderstel Millimeter, wodurch eine präzisionssteigernde Leistung erzeugt werden soll. Diese Besonderheit erfordert auch einen besonderen Hämmerdorn, der die unterschiedlichen Innenmaße abbildet.

Exkurs „Leistungssteigerung durch konische Laufbohrung
Ein anderes Mittel der Leistungssteigerung von Waffen liegt in der konischen Laufbohrung, die beispielweise in den schon erwähnten Erfindungen von Karl PUFF (D.R.P. Nr. 183 614 und 199 365 vom Jahre 1903) behandelt wird. In solchen Läufen muss sich das Geschoß der veränderlichen Bohrung anpassen, es muss, wenigstens mit seinem Dichtungsteil, anfangs dick, am Ende seines Weges aber dünner sein; es verlässt das Rohr mit dem „Mündungskaliber“. Zu Beginn der Geschoßbewegung bietet also das Geschoß dem Gasdruck einen größeren Querschnitt dar. Der Querschnitt wird immer kleiner, bis er an der Mündung durch den Durchmesser des außenballistisch zur Wirkung kommenden Geschoßkalibers hat. Die Frage ist nur, wie weit die Bohrungserweiterung getrieben werden kann. […] Für den konischen Lauf ergibt sich also gegenüber dem zylindrischen Lauf eine Volumenvergrößerung […]. Die einmal entwickelten Pulvergase können in dem größeren Raum mehr expandieren, also auch mehr Arbeit abgeben, als in dem kleineren Raume.“

Aus „Über die Möglichkeit der Leistungssteigerung beim deutschen Infanteriegewehr“
Von C. Waninger, Rheinmetall, Düsseldorf
München 1933 Verlag der Zeitschrift für das gesamte Schieß- u. Sprengstoffwesen

Bei der Produktion der Läufe für das SSG-82 war die Abteilung BCD auf Spezialisten des VEB Fajas angewiesen, so unter anderem auf die Maschinenbediener der Kaltschmiedemaschinen und die Laufrichter. Den genauen Zweck der Sonderläufe und die Nutzung für das MfS erfuhren die meisten aber nicht. Auch Mitarbeiter der Firma GFM waren regelmäßig zur Wartung der Maschinen vor Ort in Suhl.

Der Laufstahl CR2 wurde in der DDR hergestellt und im Werk 6 in Suhl geschmiedet. Er war ein hochreiner Kohlenstoffstahl. Er galt als rostanfälliger, aber aufgrund seiner Legierung sehr präzise. Die benötigten Hämmerdorne erhielten entsprechend der sowjetischen Lauf-Dokumentation vom Kombinat Carl Zeiss Jena den Rundschliff und vom VEB Fajas wurden die Züge und Felder eingearbeitet. Auch hier war den Bearbeitern der Verwendungszweck nicht bekannt. Der Hämmerdorn für das SSG-82 wurde offiziell als Hämmerdorn für das Sturmgewehr AKM legendiert und im Schriftverkehr so behandelt. Ein Fall soll dies verdeutlichen:

Abteilung Bewaffnung
und Chemischer Dienst
UA Produktion

Suhl, den 18.05.1983

Gelesen 26.05.83

Information

Am 12.05.1983 wurde durch den Leiter der Abteilung I des VEB Fajas, Gen. ███ der Genosse Ortlepp über folgenden Sachverhalt informiert.
Vom Justitiar des VEB Fajas, ██████, wurde in einem Schreiben, VD vom 09.05.83 an die entsprechenden Fachdirektoren eine Information über die Verhandlung vor dem Zentralen Vertragsgericht, Abteilung I im Schiedsverfahren Fajas gegen MBH Erfurt, BT Immelborn und VEB Hartmetallwerk Immelborn gegeben.
In diesem Schiedsverfahren gegen die genannten Betriebe ging es um die nicht vertragsgerechte Lieferung von Hämmerdornen für das Gerät 920 und die Laufproduktion für AKM. (Die geforderte Qualität beim Schleifen der Hämmerdorne wurde nicht eingehalten, so daß die bisher gefertigten Hämmerdorne für Fajas nicht brauchbar sind)
In dem vom Justitiar aufgesetzten Schreiben verweist dieser darauf, daß das Fajas für das MfS in einen Dorn Züge geschliffen hat, der die benötigte Oberfläche hat und im Kombinat Carl Zeiß Jena geschliffen worden sein soll. Dem Leiter der Abteilung I war vom Abteilungsleiter ████ bekannt, daß die geschliffenen Dorne im Fajas für den Genossen Ortlepp waren. Ihm war unverständlich wie die Formulierung MfS in diesem Schreiben gebraucht werden konnte, da wir offiziell als NVA-Dienststelle ausgewiesen sind.
Im ZVG der Abteilung I ist das MfS nicht genannt worden.
In der Absprache mit Genossen ███ Abteilung I wurde vereinbart, daß er mit dem Justitiar Rücksprache nimmt, wie er zu der im Schreiben gemachten Aussage gekommen ist.
Im Ergebnis der Aussprache mit dem Justitiar, die durch den Genossen ███ im Beisein des Genossen █████, Direktor Forschung beim Genossen ████ (da Gen. ████ in Urlaub ist) geführt wurde, gab er an, daß er sich an keinerlei Zusammenhänge erinnern kann und auch nicht wissen will, in welchem Zusammenhang die Hämmerdorne mit dem MfS stehen und wie er zu dieser Behauptung überhaupt kommt. Durch den Genossen ███ wurde veranlasst, daß die VD vom 09.05.83 durch den Justitiar wieder eingezogen wird.

Mit dem zuständigen Referatsleiter der Abteilung XVIII der BV Suhl, Genossen ████ wurde vereinbart, daß mit dem Justitiar in geeigneter Form nochmals ein Gespräch geführt wird, um festzustellen, wie er zu der in seiner Information gebrauchten Formulierung kommt.

Die Hämmerdorne für die regelmäßig produzierten Waffen, wie die AKM (Gerät 910) und später AK-74 (Gerät 920) stammten von der Firma GFM aus Österreich. Bilanziert wurden Sie über den VEB Schwermaschinenbau-Kombinat „Ernst Thälmann" (SKET) in Magdeburg und beschafft über das Unternehmen SKET-Export/Import in Berlin.

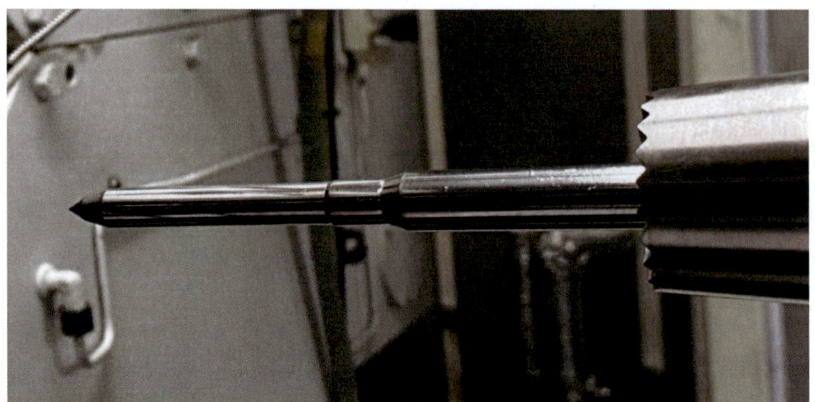

Nahaufnahme eines Hämmerdorn, mit freundlicher Genehmigung C.G. HAENEL GmbH Suhl

Im VEB Werkzeugkombinat Schmalkalden Hartmetallwerk Immelborn arbeitete man im Rahmen eines F/E-Thema (Forschung/Entwicklung) an der Importablösung der Hämmerdorne. Ein Hämmerdorn hat eine Standzeit von circa 900 – 1120 Läufen pro Schmiededorn. [153]

Die von GFM gefertigten Schlagkörper hatten eine Standzeit von 10.000 Läufen, die Hämmerdorne bis zu 6000 Läufe.

Bezüglich der Hammerbacken war man bis 1982 von Importen der Firma GFM Steyr abhängig. Die Hammerbacken für die Schmiedemaschinen wurden vom VEB Hartmetallwerk Immelborn bereitgestellt. Im Falle eines Lieferengpasses war man im VEB Fajas aber in der Lage diese selber herzustellen.

[153] BStU, MfS, BV Suhl Abt. XVIII Nr. 2407 S.144–147

BStU
000028

23

Information
zu Hartmetall-Hämmerbacken für Laufschmieden (Schlagkörper)

Das Laufschmieden der LVO-Produktion sowie der Jagdläufe erfolgt auf Kaltschmiedemaschinen Typ SHK 10 bzw SHK 06 der Firma GFM Österreich. Die dazu erforderlichen Hämmerbacken (1 Satz = 4 Stck Schlagkörper) werden im VEB Hartmetallwerk Immelborn hergestellt. Diese mit Vormaß im VEB HWI gelieferten Schlagkörper werden im Werkzeugbau VEB Fajas profilgeschliffen. Bisher gab es keinerlei Anlaß zu qualitativen Beanstandungen bezüglich Maße und Werkstoff vom VEB HWI.

Auszug aus einem Treffbericht eines IM vom 30.08.1988[154]

Die Wartung der Schmiedemaschinen wurde durch die Firma GFM selber durchgeführt. Dazu waren regelmäßig Mitarbeiter aus Österreich vor Ort in Suhl.
Für die Einführung des Gerätes 920 und später 940 und der damit geforderten Stückzahlen wurde seitens des VEB FAJAS die Beschaffung von weiteren Hämmermaschinen SHK 10 gefordert.

Es gab auch Versuche, den Lauf des SSG-82 zu verchromen und zu vernickeln. Jedoch erreichte man die selber geforderte Dicke von 12 µm nicht unmittelbar und verzichtete zu Gunsten anderer Projekte auf weitergehende Versuche.
Im Werk 2 des VEB Fajas stand eine österreichische Hartverchromungsanlage vom Typ LPW-Ah. Diese konnte auch durch ausgewiesene Mitarbeiter der ZAB-Stelle verwendet werden.[155]

Berechtigung zum Betreten des Sperrbereiches zur Österreichischen Hartverchromungsanlage LPW-Ah im Werk für Jagd- und Sportwaffen Werk 2 des VEB Fajas

156

Beim Verchromen wird durch den Lauf ein Draht gespannt.

[154] BStU, MfS, Arbeitsakte OibE 524/94 S. 00028
[155] BStU, MfS, BV Suhl Abt. XVIII Nr. 2407 S. 128
[156] BStU, MfS, BCD Nr.2891 S. 0090

Der Lauf konnte nicht verchromt werden, da die entsprechenden Bäder für den SSG-82 Lauf einfach zu klein waren. Der Aufwand zum Bau größerer Becken war zu aufwendig.
Auch bei der Fertigung der Läufe für die RPK-74 kam es in Suhl zu Problemen bei der Hartverchromung der Läufe.[157]
Da das SSG-82 nicht für den militärischen Gebrauch entwickelt wurde und somit auch keinen dementsprechenden Einflüssen, hier vor allem Witterung, ausgesetzt war, wurde auch zugunsten der Präzision auf eine Innenverchromung des Laufes verzichtet. Eine regelmäßige Pflege und sorgfältige Lagerung der Waffen war aufgrund ihres Einsatzspektrums möglich. Zudem war das SSG-82 konzeptionell ein Scharfschützengewehr, welches nicht im Feld eingesetzt werden sollte und bis zum Einsatz trocken lagern sollte.
Der Lauf hat wie in den AK-Modellen üblich vier Züge mit einem Rechtsdrall. Es gab Versuche mit einem sechs-zügigen Lauf, wie er bei NATO Waffen Standard ist. Ziel war hier eine Verbesserung der ballistischen Parameter. Bei der Herstellung dieser Läufe traten beim VEB Fajas aber Laufrichtprobleme auf, welche nicht abschließend geklärt werden konnten. Aufgrund der genannten Standardisierung (vier Züge) innerhalb des Warschauer Paktes verfolgte man diese Entwicklung nicht weiter.

Exkurs Drall
Die Wirkung des Geschosses am Ziel ist umso größer, je größer seine Masse ist, die wiederum von den Ausdehnungen des Geschosses abhängt. Da aber der Größe des Kalibers von vornherein gewisse Grenzen gezogen sind, war eine beträchtliche Vergrößerung dieser Masse nur dadurch möglich, daß man diesem statt der ursprünglich kugelförmigen Gestalt die eines langgestreckten Zylinders (Langgeschoß) erteilte.
Dadurch wurde bei sonst gleichem Kaliber wie bei der Kugelform [...]. Freilich macht sich dadurch auch notwendig, Vorkehrungen zu treffen, die das Geschoß beim Fluge in seiner Lage stabilisieren.
Die Lagestabilität des Langgeschosses wird dadurch aufrechterhalten, daß man ihm außer der fortschreitenden noch eine drehende Bewegung um eine durch seinen Schwerpunkt gehende Längsachse erteilt. Diese Drehbewegung, Drall genannt, wird ihm durch die sog. Züge im Lauf der Waffe aufgezwungen und bezweckt, daß das Geschoß möglichst stets mit der Spitze nach vorn fliegt, sich also während des Fortschreitens nicht überschlägt und seine Achse daher stets der Richtung der Bahntangente bleibt.
Die Züge sind schraubenförmig in die Rohrwandung eingeschnittene [Anm.: oder gehämmerte] Rinnen, die durch die beim Ausdrehen stehengebliebenen Windungen oder Felder begrenzt werden. Das Kaliber ist der innere Durchmesser des Rohres von Feld zu Feld. [...]

Aus „Einführung in die Lehre vom Schuss“ von Gey Teichmann, Verlag B.G. Teubner

[157] BStU, MfS, BV Suhl Abt. XVIII Nr. 2407 S. 127

VVS SURI/3 - 43/85 Blatt: 2 Ausf.: 9 1. Austauschblatt

Jahresplan der Erzeugnisse

Betriebsteil PJ
- Bereich PJO - Spezielle Produktion

VEB Fahrzeug- und Jagdwaffenwerk Ernst Thälmann Suhl
IFA-Kombinat für Zweiradfahrzeuge

19 86 Werktage 254

Erzeugnis	Auftrags-Differ. a. d. Vorjahr	Jahres-Stückzahl	Jahres-Soll in TM		I. Quartal 62 Werktage				II. Quartal 63 Werktage				III. Quartal 66 Werktage				IV. Quartal 63 Werktage			
					Januar 22W	Februar 20 W	März 20 W	Gesamt	April 22 W	Mai 20 W	Juni 21 W	Gesamt	Juli 23 W	Aug. 21 W	Sept. 22 W	Gesamt	Okt. 22 W	Nov. 20 W	Dez. 21 W	Gesamt
					Stück	Stück	Stück	Stück	Stück	Stück	Stück	Stück	Stück	Stück	Stück	Stück	Stück	Stück	Stück	Stück
Sonst.Einz.-,Ersatz- u.Zubehörteile			3649	Plan	323	294	313	930	333	303	317	953	309	285	316	910	298	272	286	856
				Erfüllung																
RG 57/5 08 63700 003		146000		Plan	11200	10200	10200	31600	11200	10200	10700	32100	14600	13400	14000	42000	14000	12800	13500	40300
				Erfüllung																
dav.: 1.Polyäthylenbeutel eingeschw.		(86000)		Plan																
				Erfüllung																
RG 57/6 08 63710 005		3700		Plan					1300	1200	1200	3700								
				Erfüllung																
RG 7 08 63750 004		75000		Plan	7200	6600	6600	20400	7200	6600	6900	20700	6000	5500	5800	17300	5800	5300	5500	16600
				Erfüllung																
Ersatzteile f. RG			115	Plan	10	9	9	28	10	9	9	28	10	10	10	30	10	9	10	29
				Erfüllung																
Läufe f. ZAB-Stelle 08 64210 002		565		Plan			280	280							285	285				
				Erfüllung																

ZPP, den 6.1.1986
Abt./WY

Nachweis über die Anzahl der produzierten SSG-82 Läufe für das Jahr 1986[158]

[158] Thür. Staatsarchiv Meiningen VEB Fahrzeug- u. Jagdwaffenwerk Suhl, Nr. 3989

1.Austauschblatt

VVS SUHI/3 68/86
Blatt 2 Ausf.: 9

Jahresplan der Erzeugnisse

Spezielle Produktion – Bereich JPO

VEB Fahrzeug- und Jagdwaffenwerk Ernst Thälmann Suhl
IFA-Kombinat für Zweiradfahrzeuge

19 87 Werktage 255

Erzeugnis	Auftrags-Differ. z. d. Vorjahr	Jahres-Stückzahl	Jahres-Soll in TM		I. Quartal 63 Werktage				II. Quartal 62 Werktage				III. Quartal 66 Werktage				IV. Quartal 64 Werktage			
					Januar 21 W	Februar 20 W	März 22 W	Gesamt	April 21 W	Mai 20W	Juni 21 W	Gesamt	Juli 23W	Aug. 21 W	Sept. 22 W	Gesamt	Okt. 21 W	Nov. 21 W	Dez. 22W	Gesamt
					Stück	Stück	Stück	Stück	Stück	Stück	Stück	Stück	Stück	Stück	Stück	Stück	Stück	Stück	Stück	Stück
2) Lauf (920 R) 08 64032 000		15000		Plan				-				-	-	4200	4500	8700	4200	2100	-	6300
				Erfüllung																
Stock (920 R) 08 64033 001		14000		Plan				-				-	-	4000	4000	8000	3900	2100	-	6000
				Erfüllung																
2) Bei Einarb. v. 15 % technolog. Ausbeuteverluste		(17300)		Plan				-				-	-	(4800	5200	10000	4800	2500	-	7300)
				Erfüllung																
				Plan																
				Erfüllung																
				Plan																
				Erfüllung																
Sonst. Einzel-, Ers.- u. Zubeh. Teile			2713	Plan	250	240	291	781	220	211	219	650	219	219	212	650	211	212	209	632
				Erfüllung																
RG 57/5 08 63700 003		57000		Plan	7000	6600	7300	20900	4000	4000	4000	12000	4100	4000	4000	12100	4000	3900	4100	12000
				Erfüllung																
RG 57/6 08 63710 005		2000		Plan			1000	1000	1000			1000								
				Erfüllung																
RG 7 08 63750 004		68000		Plan	6000	5800	6400	18200	5500	5500	5700	16700	5700	5500	5500	16700	5500	5500	5400	16400
				Erfüllung																
Ers. Teile f. RG			80	Plan	7	6	7	20	7	6	7	20	7	6	7	20	6	7	7	20
				Erfüllung																
Läufe f. ZAB-Stelle 08 64210 002		450		Plan			300	300						150		150				
				Erfüllung																
				Plan																
				Erfüllung																
				Plan																
				Erfüllung																
ZPP, den 29.4.1987 Alb./TV				Plan																
				Erfüllung																
				Plan																
				Erfüllung																

Nachweis über die Anzahl der produzierten SSG-82 Läufe für das Jahr 1987[159]

[159] Thür. Staatsarchiv Meiningen VEB Fahrzeug- u. Jagdwaffenwerk Suhl, Nr. 3989

Beschuss

Der Beschuss ist seit 1891 gesetzlich geregelt und obliegt den staatlichen Beschussämtern. Hierbei ist ein Überdruck von 30% vorgeschrieben. Im deutschen Reich wie auch in der BRD galt auch in der DDR, dass das Militär und ähnliche Behörden den Beschuss in eigener Zuständigkeit regeln.

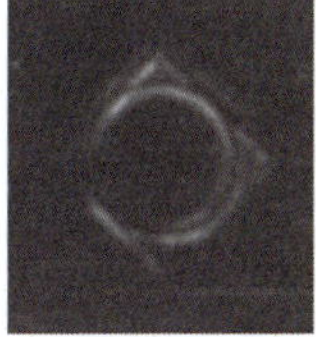 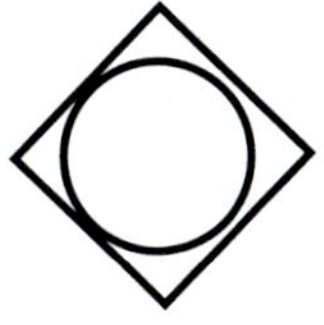

Militärisches Beschusszeichen DDR

Der Beschuss des SSG-82 erfolgte im unterirdischen Schießstand auf dem Gelände des Werk 2. Dieser wurde zu DDR-Zeiten gebaut und bestand aus zwei Röhren von je 100 m Länge. Er wurde als Kälteschiessstand konzipiert, um u.a. das Kleinkaliber Gewehr Modell 150 und die Biathlonwaffen, sowie weitere Waffen unter besonderen klimatischen Umgebungsvariablen zu testen.
Für den Beschuss an sich hatte man eigens geladene Beschusspatronen, welche vom Beschussamt zur Verfügung gestellt wurden, bis das Spreewerk Lübben diese in der DDR herstellte. Diese Testmunition wurde im Gasmeterrohr getestet und so die Bestimmungen zum Beschuss einzuhalten. Aus konspirativen Gründen gab es keinen eigenen Beschussstempel, da man darüber eventuell den Hersteller hätte identifizieren können. Ein schriftlicher Nachweis zum Beschuss war nicht auffindbar.

Sowjetische Überdruckpatronen (beide TULA)

10% überladene Patrone für den Funktionsbeschuss

30% überladene Patrone für den Beschuss

Berlin, den 29.05.1979
[geschwärzt] A/397/79

BStU
000073

Aktennotiz

Präzisierung der Bestellung für Unterschallmunition

Aufgrund einer Rückfrage vom Gen. Hptm. [geschwärzt] (BCD) wurden die Lauflängen, aus denen die Unterschallmunition verschossen werden sollen, wie folgt präzisiert:

9 mm	Makarow	Lauflänge 225 mm
9 mm	Para	Lauflänge 245 mm
.308	Remington	Lauflänge 600 mm

Wie Gen. [geschwärzt] mitteilte, hat sich der Leiter der Staatlichen Beschußanstalt in Suhl, der Gen. [geschwärzt], bereiterklärt, die notwendige Umlaborierung unter Verwendung von SW-Munition vorzunehmen.

Es werden Probechargen von ca. 50 Stck. in den geforderten Kalibern hergestellt.
Nach unserer Erprobung werden größere Chargen aus NSW-Munition umlaboriert.

Munition wurde von der Beschussanstalt Suhl für verschiedene Vorhaben zur Verfügung gestellt[160]

[160] BStU, MfS, HA XXII Nr. 434/1 S. 00073

Nach dem Verkauf der Waffen über die Verwertungsgesellschaft, wurden die Waffen durch verschiedene Beschussämter beschossen und entsprechend nachgestempelt. So entstanden folgende Kombinationen:

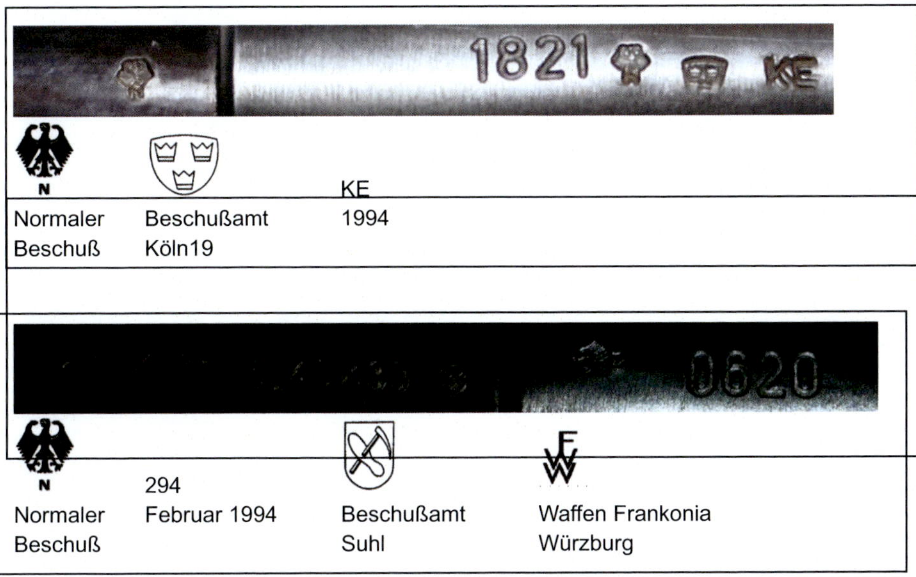

KE

Normaler Beschuß | Beschußamt Köln19 | 1994

294

Normaler Beschuß | Februar 1994 | Beschußamt Suhl | Waffen Frankonia Würzburg

Normaler Beschuss | Beschußamt Mellrichstadt | 2KE Februar 1994 | Waffen Frankonia Würzburg

Der Verkauf in den USA erfolgte durch die Firma Century Arms International:

„FAJAS GERMANY | SSG82 5.45X39 | CAI. ST. ALB. VT"

Hersteller | Modell | Century Arms International St.Albans,VT

Das Systemgehäuse

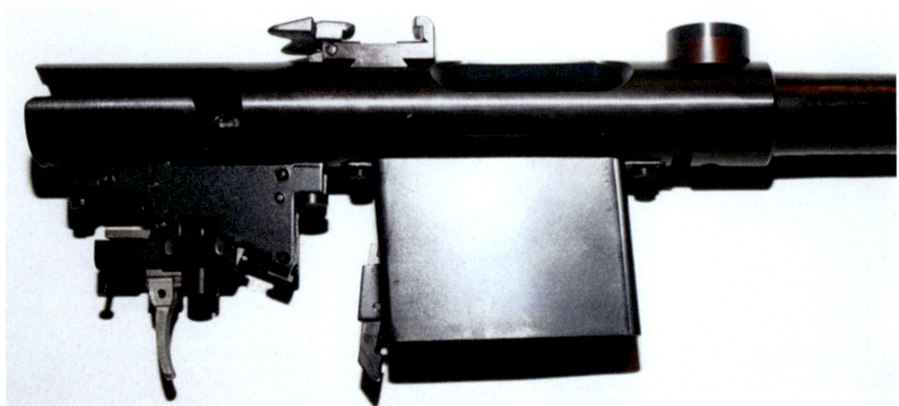

Systemgehäuse mit Abzug, Magazinhalterung und ZF-Montage – eigene Aufnahme

Das SSG-82 ist ein Mehrlader mit einer Patronenzuführung aus einem wechselbaren Magazin. Das Systemgehäuse des SSG-82 war ein verändertes System des Kleinkalibergewehrs Modell 150. Die Magazinaussparung, über welches das M150 nicht verfügte, sowie eine ZF-Schwalbenschwanzmontage wurden im Abnahmegebäude zusätzlich eingefräst. Der Magazinschacht wurde im Abnahmegebäude selber hergestellt. Außerdem wurde das Auswurffenster entsprechend der längeren Patronenhülse vergrößert. Ein Suhler Büchsenmacherunternehmen machte diese Arbeiten zu Beginn. Später wurden diese Arbeiten alle im Abnahmegebäude ausgeführt. Das Systemgehäuse ist fest mit dem Lauf verbunden.

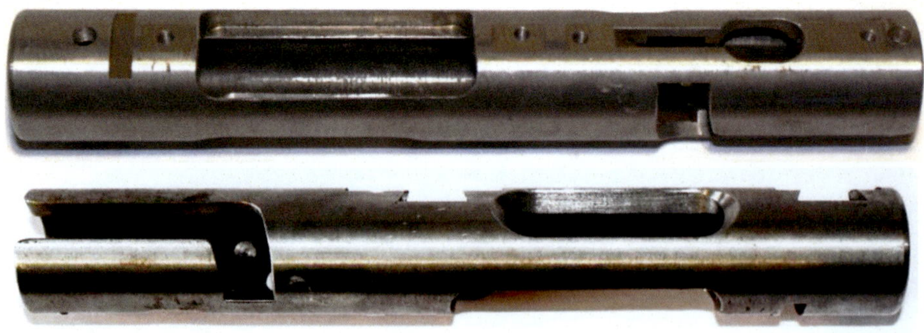

Weissfertiger Gehäuserohling, Aussparung für Hülsenauswurf, Magazinschacht und ZF-Aufnahme – eigene Aufnahme

Der Zylinderverschluss

Der Zylinderverschluss war eine Neuentwicklung, angepasst an die größere Zentralfeuerpatrone und die damit wesentlich höheren Gasdrücke. Er verriegelt im Systemgehäuse mit je zwei Verschlusswarzen auf 2 Verriegelungsebenen. Diese wurden maschinell durch Präzisionsschliff hergestellt. Dies sorgt für ein gleichmäßiges Anzugsmoment und verhindert ein Verkanten des Verschlusses beim Zünden der Patrone. Im Gegensatz zum M150 wird der Spanngriff nicht zum Verriegeln verwendet. Alle Verschlüsse wurden ebenfalls durch ein Suhler Büchsenmacherunternehmen hergestellt.

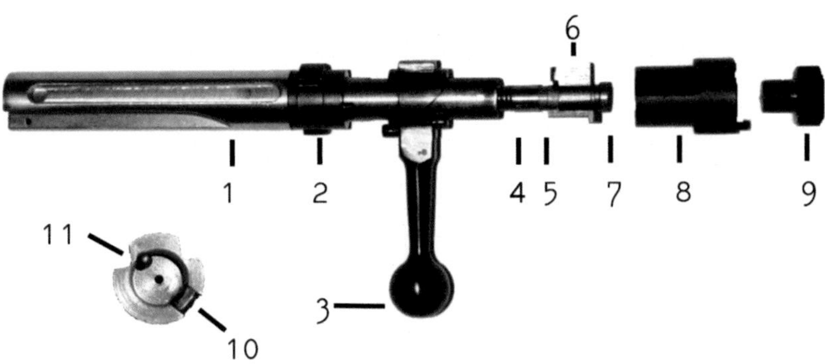

1 Verschluss
2 Verriegelungsstück
3 Spanngriff
4 Schlagbolzen mit Schlagbolzenfeder
5 Federanlage
6 Rastzahn
7 Schlitzmutter
8 Spannhülse
9 Verschlussschraube
10 Auszieher
11 Auswerfer

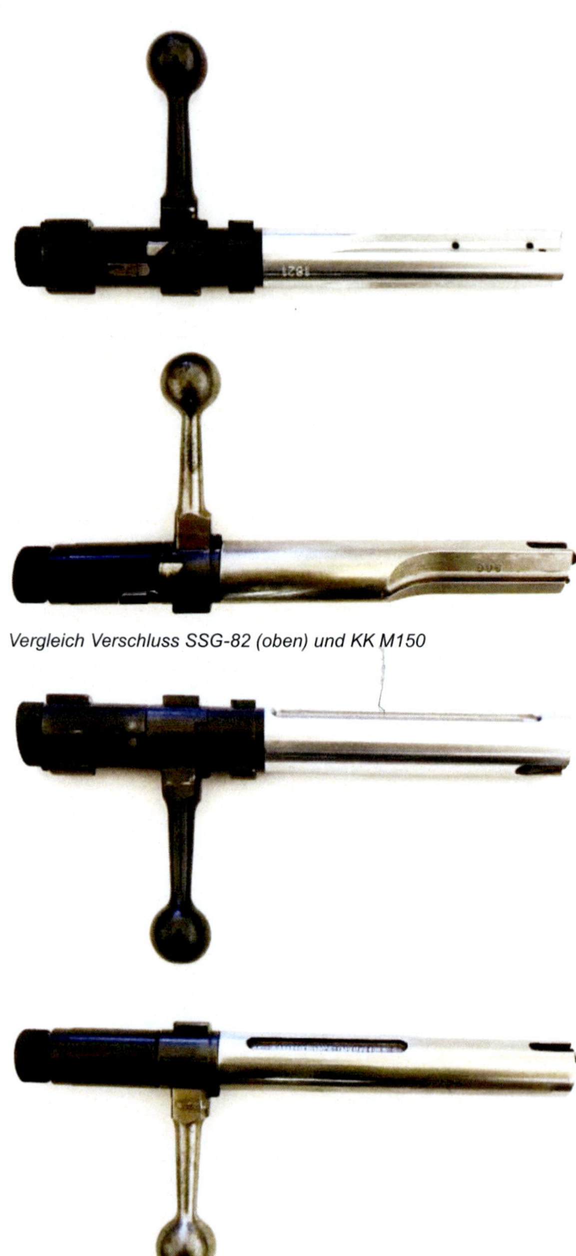

Vergleich Verschluss SSG-82 (oben) und KK M150

Vergleich Verschluss SSG-82 (oben) und KK M150

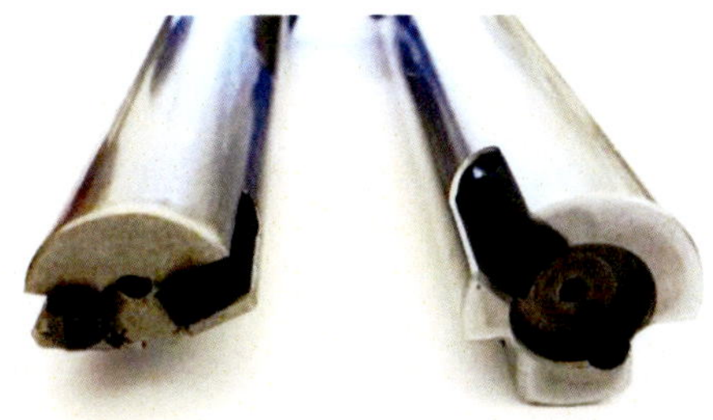

Links KK M150, rechts SSG-82

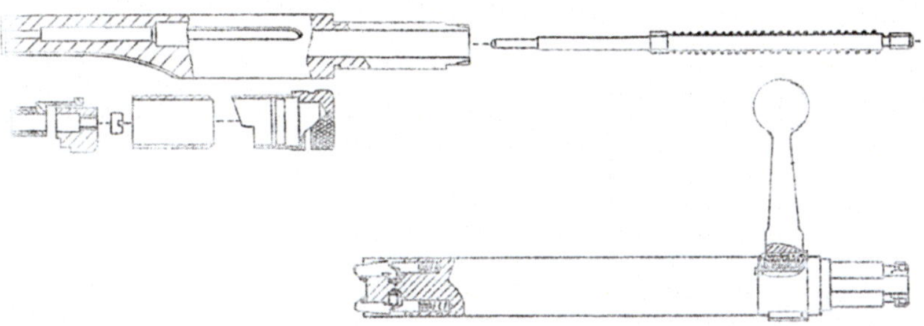

Verschluss KK Modell 150[161]

Der Auszieher und der Auswerfer waren für die Patrone .22 lfB entwickelt. Dies führte bei der wesentlich stärkeren Patrone M74 dazu, dass der Auszieher über den Hülsenrand sprang und die Patronenhülse folglich nicht aus dem Patronenlager geführt wurde. Man experimentierte hier mit verschiedenen Varianten, welche entweder breiter waren und/oder aus stärkerem Material gefertigt wurden. Eine Umrüstung aller SSG-82 wurde nicht realisiert. Der Schlagbolzen ist aus 50 CrV4 und wurde im Abnahmegebäude gedreht und anschließend im Werk 1 in der Härterei des VEB Fajas auf 48+-3HRC gehärtet.

Zwei Mitarbeiter beherrschten den Arbeitsschritt des Verschlussabstandschleifens.[162]

[161] Zeichnung und Text aus Entwurf „Bedienungsanleitung für KK-Gewehr Modell 150 Standard / Modell 150 Standard-Super, Herausgeber und Jahr unbekannt"

[162] BStU, MfS, BCD Nr. 2891 S. 0073

Abteilung Bewaffnung
und Chemischer Dienst
Unterabteilung Produktion

Suhl, 7. Mai 1984

Sachverhalt zum Vorkommnis "Beschädigung von Schlagbolzen beim Fertigungsdurchlauf in der Härterei Werk I des VEB Fajas"

Am 11. April 1984 wurde mit Globalauftrag Nr. 321 72 0018 durch die Unterabteilung Produktion (für Fajas "ZAB Stelle der NVA") an den VEB Fajas folgender Auftrag ausgelöst:

47 Stück Dorne härten auf 48±3 HRC
Material 50 CrV4.

Diese Dorne sind Waffenteile, die in der Unterabteilung Produktion durch Mitarbeiter unserer Diensteinheit hergestellt wurden und auf der Grundlage von Kooperationsverträgen mit dem VEB Fajas in diesem Betrieb durch Wärmebehandlung weiter bearbeitet werden.
Obengenannter Auftrag wurde am 11. April 1984 mit den zu härtenden Teilen durch einen Mitarbeiter unserer Diensteinheit ins Werk I transportiert und an der dafür vorgesehenen Stelle in der Härterei hinterlegt.
Nach dem technologischen Durchlauf in der Härterei Werk I wurden die Teile durch einen Mitarbeiter unserer Diensteinheit in der Härterei des Werkes I beim Kollegen ███ am 26. April 1984 abgeholt und auf direktem Weg in den Bereich unserer Diensteinheit transportiert. Die Teile wurden beim zuständigen Mitarbeiter für die weitere Bearbeitung abgegeben, der seinerseits sofort feststellte, daß alle 47 Dorne am Feingewinde mechanische Beschädigungen aufwiesen. Während 31 Teile durch Nacharbeit wiederverwendungsfähig wurden, blieben 16 Teile unbrauchbar.
Die Beschädigungen entstanden nach dem Härteprozeß, da die Quetschspuren metallisch blank sind.
Am 27. April 1984 fand zur Klärung des Sachverhaltes beim Leiter der Fahrzeugproduktion und stellvertretenden Direktor für Produktion des VEB Fajas, Genossen ███ im Beisein des Produktionsabteilungsleiters Wärmebehandlung, Kollegen ███ eine Rücksprache statt, in deren Ergebnis Kollege ███ beauftragt wurde, zu prüfen ob im technologischen Ablauf ein Fehler vorlag, damit dieser bei künftigen Aufträgen beim Härten dieser Dorne vermieden wird. Diese Dorne wurden bisher mehrfach im VEB Fajas gehärtet, ohne das diese Beschädigungen aufwiesen. Kollege ███ schätzte nach erster Inaugenscheinnahme ein, daß die Dorne vermutlich gerichtet und dabei am Gewinde beschädigt wurden. Nach Prüfung des Sachverhaltes in der Härterei wurde durch Kollg. ███ mitgeteilt, daß die Beschädigung nicht in der Härterei entstanden

2

ist und die Teile nicht gerichtet wurden.
Die mechanischen Beschädigungen lassen den Schluß zu, daß die Dorne zumindest unsachgemäß behandelt und damit beschädigt wurden.
Als mögliche Variante wird durch Unterzeichneten angesehen, daß der Bindedraht, an dem die Teile angebunden sind, bevor sie ins Härtebad eingehangen werden, mit der Zange unsachgemäß entfernt wurde und dabei Beschädigungen am Gewinde auftraten.

███
Oberleutnant

Beziehungen des VEB FAJAS zum Dienstobjekt anhand der Herstellung des Schlagbolzen[163]

[163] BStU, MfS, BV Suhl AGL 175 S. 00039–00040

Das Magazin

Das Magazin ist eigens für das SSG-82 im Abnahmegebäude hergestellt wurden. Es ist in Blechprägetechnik geformt und an vier Stellen punktgeschweißt. Das Kastenmagazin fasst 5 Patronen. Bei der Entwicklung des Magazins war die Herstellung der Magazinfeder das größte Problem. So verdrehten sich in den ersten Versuchen, die um einen eckigen Korpus gewickelten Federn immer wieder in sich selber. Ein Federnwerk in Dresden half hier mit Expertise und so konnte die Feder im Folgenden ebenfalls selber hergestellt werden.

Zerlegtes Magazin – eigene Aufnahme

Magazinschacht – eigene Aufnahme

Die Zielfernrohrmontage

Für das SSG-82 entwickelte Zielfernrohr-Schwenkmontage – eigene Aufnahme

Die Zielfernrohrmontage hat die Aufgabe die Waffe und Zielfernrohr miteinander zu verbinden. Gefordert wird eine hohe Schussfestigkeit und ein wiederholgenaues Aufsetzen des Zielfernrohres bei gleicher Treffpunktlage.
Dem damaligen Trend des internationales Waffenbaus folgend wurde für das SSG-82 eine Schwenkmontage entwickelt. Vorbild dürften vor allem Entwicklungen aus der BRD und Österreich gewesen sein. Eine Schwenkmontage verringert den handwerklichen Aufwand und damit die Kosten wesentlich.
Die großen Passflächen des Pivotzapfen verleihen dieser Montage, gegenüber der Suhler Einhakmontage, eine wesentlich höhere Stabilität. Die Montage besteht aus dem vorderen und hinteren Montagesockel, welche mit einem Schwalbenschwanz versehen sind und über Prismenschienen fest mit der Systemhülse verbunden sind.

Der vordere Sockel nimmt den Pivotzapfen auf mit dem das Zielfernrohr 90 Grad nach rechts geschwenkt wird auf die hintere die Wippe für die Verriegelung.
Die Montageoberteile – die Füße – werden mit dem Prismenschienen des Zielfernrohrs fest verschraubt. Im hinteren Fuß befindet sich die Rast für die Verriegelung sowie ein Doppelschraubensupport für die seitliche Korrektur der Treffpunktlage.

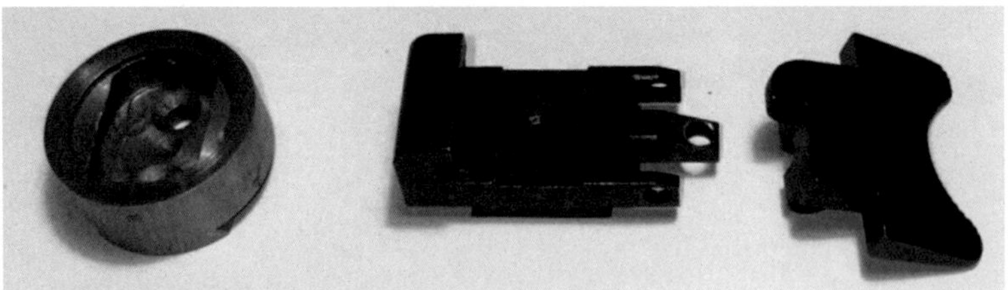

Montagefertige Zielfernrohrmontagefüsse – eigene Aufnahme

Die Montageteile wurden von einem Kooperationspartner (VEB Feinmess Suhl als Kombinatsbetrieb des Carl Zeiss Jena) geliefert. Die Schleifarbeiten an den Passflächen wurden im eigenen Haus ausgeführt.

Der Pivotzapfen hatte ganz zu Beginn eine flache Form, welche aber zügig durch eine Weiterentwicklung abgelöst wurde. Bei dieser war der vordere Fuß konisch abgewinkelt, dadurch zentrierte sich das ZF beim Einschwenken selber und die Wiederholgenauigkeit erhöhte sich.

Diese Änderungen wurde über sog Sperrpatente innerhalb des MfS gesichert. Über den Verbleib dieser Patente gibt es keine Hinweise. Durch den Verzicht auf eine offene Visierung konnte eine geringe Abweichung der Zielfernrohrachse zur Seelenachse des Laufes erreicht werden. Somit war eine ballistische günstige niedrige Montage möglich.

Zum Anbringen der Bohrungen auf dem Systemgehäuse wurden spezielle Lehren verwendet. Diese eigens hergestellten Werkzeuge wurde nach der Wende zusammen mit den zahlreichen Ersatzteilen an einen bekannten deutschen Ersatzteilehändler verkauft. Leider sind diese nicht mehr verfügbar.

Weiterhin gab es Einzelanfertigungen zur Aufnahme weiterer Zielfernrohre und Zielhilfen.

Authentische ZF-Schiene zur Montage von Zielfernrohren, Herstellungsjahr unbekannt – eigene Aufnahme

Das Zielfernrohr

Röntgenaufnahme des Zeiss ZF 4/S, gut zu erkennen sind die einzelnen Linsen, mit freundlicher Unterstützung Radiologie-Eisenach

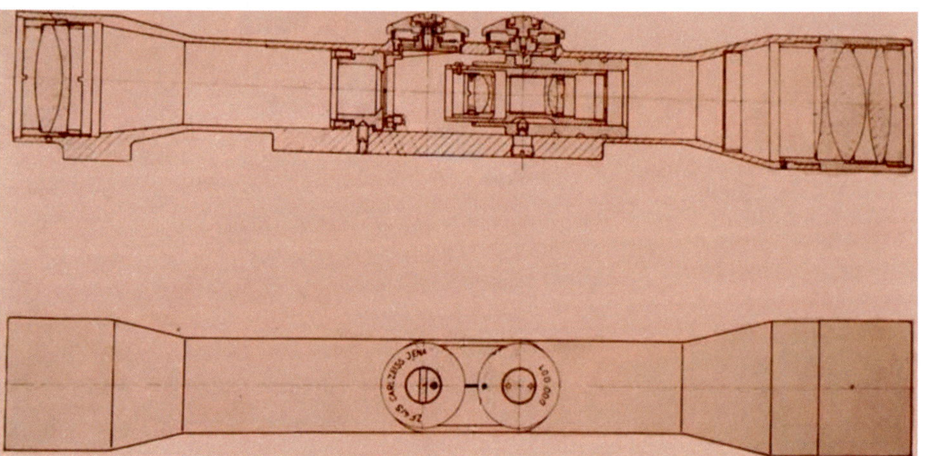

Querschnitt und Draufsicht ZF 4/S, aus Ersatzteilkatalog – Archiv des Autors

Die Visierung wurde entsprechend den Forderungen das SSG 82 als Scharfschützengewehr zu konzeptionieren ausschließlich mit einer optischen Visierung ausgestattet, d.h. es verfügt nicht über Kimme und Korn.

Auf dem weitaus größten Teil aller SSG-82 wurde das bewährte jagdliche Zielfernrohr ZF 4/S des VEB Carl Zeiss Jena montiert. Dieses besitzt ein Absehen 1 und eine vierfache Vergrößerung.

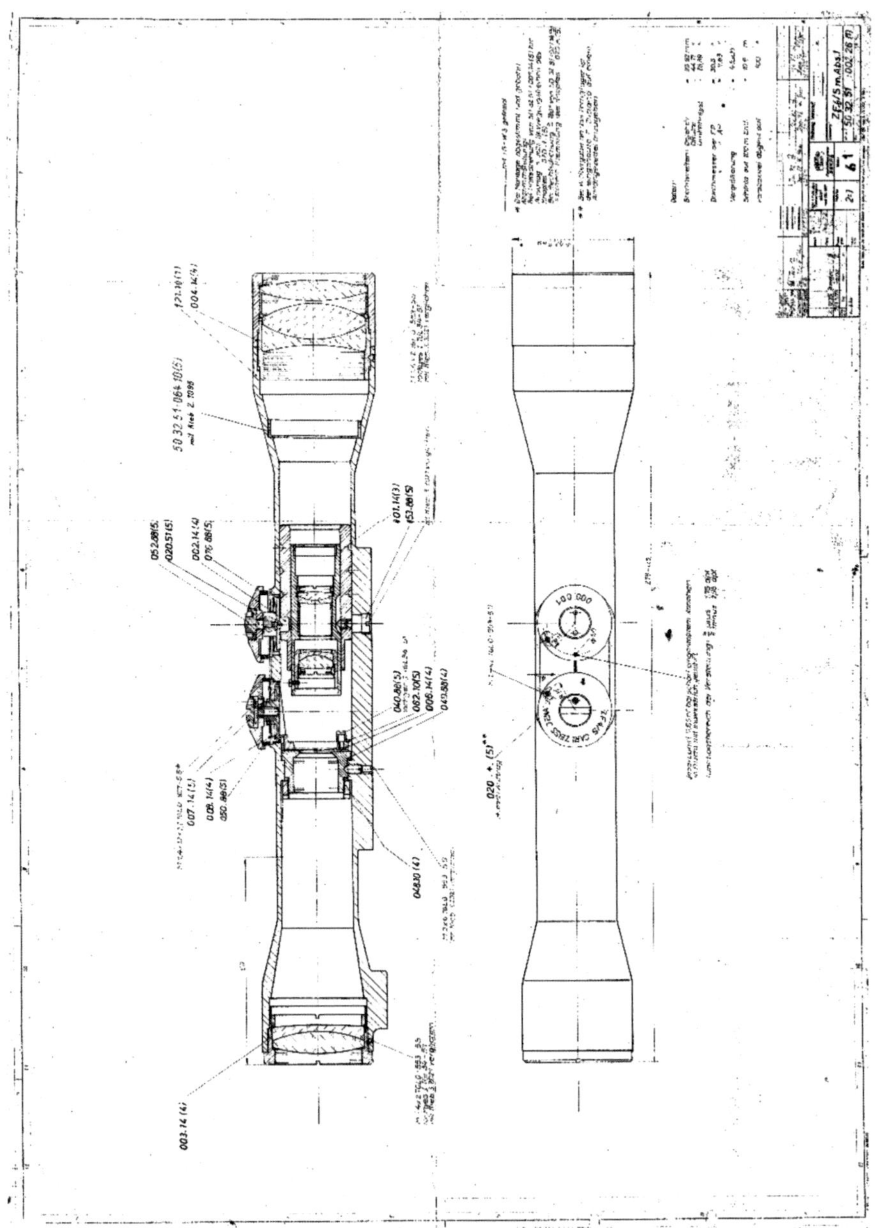

Schnittzeichnung des Zeiss ZF 6/S, mit freundlicher Genehmigung des Carl Zeiss Archiv

Blick auf das Hauptwerk VEB Carl Zeiss Jena, Jahr unbekannt – Archiv des Autors

Einzelne Gewehre erhielten auch das Zielfernrohr ZF 6/S mit einer entsprechend sechsfachen Vergrößerung. Die Zielfernrohre 4/S und 6/S sind festvergrößernde Zielfernrohre mit 9 Einzellinsen, wobei 4 Kittgruppen und eine Einzellinse verbaut sind. Eine Kittgruppe sind zwei fest miteinander verbundene Linsen.

Die ZF wurden mithilfe einer Schwenkmontage (aus dem Jagdwaffensortiment des VEB Fajas) montiert. Diese erlaubt ein schnelles Auf- und Absetzen des Zielfernrohres bei gleichbleibender Treffpunktlage. Gleichzeitig konnte durch den Verzicht auf eine offene Visierung eine geringe Abweichung der Ziellinie des Zielfernrohres zur Symmetrieachse des Systems erreicht werden und somit eine geringe Höhe des Gewehres.

Über spezielle Lehren wurden auf dem Systemgehäuse die Aufnahmelöcher gebohrt, um den Schwenkmontagesockel aufzunehmen. Die Schwenkmontage am Zielfernrohr hatte am vorderen Fuß ganz zu Beginn eine flache Form, wurde aber zügig durch eine Weiterentwicklung abgelöst. Bei dieser war der vordere Fuß konisch abgewinkelt. Dadurch arretierte sich das Zielfernrohr beim Einschwenken selber und die Wiederholgenauigkeit erhöhte sich. Diese Änderung wurde über sog. militärische Sperrpatente innerhalb des MfS gesichert. Über den Verbleib dieser Patente gibt es keine Hinweise.

Vergleich der vorderen Montageoberteile, links alte Art, rechts neue Art – eigene Aufnahme

Absehendraht – eigene Aufnahme

Das Absehen 1 ist durch einen einfachen Zielstachel gekennzeichnet. Die Abstände zwischen den Querbalken entsprechen auf 100 Meter Zielentfernung einem Breitenmaß von 70 cm, d.h. der Länge eines Rehbocks. Dadurch kann man Entfernungen im jagdlichen Bereich schätzen.
Für ein Scharfschützengewehr ist dieses Absehen weniger geeignet. Die Zielfernrohre verfügten jedoch über keine Möglichkeit der Seitenverstellung.
Dieser wurde über die Supportverstellung der Montage gewährleistet.
Nach dem Anschießen der Waffen wurde die Höhenverstellung fixiert. Lediglich eine Korrektur der Absehenschärfe, sowie eine Höhenkorrektur waren möglich.

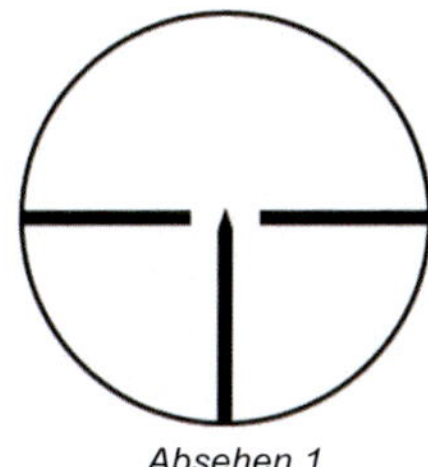
Absehen 1

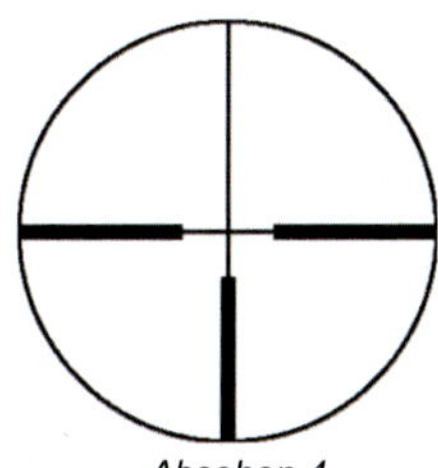
Absehen 4

In den ausgelieferten Modellen wurden je nach Verfügbarkeit die Schutzkappen – aus Leder oder Kunststoff – sowie vereinzelt die Augengummis mitgeliefert. Die Ausstattung der SSG-82 folgte keiner Kontinuität – es wurde geliefert was verfügbar war.
Schutzkappen, Klarsichtkappen, Gummiblenden standen von Beginn an als Ergänzungsausrüstung im Zentralen Artikelkatalog der Volkswirtschaft der DDR (ZAK) zur Verfügung. Das ZF 4/S kostete gemäß dem Zentralen Artikelkatalog der Volkswirtschaft der DDR (kurz ZAK) im Jahr 1976 189,– Mark, das ZF 6/S 195,– Mark.

Technische Daten

Modell	Vergrößerung	Objektiv-Durchmesser [mm]	Ø d. Austritts-Pupille [mm]	Maßzahl für Dämmerungs-leistung	Sehfeld auf 100 m Entfernung [m]	Fernrohrlänge [mm]	Durchmesser des Mittelrohrs [mm]	Durchmesser des Mittelrohrs [mm]	Durchmesser des Okularrohrs [mm]
ZF4S	4x	30,5	7,7	11	10,6	280	38,5	28,5	42,5
ZF6S	6x	30,5	5,1	13,5	7,1	280	38,5	28,5	42,5

Der Vertrieb der Zielfernrohre erfolgte über VZ-Betrieb Eisfeld[164].

Neben den Serienprodukten wurden in Suhl auch SSG-82 mit anderen Zieloptiken und Laserzielhilfen ausgestattet und erprobt.

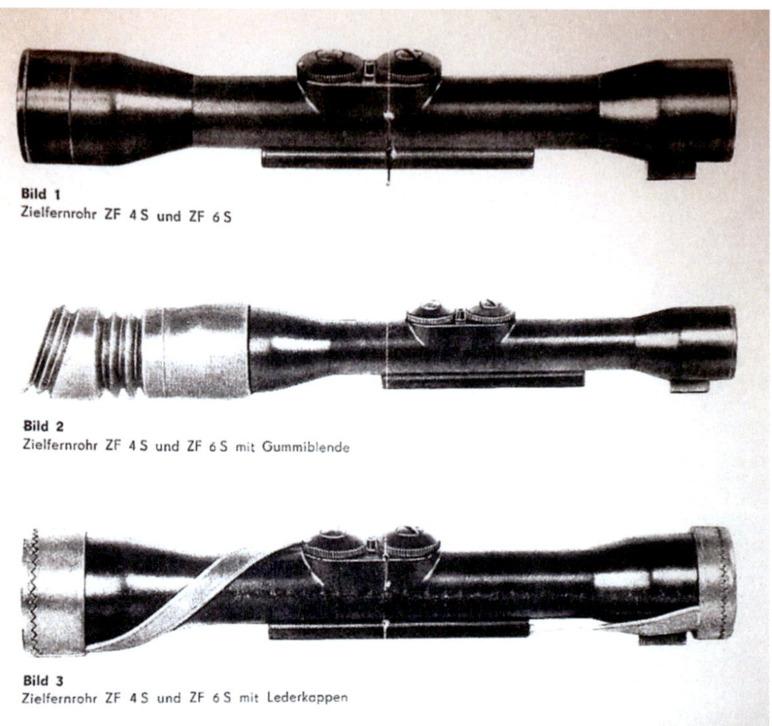

Werbeprospekt zu den ZF4/s und 6/S – zur Verfügung gestellt von Geräte-Service & Montage Harald Ros

Die Zielfernrohre ZF 4/S bzw. 6/S verfügen über keine schnelle Seiteneinstellung des Fadenkreuzes, wie moderne Zielfernrohre. Nach heutigen Maßstäben ist es für den vorgesehenen Zweck auf einer Scharfschützenwaffe ungeeignet. Für die Zeit stellte es aber ein bewährtes und sofort verfügbares Produkt dar. Eine Eigenentwicklung speziell für das SSG-82 war in Planung.

Anfang der 1980iger Jahre wurde eine neue Zielfernrohrreihe in Jena entwickelt, welche die ZF 4/S und 6/S ablösten.

Es wurden die Zielfernrohre 6x42 M, 8x56 M und 4x32 M entwickelt. Bei der neuen ZF-Reihe mit fester Vergrößerung handelt es sich um ein neues optisches System mit doppelter Absehenverstellung und zentriertem Absehen. Die doppelte Verstellung des Absehens ermöglicht die Veränderung der Treffpunktlage in horizontaler und vertikaler Richtung. Das

[164] BStU, MfS, BV Suhl SR BCD Nr. 1 S. 0037

spezielle Umkehrsystem ermöglicht es, die Verschiebung der Zielmarke im Fernrohrbild optisch auszugleichen. Die Zielmarke erscheint dadurch immer in der Mitte des Sehfeldes, auch bei nachträglicher Korrektur der Treffpunktlage.[165]
Dabei standen eine Vielzahl von verschiedenen Absehen zur Verfügung (Absehen 1, Absehen 4, Absehen 4a).

Technische Daten:	ZF 4x32 M	ZF 6x42 M	ZF 8x56 M
Vergrößerung (V):	4x	6x	8x
für Objektivdurchmesser (D) in mm:	32	42	56
Durchmesser der Austrittspupille (AP) in mm:	8	7	7
Maßzahl für die Dämmerungs-leistung (VxD) 1/2:	11,3	15,9	21,2
geometrische Lichstärke (AP):	64	49	49
Sehfeld auf 100 m Entfernung in m:	10,6	7,3	5,6
Durchmesser des Objektivrohres in mm:	38	48	61
Mittelrohrdurchmesser in mm:	26	26	26
Zielfernrohrlänge in mm:	275	321	354
Masse in g:	300	380	450

Die Strichplatte bei diesem ZF ist auf einer Glasplatte (optisches Element) in der
1. Bildebene aufgedampft. Durch diese glasgebundene Absehen konnte man auch komplexere Strichplatten verwenden, wie sie im militärischen Bereich gefordert sind.

Der VEB Carl Zeiss Jena, Werk Eisfeld sollte ein eigenes Zielfernrohr für das Gewehr entwickeln. Im Rahmen eines LVO-Auftrages war der genaue Zweck und der Zusammenhang zum Auftraggeber MfS für die Entwickler beim VEB Carl Zeiss Jena nicht ohne weiteres erkennbar. Natürlich war eine Zuordnung in den militärischen Bereich durch das neue taktische Absehen gegeben, jedoch konnten auch alle andere sog. bewaffneten Organe Auftraggeber sein. In nur geringer Stückzahl wurde ein Zielfernrohr 4 x 32 entwickelt, welches ein militärisches / taktisches Absehen erhielt und im Mittelturm über eine Höhen- und Seitenverstellung verfügte.

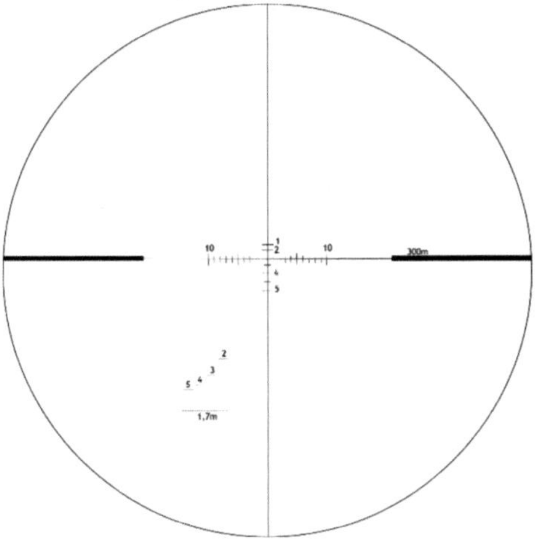

Im Gegensatz zum Absehen 1, welches durch den Absehendraht in der ersten Bildebene des Zielfernohres erstellt wird, aufgelötet, wird das taktische Absehen auf

[165] BStU, MfS, BV Suhl SR BCD Nr. 1 S. 0044

die Linsen in der zweiten Bildebene geätzt. Gekennzeichnet ist das neue Absehen durch eine Skala im linken Feld, mit dessen Hilfe eine Person verschiedenen Entfernungen zugeordnet werden kann. Ausgegangen wird von einer durchschnittlichen Körpergröße von 1,70 m. Passt die Person zwischen die äußerst rechten Balken, so ist sie 100 Meter entfernt, passt sie zwischen die äußerst linken, so ist sie 500 Meter entfernt. Außerdem sind Haltemarken in 100 Meter Schritten vorhanden. Absehenmitte ist bei 300 Meter Zielentfernung. Des Weiteren gibt es Vorhaltemarken für querbewegliche Ziele.

Diese Form militärischer Absehen wurde bereits im Zielfernrohr PSO-1 des Scharfschützengewehr Dragunow verwendet und es ist davon auszugehen, dass dieses Pate bei der Entwicklung stand.

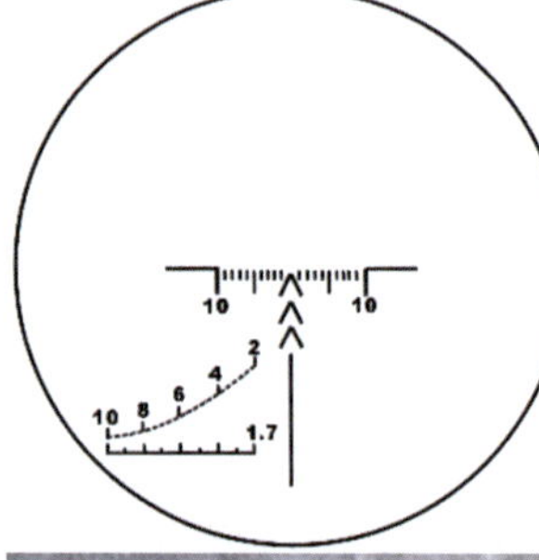

Links Absehen PSO-1

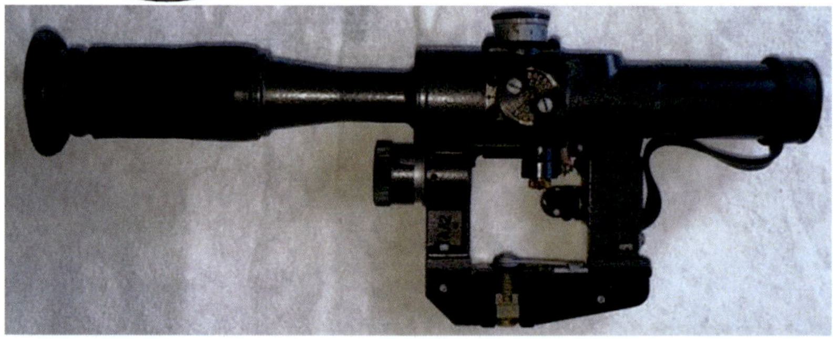

Zielfernrohr PSO-1 – eigene Aufnahme

Exkurs: Rein für den militärischen Abnehmer (NVA) wurde Ende der 1980iger speziell für die MPi AK-74 N und AKS 74 N das ZFK 4x25 bzw. ZFK 74 entwickelt. Das Zielfernrohr hatte eine Seitenmontage, welche auf eine Aufnahmeschiene an der linken Gehäusehälfte der AK-74 aufgeschoben und mithilfe eines Sperrhebels arretiert werden konnte. Das Absehen wurde in der zweiten Bildebene geätzt, da man die Strichplatte beleuchten konnte. Das ZF ist staub- und wasserdicht.

Folgende Aufgaben können erfüllt werden:

- Schießen auf Entfernungen von 100 – 1000 m
- Zielen mit beleuchteter Strichplatte in der Dämmerung
- Bestimmung der Entfernung von Zielen, deren Abmessungen bekannt sind.

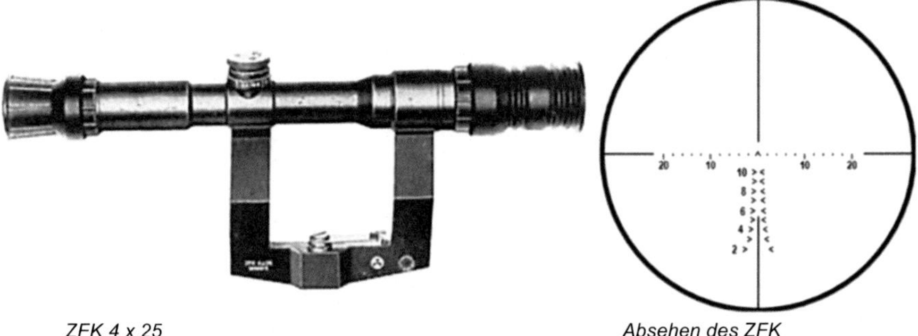

ZFK 4 x 25 *Absehen des ZFK*

Technische Daten[166]

Vergrößerung	*4 x*
Durchmesser der Eintrittspupille	*25 mm*
Durchmesser der Austrittspupille	*6,25 mm*
Sehfeld	*6° oder 10,5 m auf 100 m Entfernung (31,5 m auf 300 m Entfernung)*
Pupillenschnittweite	*≥ 65 mm*
geometrische Lichtstärke	*40*
Dämmerungszahl	*10*
Länge ohne Gummiteile	*225 mm*
Masse ohne Gummiteile	*600 g*

[166] Beschreibung und Nutzungsanleitung ZFK 4 x 25

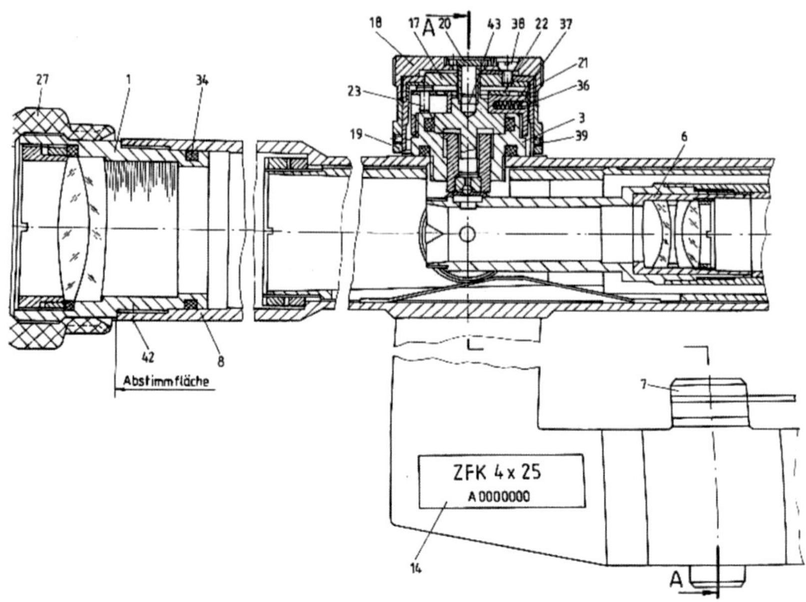

Bild 1 Zielfernrohr ZFK 4x25

1 - Objektiv; 2 - Okular; 3 - Höhenstellung; 4 - Seitenstellung; 5 - Beleuchtung; 6 - Umkehrsystem; 7 - Hebel; 8 - Hauptrohr; 9 und 37 - Druckfeder; 10 und 23 - Nippel; 11 - Kronenmutter; 12 - Anschlagschraube; 13 - Nutenstein; 14 - Schild; 15 - Klemmschraube; 16 - Stellring; 17 - Mitnehmer; 18 - Rändelring; 19 und 21 - Ring; 20 - Schraube; 22 - Anschlagscheibe; 24 - Hülse; 25 - Streulichtblende; 26 - Augenschutz; 27 - Blendschutz; 28 - Rastring; 29 - Deckel; 30, 31, 32, 33, 34 und 35 - Rundring; 36 - Kugel; 38 - Senkschraube; 39, 42 und 43 - Gewindestift; 40 - Zweilochmutter; 41 - Scheibe

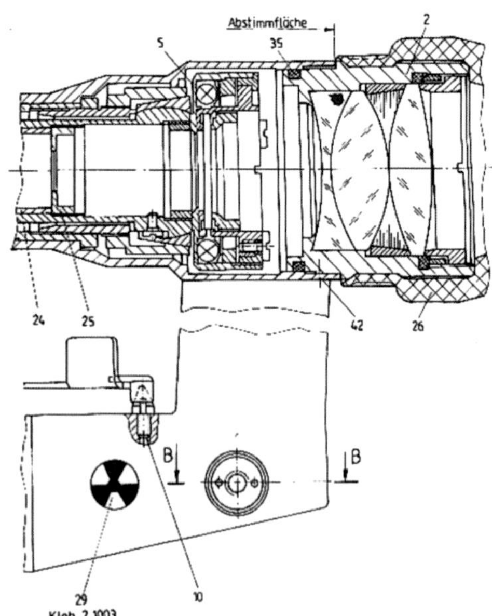

Querschnitt ZFK 4 x 25[167]

[167] A 050/1/563 Zielfernrohr ZFK 4x25 Instandsetzung v. 01.10.1990

Der Schaft

„Der Lauf schießt, der Schaft trifft!“ *Ludwig Krieghoff*

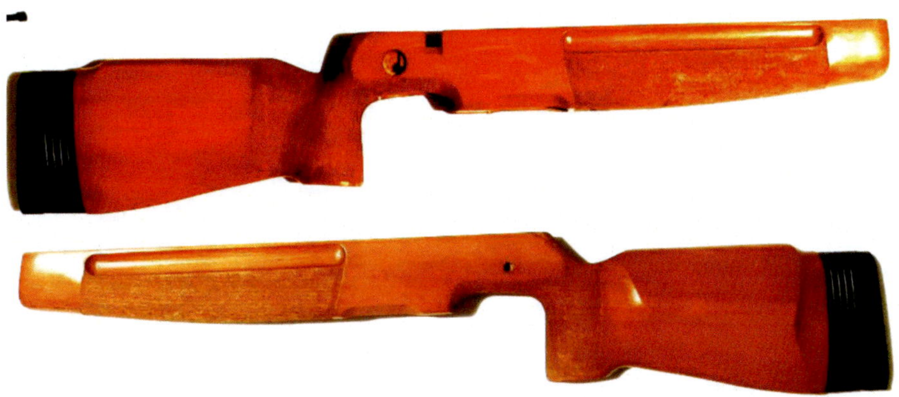

Seitenansichten Schaft SSG-82 – eigene Aufnahme

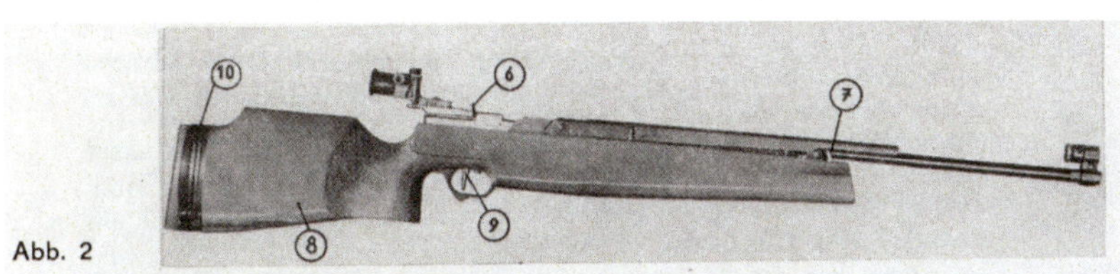

Bedienungsanleitung MLG 550, VEB Fajas

Der Schaft ist eine Eigenentwicklung, angelehnt an das Luftgewehr Modell Meisterschaftsluftgewehr (MLG) 550 und das Kleinkalibersportgewehr Modell 150, welche ebenfalls im VEB Fajas hergestellt wurden.

Schaftkappe, Führungsplatten, Zwischenplatten und Schaftkappe verstellt – eigene Aufnahme

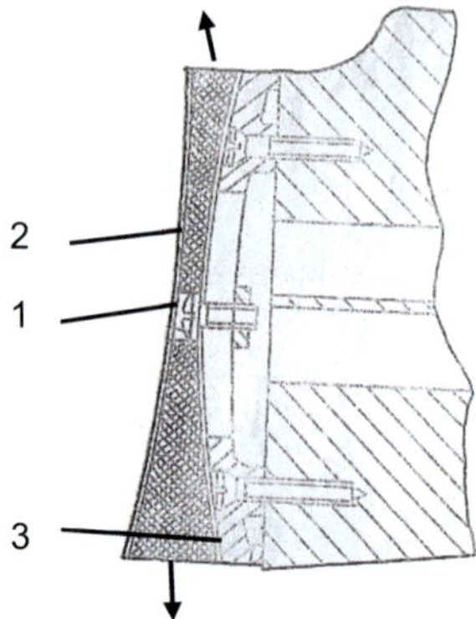

Durch Lösen der Schraube 1 läßt sich die Gummi-Schaftkappe 2 aus ihrer Normallage auf der gewölbten Führung der Halteplatte 3 annähernd 30 mm nach oben und unten verschieben

Zeichnung hinteres Schaftende mit Schaftkappe M150 – Archiv des Autors[168]

Auch die Herstellung der SSG-82 Schäfte erfolgte durch den Kooperationspartner VEB Fajas. In der Serienproduktion ist er aus Buchenholz gefertigt worden. Im Gegensatz zum Schaft des Modell 150 verzichtete man auf die UIT-Schiene unterhalb des vorderen Schaftdrittels. Es waren weiterhin nur begrenzte Änderungen notwendig, u.a. der Durchbruch für das Magazin und die Greener-Sicherung. Die Schäfte wurden entweder mit Klarlack lackiert oder ohne Lackierung ausgegeben. Es wurden aber auch vereinzelt dunkel lasierte Schäfte hergestellt. Auch dies folgte keiner Kontinuität.
Der Schaft ist geprägt durch eine sportliche Form und einem breiten geraden Vorderschaft mit Fingerrillen. Der Pistolengriff und der Vorderschaft sind punziert. Die gummierte Schaftkappe ist in Höhe und Länge verstellbar ist (+/- 20 mm). Durch Zwischenplatten ist eine Veränderung der Länge um je 6 mm möglich. Diese stammen ebenfalls aus dem FAJAS Katalog. Der Schaft ist nummerngleich zum Gewehr. Dazu ist unterhalb des Laufes die Seriennummer eingraviert.

Seriennummer des Gewehres im Schaft – eigene Aufnahme

[168] Zeichnung und Text aus Entwurf „Bedienungsanleitung für KK-Gewehr Modell 150 Standard / Modell 150 Standard-Super, Herausgeber und Jahr unbekannt“

Der Abzug

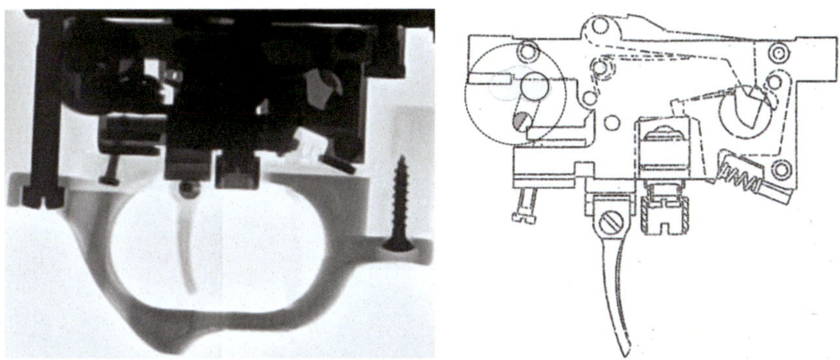

Röntgenaufnahme *Technische Zeichnung, Waffe entsichert*

Seitenansicht System mit Abzug, Magazinschacht und ZF – eigene Aufnahme

Der Abzug stammt vom Kleinkalibergewehr Modell 150 (M150) im Kaliber .22 lfB. Es handelt sich um einen Präzisionsabzugseinrichtung, mit einstellbaren Matchabzug / Druckpunktabzug. Weiterhin kann man den Druckpunktweg, den Druckpunktwiderstand, die Züngelposition zur Länge des Abzugsfingers, den Vorzugswiderstand und die Vorzugweglänge einstellen. Das Abzugsgewicht ist über eine Schraube stufenlos von 200 bis 600 P einstellbar. Alle Einstellungen kann man direkt mit einem Schlitz-Schraubendreher

vornehmen, dazu sind im Abzugsbügel Löcher vorhanden. Im Gegensatz zur sportlichen Variante beim M150 ist dieser nicht blank, sondern schwarz lackiert.

Im Gegensatz zum originalen M150 Abzug musste man beim SSG-82 auf die Einstellung des Vorzugswiderstandes verzichten, weil genau dort die Welle der Greenersicherung lag, siehe Vergleichsfotos.

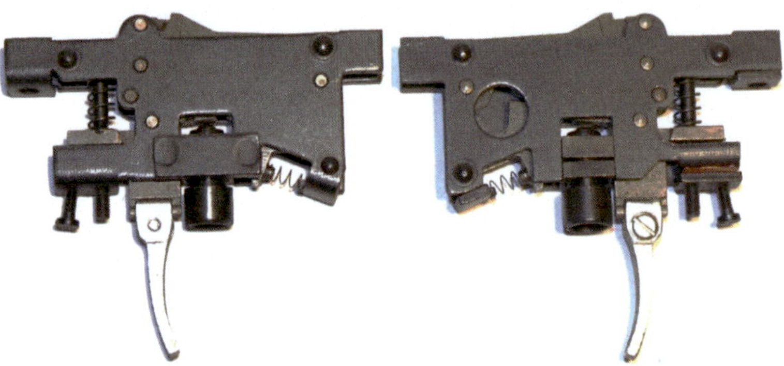

Abzug KK M150 – eigene Aufnahme

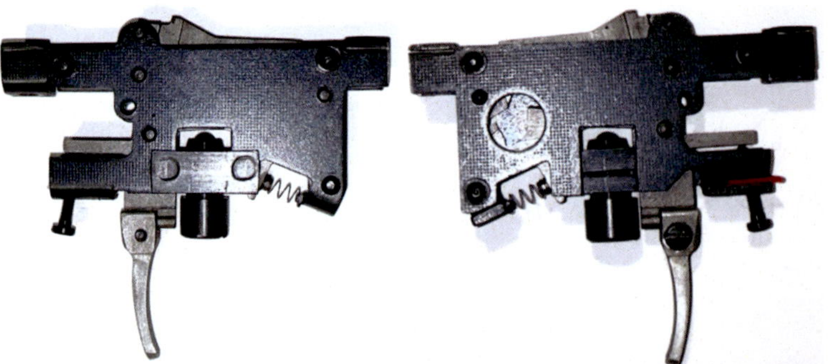

Abzug SSG-82 – eigene Aufnahme

Einzig der filigrane Abzug aus Aluminium neigt zum Abbrechen, kann jedoch innerhalb kürzester Zeit ausgewechselt werden.

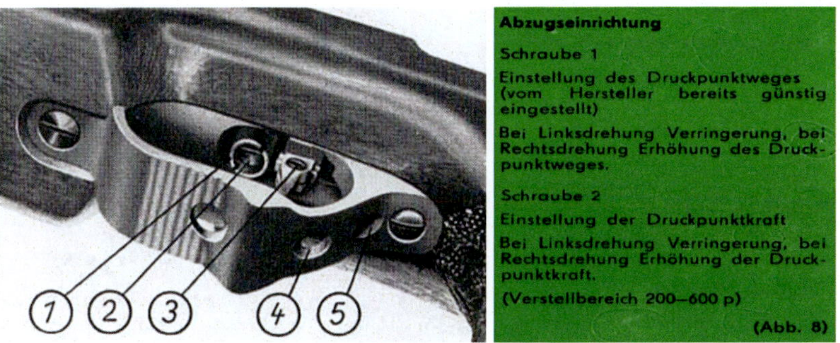

Abzugseinrichtung

Schraube 1

Einstellung des Druckpunktweges (vom Hersteller bereits günstig eingestellt)

Bei Linksdrehung Verringerung, bei Rechtsdrehung Erhöhung des Druckpunktweges.

Schraube 2

Einstellung der Druckpunktkraft

Bei Linksdrehung Verringerung, bei Rechtsdrehung Erhöhung der Druckpunktkraft.

(Verstellbereich 200–600 p)

(Abb. 8)

Bedienungsanleitung MLG 550, VEB Fajas – Archiv des Autors

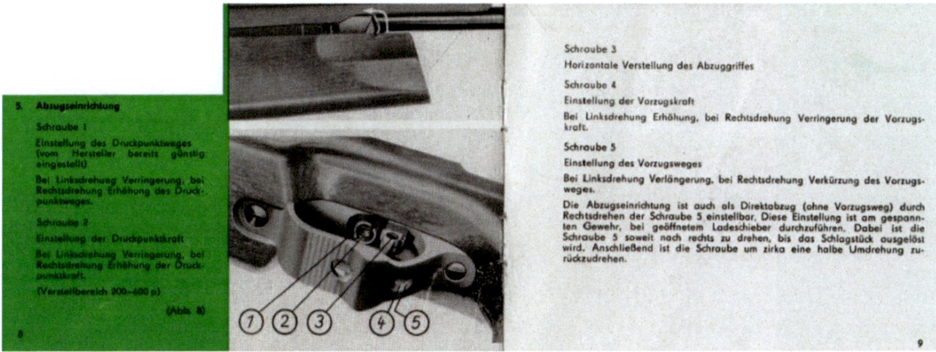

5. Abzugseinrichtung

Schraube 1

Einstellung des Druckpunktweges (vom Hersteller bereits günstig eingestellt)

Bei Linksdrehung Verringerung, bei Rechtsdrehung Erhöhung des Druckpunktweges.

Schraube 2

Einstellung der Druckpunktkraft

Bei Linksdrehung Verringerung, bei Rechtsdrehung Erhöhung der Druckpunktkraft.

(Verstellbereich 200–600 p)

(Abb. 8)

8

Schraube 3

Horizontale Verstellung des Abzuggriffes

Schraube 4

Einstellung der Vorzugskraft

Bei Linksdrehung Erhöhung, bei Rechtsdrehung Verringerung der Vorzugskraft.

Schraube 5

Einstellung des Vorzugsweges

Bei Linksdrehung Verlängerung, bei Rechtsdrehung Verkürzung des Vorzugsweges.

Die Abzugseinrichtung ist auch als Direktabzug (ohne Vorzugsweg) durch Rechtsdrehen der Schraube 5 einstellbar. Diese Einstellung ist am gespannten Gewehr, bei geöffnetem Ladeschieber durchzuführen. Dabei ist die Schraube 5 soweit nach rechts zu drehen, bis das Schlagstück ausgelöst wird. Anschließend ist die Schraube um zirka eine halbe Umdrehung zurückzudrehen.

9

Bedienungsanleitung MLG 550, VEB Fajas – Archiv des Autors

Die Sicherung

Die Drehhebel- bzw. Greener-Sicherung mit Gegenlager stammt ebenfalls aus dem Sortiment der VEB Fajas und wurde vor allem bei Jagdwaffen wie Drillingen verwendet. Der Sicherungsschieber ist auf der rechten Schaftseite angebracht und wirkt als reine Abzugssicherung. Eine im Schaft gelagerte Welle blockiert hierbei den Abzug. Die Greener-Sicherung ist eine nicht automatische Sicherung.[169] D.h. der Zustand der Sicherung bleibt solange erhalten, bis man ihn manuell umstellt.

Ausgebaute Greenersicherung – eigene Aufnahme

Zeigt der Sicherungshebel in Schussrichtung, so ist die Waffe entsichert und die rote Markierung sichtbar.

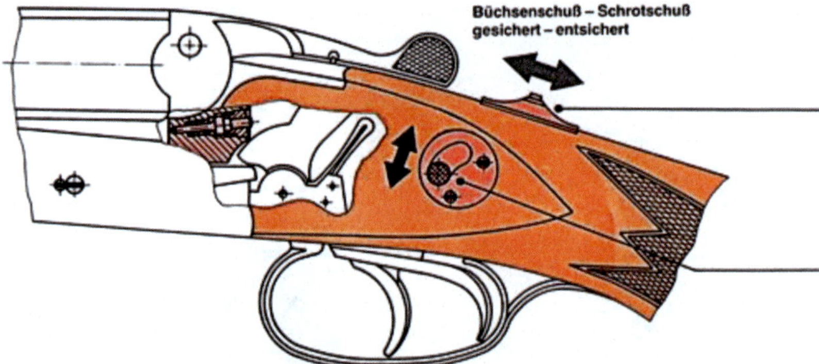

Einsatz Greener-Sicherung bei Jagdwaffen, Prospekt VEB Ernst Thälmann Suhl

---

[169] Jagdwaffenkunde von Barthold, 8., Auflage, HUSS Medien GmbH S. 110

Das Reinigungsgerät RG 57/6[170]

Hierbei handelt es sich um das standardmäßige Reinigungsgerät, welches für die Kalaschnikov AK-74 bestimmt war. Es beinhaltet den Pinsel, den Reinigungsaufsatz, die Ölbürste, die Reinigungsbürste, den Schraubendreher / Multifunktionswerkzeug, den Dorn, den Ölbehälter und die Reinigungsschnur mit Laufgewicht. Außerdem gehören zum Reinigungsgerät Reinigungsdochte und Reinigungslappen.

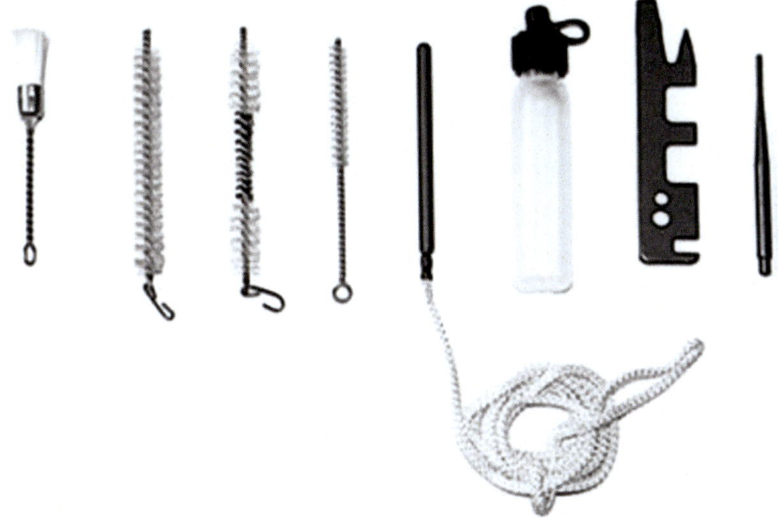

Reinigungsgerät RG 57/6[171]

[170] Bezeichnung gemäß der Bedienungsanleitung
[171] Aufnahme des Autors

Nummerngleichheit

Die Nummerngleichheit beim SSG-82 ergibt sich aus folgenden beschrifteten Komponenten:

Systemhülse

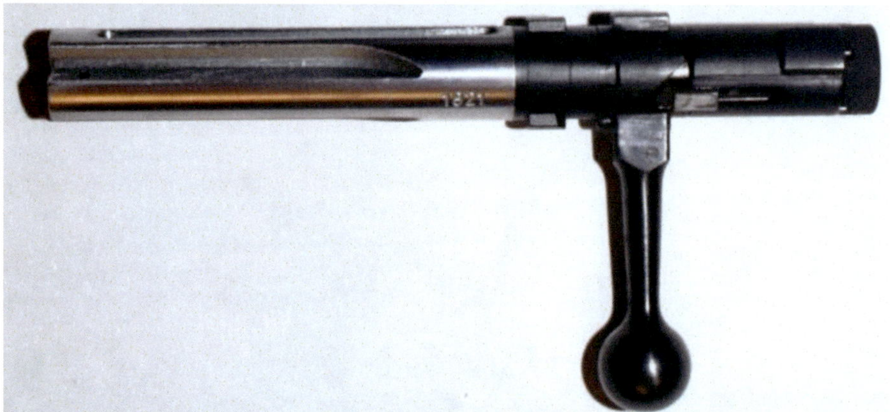

Verschluss

Zielfernrohr Unterseite

Schaftoberseite, unterhalb des Laufes

Magazinschacht

Nichts destotrotz kann durch Instandsetzungsmaßnahmen oder den Defekt einzelner Komponenten (z.B. Zielfernrohr) ein Austausch dieser erforderlich gewesen sein. Dies lässt sich aber heute nicht mehr feststellen. In der Regel sind die SSG-82 in einen nummerngleichen Zustand eingelagert und später in den Handel gekommen. Je nach Angebot waren die Waffen weiter mit dem originalen Zielfernrohrbehälter aus Pappe (samt Zielfernrohrschutzkappe, Garantieschein, Werkstättenverzeichnis und Bedienungsanleitung), einem kleinem Trefferbild und der Waffenzustandskarte ausgeliefert. Die Zielfernrohrschutzkappen waren aus Leder oder aus Kunststoff.

Das Testprogramm

Im September 1983 wurde mit der Realisierung des Testprogramms für das SSG-82 begonnen. Entsprechend den Festlegungen des Jahresarbeitsplanes der Abteilung BCD wurde im Zeitraum Oktober – November 1983 ein Testprogramm mit Fertigungsmustern des SSG-82 in ausgewählten Diensteinheiten durchgeführt. Ziel war die Vorstellung des neuen Gerätes in den Diensteinheiten und die Prüfung der Waffe in den Diensteinheiten selbst auf Handhabbarkeit, Trefferleistung und andere Leistungsparameter. Dreizehn SSG-82 mit je 540 Patronen standen zu diesem Zeitpunkt für die Erprobung zur Verfügung.

Folgende Diensteinheiten erhielten das neue Gewehr zum Testen:

- AGM/S 3 Stück 1620 Schuss Munition
- HA II 2 Stück 1080 Schuss Munition
- HA VI 2 Stück 1080 Schuss Munition
- Abteilung 22 2 Stück 1080 Schuss Munition
- HA PS 2 Stück 1080 Schuss Munition
- Abteilung BCD 2 Stück 1080 Schuss Munition[172]

[172] BStU, MfS, BCD Nr. 2890 S. 0071 ff

Abteilung Bewaffnung
und Chemischer Dienst
Leiter

Berlin, 12. September 1983
eng-ha 1575 /1983

BStU
000082

Arbeitsgruppe des Ministers
Bereich "S"

Zur Ausrüstung spezieller Kräfte gemäß Befehl 1/81 des Genossen Minister wurde durch meine Diensteinheit ein Scharfschützengewehr entwickelt und gebaut.

Es wurde festgelegt, zwei Gewehre aus der Musterproduktion Ihrer Diensteinheit zur Erprobung zu übergeben, damit in Ihrem Bereich entsprechend Ihrer speziellen Einsatzbedingungen die Geräte geprüft bzw. getestet werden.

Ich bitte Sie, einen verantwortlichen Mitarbeiter zur Einweisung und Übernahme der Geräte festzulegen und namentlich bis zum 21. 9. 1983, 12.00 Uhr, an den Genossen Major Engelbrecht, Tel. 53845, melden zu lassen.

Die Vorstellung und Übergabe der Geräte erfolgt am 23. 9. 1983 in einem Objekt meiner Diensteinheit.

Treffpunkt: Dienstobjekt Hohenschönhausen, Freienwalder Straße 15,
9.00 Uhr.

Ich bitte Sie anzuweisen, daß in hoher Qualität die Forderungen des Testprogramms in Ihrer Diensteinheit erfüllt werden.

Anlage
Testprogramm

Voigt
Oberst

Anschreiben der Abteilung BCD an die Abteilungen die am Testprogramm teilnehmen sollten, hier AGM/S [173]

[173] BStU, MfS, BCD Nr. 2890 S. 0082

Abteilung Bewaffnung
und Chemischer Dienst
UA Produktion

Suhl, den 26.08.1983
ri-li

Aufgaben zum Testprogramm SSG 82

Bei der Durchführung des Testprogramms zum SSG 82 sind vom Schützen folgende Schwerpunkte zu beachten und einzuschätzen:

- Lage der Waffe beim Anschlag
- Anpaßmöglichkeiten der Waffe auf den Schützen (wie zum Beispiel Augenabstand, Druckpunktlage, Abzugsgewicht, Glaseinstellung usw.)
- Handlichkeit, Zeit bis zur Herstellung der Feuerbereitschaft
- Verhalten der Waffe beim Schuß
- Funktionssicherheit der Waffe, besonders
  - . der Sicherung
  - . der Patronenzuführung
  - . beim Ausziehen der Patronenhülse
  - . beim Durchschlagen des Zündblättchens beim Schuß
  - . der Zielfernrohrmontage
- Trefferleistung der Waffe (Einschätzung von negativen Einflüssen auf die Trefferleistung)
- Handhabung des Magazins beim Füllen, Einführen und Herausnehmen aus der Waffe
- Reinigungs- und Wartungsmöglichkeiten
- Verschleißerscheinungen, besonders
  - . der Oberflächen an Lauf und Hülse
  - . der Berührungsflächen Verschluß / Hülse
- Festsitz der Verbindungselemente, besonders der Verbindung System/Schaft
- Vor- und Nachteile des SSG 82 gegenüber anderen vergleichbaren Waffen
- Finish der Waffe, darunter die Eignung des SSG 82 in der Deckung
- Sonstige Hinweise und Vorschläge

Leiter der Unterabteilung
i.V. [Unterschrift]
Ortlepp
Oberleutnant

Ziele des Testprogramm [174]

[174] BStU, MfS, BCD Nr. 2890 S. 0075

Die Abteilung BCD gab folgende Übungen für das Testprogramm vor:

Variante 1

Ziel:	Internationale Pistolenscheibe
Zielentfernung:	100 m
Anschlagart:	liegend aufgelegt
Serien:	15 Serien zu je 10 Schuss

Variante 2

Ziel:	Anschußscheibe
Zielentfernung:	100 m
Anschlagart:	liegend aufgelegt
Serien:	20 Serien zu je 10 Schuss

Variante 3

Ziel:	Ringscheibe Nr. 4
Zielentfernung:	200 m
Anschlagart:	liegend aufgelegt
Serien:	15 Serien zu je 10 Schuss

Zum Gewöhnen an die Handhabung der Waffe konnten 40 Schuss in beliebiger Anschlagart verschossen werden.

Die Reihenfolge der Übungen war unbedingt einzuhalten und auf den Schießständen mit für den Schützen bestmöglichen Bedingungen durchzuführen.
Außerdem sollten zwischen den Serien eine Pause von 5 – 10 Minuten eingehalten werden.
Nach 40 Schuss war die Waffe zu reinigen, besonders der Lauf und die Stoßfläche der Kammer.

Nach jeder Serie war eine Auswertung vorzunehmen:
- Lage der Waffe im Anschlag
- Anpassmöglichkeiten der Waffe an den Schützen (Augenabstand, Druckpunktlage, Abzugsgewicht, Glaseinstellung)
- Handlichkeit, Zeit bis zur Herstellung der Feuerbereitschaft
- Verhalten der Waffe beim Schuss
- Funktionssicherheit der Waffe, besonders
    - der Sicherung
    - der Patronenzuführung
    - beim Ausziehen der Patronenhülse
    - bei der Zielfernrohrmontage
- Einschätzung der Trefferleistung durch Vorlage der Scheiben
    - Variante 1
      Scheiben der Serie 11 und 15
    - Variante 2
      Scheiben der Serie 1 – 20 in vornummerierter Reihenfolge

- Variante 3
  Scheibe der Serie 11 – 15
- Einschätzung der Handhabung des Magazins beim Füllen, Einführen und Herausnehmen aus der Waffe
- sowie Reinigungs- und Wartungsmöglichkeiten

Die Schützen hatten in einer kurzen Einschätzung die Handhabbarkeit und Leistung der Waffe zu charakterisieren, Fehler und Mängel die bei Test aufgetreten darzulegen sowie Hinweise und Vorschläge im Interesse einer hohen Einsatzbereitschaft der Waffen der Abteilung BCD mitzuteilen. (max. 2 A4 Seiten)

Frage 1 Handhabung der Waffe
Frage 2 Anpassungsmöglichkeiten der Waffe an den Schützen
Frage 3 Lage der Waffe im Anschlag
Frage 4 Verhalten der Waffe beim Schuss
Frage 5 Aufgetretene technische Mängel

Am 23.09.1983 wurde das SSG-82 den obengenannten teilnehmenden Diensteinheiten im Dienstobjekt Hohenschönhausen, Freienwalder Straße 15 vorgestellt und übergeben.

Ehemaliges Dienstgebäude der Abteilung OTS in der Freienwalder Straße 15, Hohenschönhausen in Berlin, im linken Gebäude hatte die Abt BCD zwei Etagen zur Verfügung – eigene Aufnahme

Die Rücknahme der Waffen und der Unterlagen (Schießscheiben, Einschätzung, Bemerkungen) von den jeweiligen Dienststellen an die Abteilung BCD sollten bis zum 15.12.1983 realisiert werden.

Am Beispiel der Diensteinheit XXII soll der Ablauf der Testphase beschrieben werden:

Die einzelnen Diensteinheiten hatten einen Verantwortlichen an die Abteilung BCD namentlich zu melden, welcher am 23.09.1983 an der Vorstellung und Übergabe der Testwaffen in Hohenschönhausen teilnahm. Die Diensteinheit XXII bekam 3 SSG-82 (Seriennummer 22, 23, 24) und 1620 Schuss 5,45 x 39 mm aus sowjetischer Fertigung. Die Tests wurden vom 12.10. – 14.10.1983 durchgeführt.

Im Folgenden soll die Gesamteinschätzung für die drei Waffen wiedergegeben werden:

<u>Einschätzung der Waffe SSG-82</u>
Die Erprobung der Waffen wurde an drei aufeinanderfolgenden Tagen, nach den vorgegebenen Testprogramm durchgeführt. Für jedes Gewehr wurde ein Schütze mit entsprechender Ausbildung und Fähigkeit eingesetzt.
Die Schützen, zwei Rechts- und ein Links-Schütze, wurden vor dem Schießen in die Funktion und Handhabung der Waffen eingewiesen. Nach der Erprobung wurde von jedem Schützen eine Einschätzung seiner Testwaffe vorgenommen.

1. <u>Handhabung der Waffe</u>
   Die Waffe ist einfach und leicht zu handhaben. Der geringe Abzugswiderstand gestattet eine konzentrierte Schußabgabe und verringert die Gefahr des Verreißens wesentlich.
   Das Laden und Sichern bzw. Entsichern geht unkompliziert und schnell. Füllen und Einführen des Magazins ist problemlos, wogegen die Entnahme oft dadurch erschwert wird, weil das Magazin nicht weit genug hervorkommt. Seitliche Aussparungen am Magazinschacht zum sicheren Erfassen, würden den Vorgang des Magazinwechsels wesentlich verbessern. Die Magazinsperre ist gut zu erreichen und sicher zu handhaben, führte aber durch ungewollte Betätigung beim Auflegen der Waffe einige Male zu Funktionsstörungen beim Ladevorgang.
   Bei der Reinigung der Waffe, die wenige Handgriffe erfordert, kann es zu einem unbemerkten Verdrehen zwischen Kammer und Kammergriff kommen. Die Ursache der damit verbundenen Funktionsstörungen ist nicht von jedem zu erkennen. Bei der Unterweisung der Schützen ist dieser Umstand zu berücksichtigen.

2. <u>Anpassungsmöglichkeiten der Waffe an den Schützen</u>
   Die Grundmaße und Form des Schaftes ermöglichen Schützen mit normalen Körpermaßen einen schnellen Anschlag und eine bequeme Handhabung. Auch dem Linksschützen bereitet die Schaftform keine Schwierigkeiten. Durch die Zwischenscheiben und der verstellbaren Schaftkappe ist es möglich, die Waffe auch auf Schützen mit verschiedenen Körpermaßen anzupassen. Diese Möglichkeit sollte auch für die Länge des Pistolengriffes geschaffen werden. Die jetzige Länge ist für Schützen mit großen Händen zu kurz.
   Die Seitenverstellung der Zieloptik verlangt ein gewisses Fingerspitzengefühl, eine zusätzliche Seitenverstellung an der Optik wäre günstiger, ebenso die

Verstellmöglichkeit in Längsrichtung, um den Augenabstand richtig einstellen zu können.

3. Lage der Waffe im Anschlag
Die Lage der Waffe im Anschlag ist gut. In der Liegendstellung lässt sich gut und bequem nachladen. Die breite Auflagefläche des Vorderschaftes gibt der Waffe eine stabile Lage. Ungünstig ist die glatte Fläche des Vorderschaftes. Ein seitliches Punzen und ein eingelassener Gummistreifen (Schuhsohlengummi) an der Unterseite würden die Waffe griffiger und bei glatten Auflagen (z.B. Fensterrahmen) rutschsicherer machen. Auch könnte der Kolben der Waffe etwas schmaler und der Pistolengriff etwas länger gehalten werden. Die Schaftlänge ist gut und lässt sich durch die Zwischenstücke bzw. der verstellbaren Schaftkappe individuell an die Körpermaße des Schützen anpassen. Schwierigkeiten bereitete der Abstand zur Optik, sie ist zu weit hinten angebracht. Gegen eine Blendwirkung durch die Sonne, wäre eine Zielfernrohr-Lichtschutzblende aus Gummi günstig.

4. Verhalten der Waffe beim Schuss
Das Verhalten der Waffe beim Schuss ist sehr gut. Der geringe Abzugswiderstand und der Druckpunkt erlauben ein gefühlvolles, leichtes Abdrücken des Abzuges. Die gute Lage der Waffe, der geringe Rückstoß und das schnelle Nachladen ermöglichen eine leichte, schnelle Wiederaufnahme des Zieles.

5. Aufgetretene technische Mängel
- Versager, Zündhütchen der Patrone wurde beim ersten Mal nur angestochen
  2 x Waffe Nr. 23 (Schuss Nr. 298 und 487)
  5 x Waffe Nr. 24 (Schuss Nr. 74, 92, 141, 319 und 347)

- Verschmutzung des Stoßbodens und der Auszieherkralle durch Backreste der Hülse

- Hintere Befestigungsschraube der Waffe Nr. 23 locker (ca. 250 Schuß)

- Funktionsstörung bei der Zuführung der Patrone (nur bei Verwendung der Reservemagazine)
  6 x Waffe Nr. 22 (Reservemagazin Nr. 16)
  3 x Waffe Nr. 24 (Reservemagazin Nr. 11)

- Selbstständiges Verstellen der Sicherung (nach ca. 250 Schuss bei allen drei Waffen)
  Ergebnis: Verstärkter Abzugswiderstand, Verschiebung des Druckpunktes und teilweise vorzeitiges Brechen des Schusses. Nach Erkennen der Ursache wurde die Sicherung provisorisch festgeklemmt.

- Lockerung der Verriegelung (Verschlusshebel) des hinteren Fernrohrfußes (nach ca. 120 Schuss bei der Waffe Nr. 24)

Aufmerksam geworden durch starke Rechtsabweichungen, wurde die Waffe überprüft und die Störung beseitigt. Ein Neuanschießen wurde erforderlich. Im späteren Verlauf des Schießens wurde der Hebel alle 10 Schuss neu festgedrückt.

Veränderungsvorschläge:

- Anbau eines Trageriemens, damit die Waffe auch über der Schulter getragen werden kann
- Seitliche Aussparungen am Magazinschacht, um das Erfassen des Magazins besser zu ermöglichen
- Schutz der Magazinsperre gegen unbeabsichtigtes Betätigen beim Auflegen der Waffe
- Verlängerung des Pistolengriffes und schmalerer Kolben
- Seitliches Punzen des Vorderschaftes und Einarbeitung eines Gummistreifen an der Unterseite zur Verbesserung der Griffigkeit
- Verbesserung der Arretierung der Sicherung
- Leichtes Abkröpfen des Kammerstengels
- Verlegen des Zielfernrohres nach vorn (ca. 20 bis 30 mm) bzw. Schaffung einer Verstellmöglichkeit in Längsrichtung
- Verwendung einer Zielfernrohr-Lichtschutzblende aus Gummi

Die Einschätzung der Waffe ist eine Gesamteinschätzung, die aus den drei Einzeleinschätzungen erarbeitet wurde.

Weitere Auszüge aus den Einzeleinschätzungen:

Der Ladehebel/Kammerstengel am Schloss müsste etwas in Richtung Waffe gebogen werden, ähnlich wie beim SSG 69, denn beim Transport im Kontainer *{Schreibweise aus Testbericht übernommen}* stößt er zu weit von der Waffe ab.

Durch Verwenden eines Distanzstückes bzw. Gummi an der Optik, wird das Zielen bei Witterungseinflüssen, wie Regen, Schnee oder seitliche Sonneneinstrahlung, nicht beeinflusst.

Es wäre sehr gut, wenn ein Distanzgummi, wie beim SWD *{SSG Dragunow}* an die Optik angebracht wird, da sie leicht durch Staub und Regentropfen verschmutzt.

Am Schaft könnten aber noch 2 bis 3 Distanzstücke angebracht werden, da ich im Anschlag immer etwas mit dem Kopf zurückmusste und somit die Waffe nicht mehr fest in der Schulter lag.

Änderung des Magazinsperrhebels:

- ähnlich wie bei Pistole Makarow oder
- seitlich verlegen oder
- tiefer einbringen.

Die Lackierung der Patronen. Der Stoßboden verschmutzt zu sehr.

Die Verbesserungen / Weiterentwicklung

Das SSG-82 sollte in seiner heute bekannten Form nicht das Endprodukt seiner Entwicklung darstellen. Stetig flossen Verbesserungen in die Produktion ein. Beispielhaft sei hier die Verbesserung der Systemauflage im Schaft von 1986 dargestellt.

Abteilung Bewaffnung
und Chemischer Dienst
Unterabteilung Produktion

Suhl, 30. Juni 1986
schn-kü 373/86

bestätigt:
Offizier für Sonderaufgaben

V o r s c h l a g
zur Verbesserung der Systemauflage im Schaft

Zur besseren Auflage des Systems im Schaft wurden verschiedene Varianten durchdacht, um die günstigste Möglichkeit für eine technologische Änderung im Produktionsprozeß sowie für eine mögliche Nachrüstung zu erstellen.
Der Vorschlag für eine veränderte Auflage des Systems im Schaft bezieht sich auf das vorgelegte Muster.
Hierbei wird die hintere Bohrung für die Schaftschraube genutzt, um eine Hülse einzusetzen.
Diese Hülse ist längs geschlitzt sowie an der oberen Seite nochmals geschlitzt, um einen festen Sitz im Schaft zu garantieren.
Weiterhin wird die Auflagefläche des Systems auf der Hülse mit dem entsprechenden Radius versehen, um eine gute Auflage des Systems zu erreichen.
Durch den Einsatz dieser Hülse wird ein Absenken des Systems im Schaft eingeschränkt.
Die Funktion der Sicherung wird wesentlich stabilisiert, da sich der Abstand zwischen Abzugseinrichtung und Greenersicherung nicht verändert.
Diese Variante wurde aus 3 weiteren Möglichkeiten ausgewählt und ist für den technologischen Ablauf in der Produktion und für eine mögliche Nachrüstung der bereits gefertigten Geräte günstig anwendbar.
Zum Einsatz sind folgende Punkte notwendig:

- Erarbeitung einer günstigen technologischen Variante
- Bau einer Vorrichtung zum Bohren der Schaftbohrung
- Bereitstellung des entsprechenden Materials für die zum Einsatz kommende Hülse (geschweißtes Stahlrohr, Abmessungen 9 x 1,2 mm TGL 14100)

BStU 000102

Die weiteren Varianten bestanden darin

- eine seitliche Auflagefläche im Schaft einzusetzen
- im hinteren Teil des Schaftes eine Auflagefläche im Schaft einsetzen
- durch Zurücksetzen der Hülse im Schaft um ca. 5 mm, damit die Auflagefläche im Bereich der hinteren Schaftschraube vergrößert wird

Die ersten beiden Möglichkeiten sind entsprechend des technologischen Einsatzes günstig innerhalb der Produktion einsetzbar.
Der Nachteil besteht darin, daß sich beide Auflageflächen bei der Schußbelastung nach wie vor ins Holz eindrücken und somit keine stabile Lage des Systems erreicht wird.
Die 3. Möglichkeit erfordert einen hohen technologischen Aufwand und wäre für eine Nachrüstung der bereits gefertigten Teile nicht nutzbar.

Referatsleiter 2

Die vorgeschlagene Variante zur Veränderung der Systemauflage im Schaft stellt eine Qualitätsverbesserung dar, mit deren Hilfe ein wesentlicher Funktionsmangel am SSG 82 beseitigt werden kann. Durch den HSB auf dem Gebiet der materiell-technischen Sicherstellung wird bis zum 20. 8. 1986 geprüft, wie die Beschaffung des erforderlichen Stahlrohres gesichert werden kann. Auf dieser Grundlage werden die Aufgaben zur Technologie und zum Vorrichtungsbau festgelegt.
Die mögliche Einführung in den Fertigungsprozeß wird auf der Grundlage der materiellen Sicherstellungsmöglichkeiten planmäßig vorgenommen.
Die möglichen Aufgaben zur Nachrüstung bereits ausgelieferter Geräte ist gesondert abzustimmen und auf der Grundlage von planmäßigen Instandhaltungsaufgaben zu realisieren.
Dem Vorschlag zur Veränderung der Schaftauflage wird zugestimmt.

Leiter der Unterabteilung

Verbesserung der Systemauflage im Schaft[175]

1984 fiel auf, dass es beim Schießen mit dem SSG-82 zu Hülsenreißern kommen konnte. Daraufhin wurde am Objektschießssstand Röntgental ein Testschiessen veranlasst. Hierbei wurde das SSG-82 Nr. 0001 (Mustergerät) und das SSG-82 Nr. 0295 aus der laufenden Produktion 1984 mit Patronen aus DDR-, sowie aus SU-Produktion beschossen. Ergebnis der Untersuchung war, dass es aufgrund der Toleranzen bei der Munition, vor allem aus

[175] BStU, MfS, BCD Nr. 2890 S. 000101–000102

DDR-Produktion, sowie der Toleranzen der Patronenlager und Verschlussabstände zu Hülsenreißern gekommen ist. Die Untersuchung zeigte, dass Hülsen aus SU-Produktion zu diesem Zeitpunkt genauer gefertigt waren. Teilweise konnte das Schloss nach dem Schuss nicht mehr repetieren und musste mithilfe eines Gummihammers bewegt werden.[176]

Bei weiteren Testschießen wurden, trotz guter Trefferbilder mit einem Streukreis von 4 – 6 cm, regelmäßig die Zündhütchen durchgeschlagen, sowie der Verschluss nur unter Kraftanstrengung repetiert werden. Des Weiteren wurden die Hülsen nicht ausgeworfen.

BSTU
0115

Abt. BCD
Ref. Sonderaufgaben
HSG WT

Berlin, 21. 9. 1984

Bericht über durchgeführte Überprüfungsschießen von SSG - 82
der Waffen Nr. oo68, oo98, o1oo, o115, und o124 .

Das Überprüfungsschießen wurde durchgeführt von Oltn. ████████
und Ltn. ████████.im Objekt Röntgenthal am 21. 9. 84

Bei den Überprüfungsschießen wurde mit Munition SU - Produktion
1977 und DDR - Produktion geschossen.

Bei beiden Munitionsarten wurden gute Trefferbilder erziehlt.
Die Treffer der einzelnen Waffen lagen in einen Trefferkreis
von 4 - 6 cm.
Die Treffgenauigkeit war bei den Waffen unterschiedlich.
Des weiteren konnte der Verschluß nach jeden Schuß nur unter
großen Kraftaufwand bei allen Waffen geöffnet werden.

Bei drei Waffen wurde nach jeden Schuß das Zündhütchen durchschlagen,
und bei einer Waffe die Hülse nicht ausgeworfen.

Bei zwei Waffen ist der Abzugsweg zu lang und hat zwei Druckpunkte.
Bei einer Waffe werden die Patronen unregelmäßig zugeführt.

Mängel an den Waffen siehe Aufstellung:

Waffen Nr.	Treffpunktlage	Munition, Zündhütchen durchschlagen	Mängel
oo68	1o cm links	DDR 1,2	- 1,6
o115	4 cm rechts	SU u. DDR 1,6	Abzugsweg zu lang 1,7 wirft nicht aus
o124	1o cm links 1o cm hoch	- 1,7	- 1,5
oo98	1o cm rechts	SU u. DDR 1,8	Abzugsweg zu lang 1,9
o1oo	1o cm rechts 1o cm tief	- 1,8	führt unregelmäßig zu 1,6

████████ Hptm.

Auszug aus dem Bericht vom Testschiessen[177]

Auch der anfällige Auszieher wurde testweise durch eine breitere Variante ersetzt. Die Auszieher wurden jedoch über das VEB Fajas bezogen, so dass es wirtschaftlicher und

[176] BStU, MfS, BCD Nr. 4164 S. 107 ff
[177] BStU, MfS, BCD Nr. 4164 S. 0115

einfacher war Ersatzauszieher in ausreichender Anzahl bereitzustellen. Es sollte weiter eine Magazinaussparung zur Verbesserung der Magazinentnahme geschaffen werden, wie es auch nach dem Testprogramm gefordert wurde.

Neben reinen Verbesserungen am Modell sollten aber auch Weiterentwicklungen vorangetrieben werden. Die Aufgaben und Zielstellung der Weiterentwicklung werden im Dokument „Zuarbeit zur Erzeugnisentwicklung bis 2000“ dargestellt. Aufgrund der geänderten Zielstellungen und Aufgaben für den Schutz der Mitarbeiter und Objekte des MfS, sollte auch das SSG-82 weiterentwickelt werden.

Zuarbeit zur Strategie der Erzeugnisentwicklung bis 2000

- nur für Bewaffnung und Munition

A1 Zielstellung und Aufgaben der Strategie

Es sind folgende Aufgaben materiell-technisch abzusichern

I. - Schutz der Mitarbeiter und Objekte des MfS in Frieden und unter veränderten Lagebedingungen, d.h.

a) individueller Selbstschutz von außerhalb von MfS-Objekten befindlichen Mitarbeitern mit Pistole und Munition geeigneter Kampfkraft (Treffsicherheit und Stoppwirkung auf 50 m) mit Eignung für gedecktes Tragen (Gewicht max. 700 g gefüllt, Breite max. **20 mm**)

b) Schutz der Objekte mit Bewaffnung und Munition mit Bewaffnung **optimaler** Schußentfernung 100 bis 300 m einschließlich Eignung zur Bekämpfung leichter gepanzerter Ziele einschließlich Eignung zur Bekämpfung tieffliegender Flugziele
Objektausstattung mit Mitteln zur Rundumnachtkampffähigkeit[178]

Für das SSG-82 bedeutete das:

SSG
Hinsichtlich der vorgenannten (AI) Einsatzparameter ist das SSG „Dragunow“ durch das SSG 82 zu ersetzen. Die Modifikation des SSG 82 ist erforderlich, bezüglich

Schaffung einer Aufnahme für NSPU
geeignete Trage- und Verpackungsvarianten, um auch spezifisch-operativen Erfordernissen gerecht zu werden. (1989)[179]

[178] BStU, MfS, Abt. BCD Nr. 3744 S. 0046
[179] BStU, MfS, Abt. BCD Nr. 3744 S. 0049

Die geforderte Rundumnachtkampffähigkeit sollte durch das sowjetische Nachtzielfernrohr/ Restlichtverstärkergerät NSPU gewährleistet werden. Die Wirkungsweise basiert auf dem Prinzip der elektromagnetischen Verstärkung der Leuchtdichte der Bilder von Gegenständen, die im Nachtsichtgerät bei natürlicher nächtlicher Beleuchtung im Gelände entstehen. Eingesetzt wurde das NSPU bei der MPi AKM, dem Dragunow SWD, dem leichten Panzerschußgerät RPG-7, und später der AK-74[180].

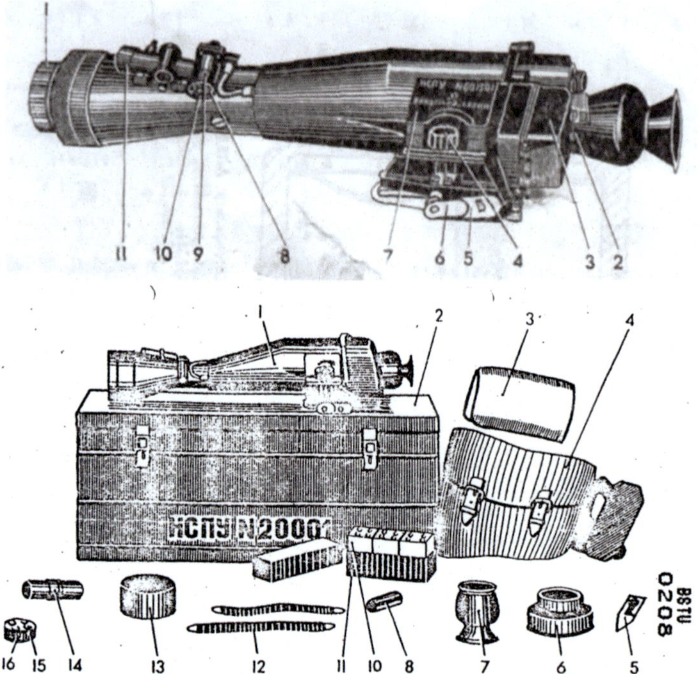

NSPU und Zubehör[181],

[180] BStU, MfS, HA XXII Nr. 5883/2 S. 0068ff

[181] BStU, MfS, SR BCD Technische Beschreibung für das Nachtsichtzielgerät NSPU

1. Bestimmungszweck

Das Nachtsichtgerät NSPU (Index 1PN34) ist zum Zielen beim Schießen mit einer MPi AKMN-1, einem Maschinengewehr RPKN-1, einem Scharfschützengewehr SWDN-1 oder einem leichten Panzerabschußgerät RPG-7N1 und zur Gefechtsfeldbeobachtung bei natürlicher nächtlicher Beleuchtung bestimmt.

Die Sichtweite richtet sich nach der Stärke der natürlichen nächtlichen Beleuchtung, der Klarheit und dem Kontrast zwischen Ziel und Hintergrund.

Die Sichtweite des Gerätes bei den wichtigsten taktischen Zielen (Panzer, Schützenpanzerwagen, Soldat in entsprechender Uniform) vor einer freien Wiese in einer klaren mondlosen Nacht gewährleistet bei natürlicher nächtlicher Beleuchtung und klaren Sichtverhältnissen das Erkennen der Ziele und das gezielte Schießen bis zu Visierschußweiten von 300 m aus allen oben genannten Waffenarten. Bei sehr guten Lichtverhältnissen (Mondnacht, Fremdbeleuchtung) nimmt die Sichtweite zu, bei schlechteren Lichtverhältnissen (niedrige Bewölkung, keine klaren Sichtverhältnisse) kann die Sichtweite abnehmen.

Die Sichtweite nimmt zu, wenn das Ziel vor einem hellen Hintergrund (Sand, Schnee) steht, und nimmt ab, wenn sich das Ziel vor einem dunklen Hintergrund befindet (Acker, Baumstämme usw.).

Beschreibung des NSPU [182]

Befestigt wurde das NSPU am Scharfschützengewehr Dragunow und den Sturmgewehr AK-74 an einer fest vernieteten linksseitigen Aufschubmontage. Wie eine Umsetzung auf das SSG-82 aussah kann nur gemutmaßt werden. Sehr wahrscheinlich sollte das NSPU entsprechend verändert werden, um auf der Schwenkmontage befestigt zu werden. Auch mit weiteren Montagevarianten, u.a. Picatinny / Weaver-Schienen wurden Tests durchgeführt.

Nahaufnahme einer SSG-82 Spezialmontage – eigene Aufnahme

[182] BStU, MfS, BV Gera SR BCD SA 3 S. 0116

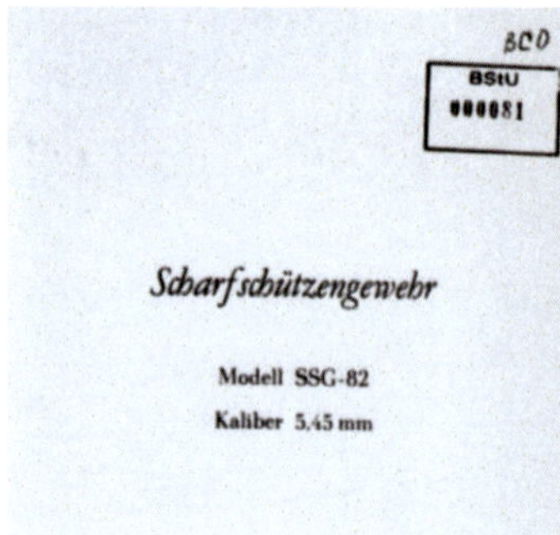

BCD

BStU

Scharfschützengewehr

Modell SSG-82

Kaliber 5,45 mm

Einen weiteren Einblick in die Weiterentwicklung gibt eine Kurzbeschreibung des SSG-82, welches von der Abteilung BCD herausgegeben wurde.

Dieses Dokument muss aus den letzten Jahren des MfS stammen, da in ihm verschiedene Optionen des Gewehres als Ist-Zustand beschrieben werden, welche in der Realität aber noch nicht umgesetzt waren.
So sollte bei Bedarf ein Mündungsschalldämpfer angebracht werden können. Das Zielfernrohr Modell 6/S vom VEB Carl-Zeiss Jena sollte in der Folgezeit durch ein aus eigener Produktion geplantes Zielfernrohr vom VEB Carl Zeiss Jena ersetzt werden. (Siehe Kapitel Zielfernrohr).

Weitere Möglichkeiten zum Transport, sog. Container, und die Option eines Trageriemens, wie er auch in den ersten Tests gefordert wurde, sollten ermöglicht werden.

Auslieferung

Eine der wenigen originalen Kisten, sogenannte Container, in einfacher Bauart aus Sperrholz und Schaumstoffeinlagen. Die Kiste ist außerdem mit der Seriennummer des Gewehres beschriftet (mit freundlicher Genehmigung der IEA Mil-Optics GmbH).

Die Gewehre wurden nach der Herstellung in Folie eingeschweißt und mit einem gepolsterten Lederfutteral ausgestattet. Leider sind hierüber keine Nachweise vorhanden. Man kann davon ausgehen, dass auch hier ein bereits vorhandenes Futteral aus DDR-Produktion verwendet wurde. Das mit dem Gewehr nummerngleiche Zielfernrohr war in der original Carl Zeiss Pappumverpackung.

Pappumverpackung ZF

Lederkappen oder Gummikappen

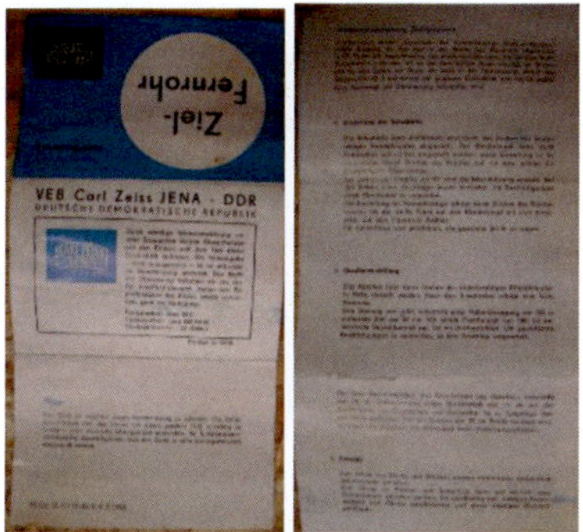

Bedienungsanleitung ZF

Vertragswerkstättenverzeichnis

Garantieurkunde

Zu jedem Gewehr gehört eine Waffenzustandskarte, sowie eine Anschußscheibe bzw. Trefferbild. Auf der Waffenzustandskarte wurden neben der Seriennummer, dem Produktionsjahr vor allem der Zustand des Laufes und ggf. durchgeführte Reparaturen dokumentiert.

Trefferbild

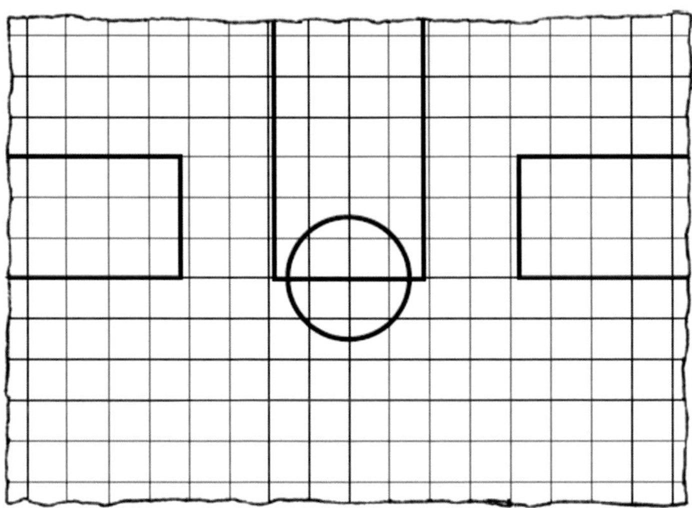

Waffen-Nr.: Lfd. Nr.:

Trefferbezeichnung:

1. Anschuß ○
2. Anschuß +
3. Anschuß △

Name des Schützen: ______________________

Tag:

Unterschrift des Ausführenden in der Deckung:

____

SG 107/12/69 V-9-7 720

Trefferbild (Neudruck)

Waffenzustandskarte

Bezeichnung der Einheit (nur mit Bleistift)

Leiter für Bewaffnung

BStU
000401

Nr. der Waffe 0348 Art der Waffe SSG 82 Kaliber 5,45

Herstellungsjahr 1985

Dienstgrad Unterschrift

Lfd. Nr.	Datum	Zustand des Laufinnern: Arten der Rostnarben od. sonstige Schäden			Kaliber		Festgeleg. Kategorie	Von wem untersucht	Art der Instandsetzung	Anschuß-Nr. des Trefferbildes	Unterschrift des Werkstattleiters	Bemerkungen
		vorn	mitte	hinten	K 2 an der Mündg.	K 2 am Laufmundstück						
1	2	3	4	5	6	7	8	9	10	11	12	13

Waffenzustandskarten [183]

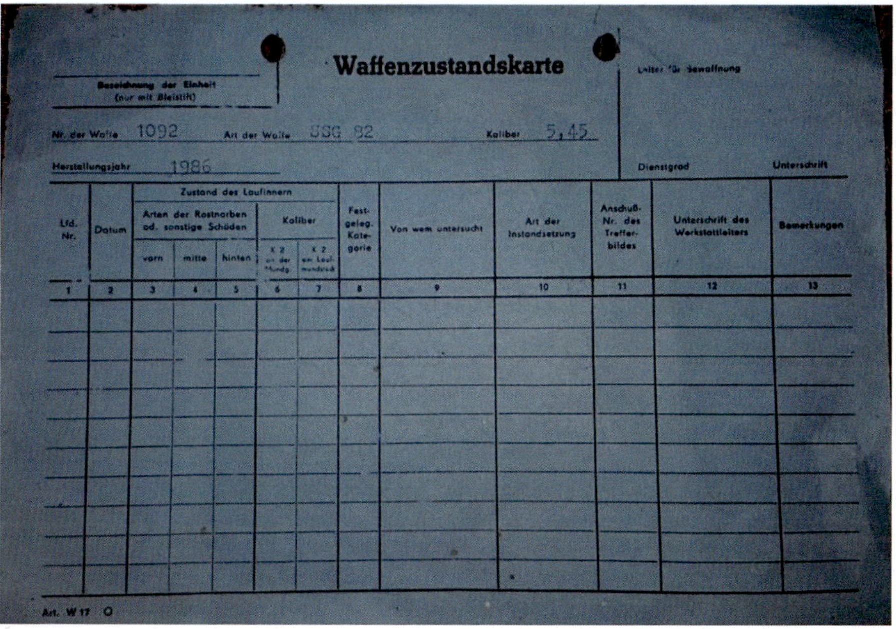

Waffenzustandskarte

Bezeichnung der Einheit (nur mit Bleistift)

Leiter für Bewaffnung

Nr. der Waffe 1092 Art der Waffe SSG 82 Kaliber 5,45

Herstellungsjahr 1986

Dienstgrad Unterschrift

Lfd. Nr.	Datum	Zustand des Laufinnern: Arten der Rostnarben od. sonstige Schäden			Kaliber		Festgeleg. Kategorie	Von wem untersucht	Art der Instandsetzung	Anschuß-Nr. des Trefferbildes	Unterschrift des Werkstattleiters	Bemerkungen
		vorn	mitte	hinten	K 2 an der Mündg.	K 2 am Laufmundstück						
1	2	3	4	5	6	7	8	9	10	11	12	13

Art. W 17 O

[183] Oben BStU, MfS, HA VI Nr. 14969 S. 000401, unten Archiv des Autors

Beschreibung und Nutzung

Die Bedienungsanleitung ist separat erhältlich.

Die Bedienungsanleitung wurde neunzig Mal gedruckt und an die Diensteinheiten (u.a. alle Bezirksverwaltungen und Hauptabteilungen, AGMS, HSG WT, WK/SK, VD) verteilt. [184]

BStU, MfS, Abt. BCD Nr. 2796 0119 – 0131

BStU, MfS, Abt. BCD Nr. 3738 000081ff

[184] BStU, MfS, BCD Nr. 4164 S. 0091–0092

Die Konzeption zum Umtausch SSG „Dragunow" gegen SSG 82

Das SSG-82 sollte innerhalb des MfS das bis dahin eingesetzte Scharfschützengewehr Dragunow SWD (Decknummer 03 020 00) im Kaliber 7,62 x 54R mm ersetzen. Damit wurde man der Forderung gerecht, sich möglichst von der diesbezüglichen NSW und SU-Abhängigkeit zu lösen. Außerdem sollte das SSG-82 eine höhere Treffergenauigkeit auf die geforderten Einsatzdistanzen von 100 bis 300 Meter haben. Das SSG Dragunow wurde als Infanterie-Unterstützungswaffe auf Gruppenebene entwickelt. Aus der Beständeübersicht von 1990 ergibt sich ein Bestand von 1679 SSG Dragunow, sowohl in der NVA, als auch im MfS. Die HA XXII (Terrorabwehr) hatte 1988 einen Bestand von 86 SSG Dragunow, 12 SSG Dragunow mit Halterung für NSPU und 100 SSG-82. Die HA XX verfügte 1987 über 8 Dragunow (2400 Schuß Zielpatrone 7,62 EXTRA)[185]. Durch das eigenentwickelte SSG-82 konnte man den großen Bedarf an Scharfschützengewehren schnell lösen.

Sowjetisches Scharfschützengewehr Dragunow SWD Kaliber 7,62 x 54R aus 1975
Mit freundlicher Genehmigung von waffenhof-gurtner.at

SSG Dragunow im originalen Koffer, früher als „Kontainer" bezeichnet
Mit freundlicher Genehmigung von waffenhof-gurtner.at

[185] BStU, MfS, HA XX Nr. 17308 S. 0146

- 148 - MfS VVS o031-670/82

MfS Abt. BCD	Spezieller Import	Kurzbezeichnung: Scharfschützengewehr "Dragunow"

7,62 mm Scharfschützengewehr "Dragunow"

BSTU 0284

1. Kurzbeschreibung:

Automatische Gewehre gehören wie die MPi zur individuellen Bewaffnung des Schützen und dienen dazu, den Gegner durch Schuß, Stich und Schlag zu bekämpfen.
Die günstigste Schußentfernung reicht bis zu 400 m, ausgezeichnete Schützen bekämpfen Einzelziele noch bis zu 600 m wirksam.
Mit Gruppen- oder Salvenfeuer können Ziele bis zu 1000 m bekämpft werden.
Das Scharfschützengewehr ist ein Selbstlader, aus denen nur Einzelfeuer geschossen werden kann.
Bei feststehenden Magazinen werden Ladestreifen zum schnellen Füllen der Magazine angewendet. Mit dem gleichen Ziel sind diese Waffen mit Verschlußfangstücken versehen, um dem Schützen anzuzeigen, daß die letzte Patrone verschossen wurde und um ein erneutes Öffnen der Waffe zum Nachladen nicht durchführen zu müssen.

2. Technische Daten:

Kaliber	:	7,62	mm
Masse ohne Patronen	:	4,3	kg
Länge des Laufes	:	620	mm
Gesamtlänge der Waffe	:	1225	mm
Praktische Feuergeschwindigkeit	:	30	Schuß/Min.
Fassungsvermögen des Magazins	:	10	Patronen
Anfangsgeschwindigkeit	:	830	m/s
Geschoßmasse	:	9,6	g
Masse der Patrone	:	21,8	g
Mündungsgeschwindigkeit	:	337	kpm
günstigste Schußentfernung	:	800	m
Anzahl der Züge	:	4	
Typ der Automatik	:	Gasdrucklader mit Drehverschluß	

Beschreibung des Scharfschützengewehr Dragunow:[186]

Nächste Seite Schnittzeichnung des Dragunow – Beilage zur NVA Dienstvorschrift DV-40/21 Instandsetzung Scharfschützengewehr

[186] BStU, MfS, BV Suhl SR BCD Nr. 1 S. 0284

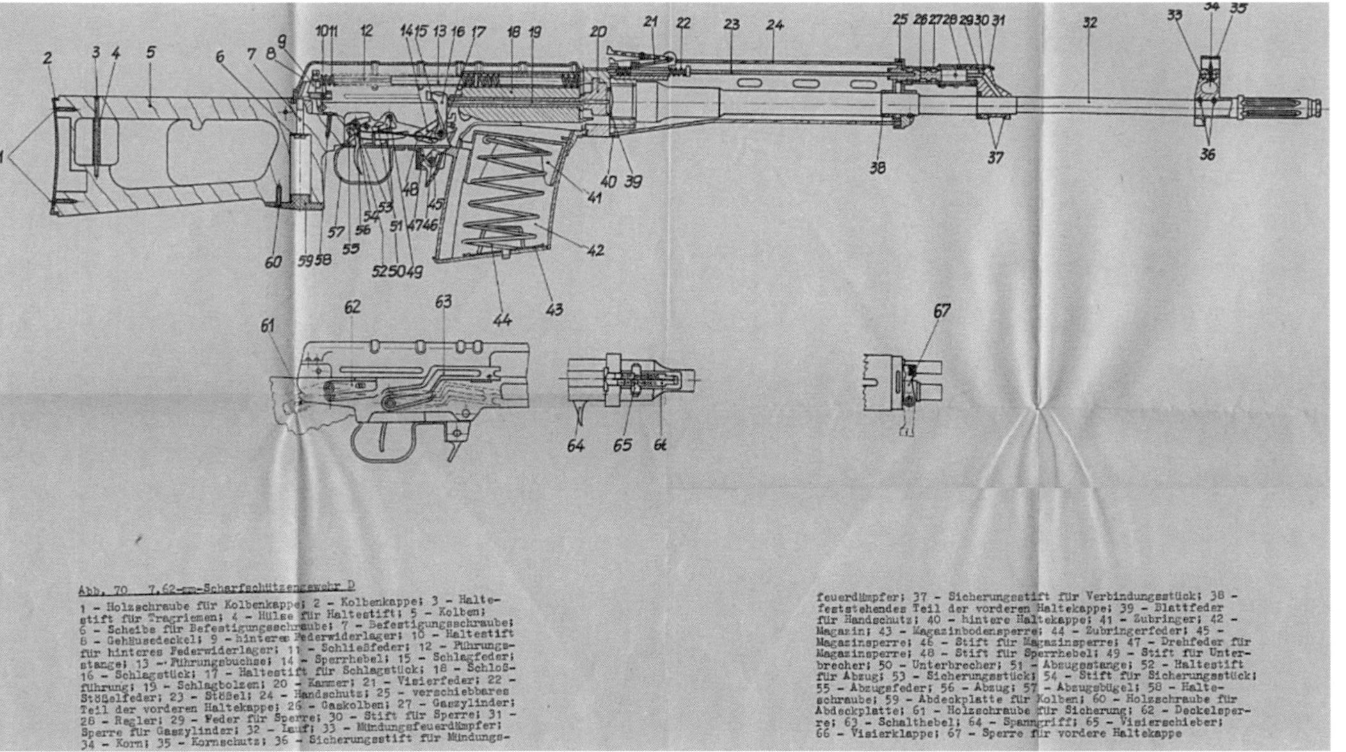

Abb. 70 7,62-mm-Scharfschützengewehr D

1 – Holzschraube für Kolbenkappe; 2 – Kolbenkappe; 3 – Haltestift für Tragriemen; 4 – Hülse für Haltestift; 5 – Kolben; 6 – Scheibe für Befestigungsschraube; 7 – Befestigungsschraube; 8 – Gehäusedeckel; 9 – hinteres Federwiderlager; 10 – Haltestift für hinteres Federwiderlager; 11 – Schließfeder; 12 – Führungsstange; 13 – Führungsbuchse; 14 – Sperrhebel; 15 – Schlagfeder; 16 – Schlagstück; 17 – Haltestift für Schlagstück; 18 – Schloßführung; 19 – Schlagbolzen; 20 – Kammer; 21 – Visierfeder; 22 – Stößelfeder; 23 – Stößel; 24 – Handschutz; 25 – verschiebbares Teil der vorderen Haltekappe; 26 – Gaskolben; 27 – Gaszylinder; 28 – Regler; 29 – Feder für Sperre; 30 – Stift für Sperre; 31 – Sperre für Gaszylinder; 32 – Lauf; 33 – Mündungsfeuerdämpfer; 34 – Korn; 35 – Kornschutz; 36 – Sicherungsstift für Mündungsfeuerdämpfer; 37 – Sicherungsstift für Verbindungsstück; 38 – feststehendes Teil der vorderen Haltekappe; 39 – Blattfeder für Handschutz; 40 – hintere Haltekappe; 41 – Zubringer; 42 – Magazin; 43 – Magazinbodensperre; 44 – Zubringerfeder; 45 – Magazinsperre; 46 – Stift für Magazinsperre; 47 – Drehfeder für Magazinsperre; 48 – Stift für Sperrhebel; 49 – Stift für Unterbrecher; 50 – Unterbrecher; 51 – Abzugsstange; 52 – Haltestift für Abzug; 53 – Sicherungsstück; 54 – Stift für Sicherungsstück; 55 – Abzugsfeder; 56 – Abzug; 57 – Abzugsbügel; 58 – Halteschraube; 59 – Abdeckplatte für Kolben; 60 – Holzschraube für Abdeckplatte; 61 – Holzschraube für Sicherung; 62 – Deckelsperre; 63 – Schalthebel; 64 – Spanngriff; 65 – Visierschieber; 66 – Visierklappe; 67 – Sperre für vordere Haltekappe

Erich Mielke mit dem Dragunow SWD – Aufnahme unbekannt

Stasi-Chef Erich Mielke mit einem SSG-82 mit einem nicht serienmäßigen ZF auf Ringmontage, keine Details bekannt, Aufnahmejahr unbekannt, mit freundlicher Genehmigung der „DK _Ultimate Spy_, and the H Keith and Karen Melton> Collection at the International Spy Museum"

Weiterhin gab es für das SSG Dragunow eine spezielle Munition, die sogenannte Zielpatrone 7,62 Extra[187], aus SU-Produktion. Mit dieser waren auch wesentlich kleinere Streukreise möglich.

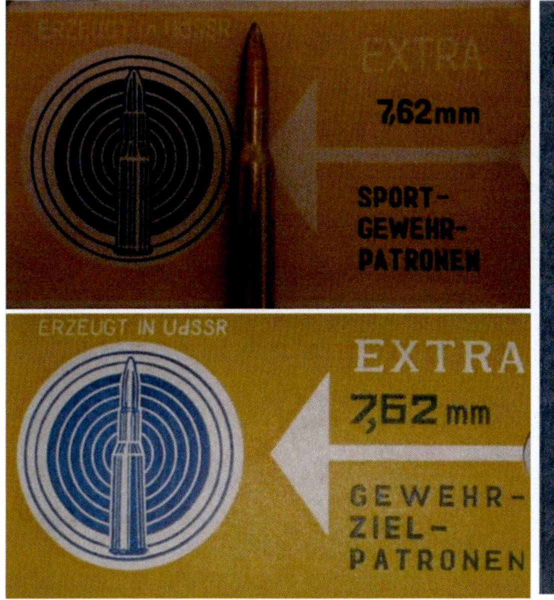

Sowjetische Zielpatrone 7,62 mm EXTRA für das Scharfschützengewehr Dragunow SWD – Archiv des Autors

NVA-Ausbildungsvorschrift SSG D (Dragunow)

Nach der erfolgreichen Entwicklung, dem Testprogramm und dem Beginn der Produktion wurde spätestens Anfang 1987 damit begonnen, den Bedarf in den Diensteinheiten zu ermitteln und die Gewehre samt Munition (sog. Kampfsatz) zu verteilen. Ein Kampfsatz für das SSG-82 100 Schuss. Der Umtausch wurde im September 1987 begonnen.

Entsprechend der ARN (Ausrüstungsnormativ) [188] an Scharfschützengewehren der jeweiligen Diensteinheit wurden diese mit 50 % oder bis zu 100 % SSG-82 und zugehöriger Munition ausgestattet. Die in den Diensteinheiten entsprechend bereits vorhandenen SSG Dragunow sollten über das DZVO Lager I (Dezentrales Versorgungsobjekt) [189] in Berlin-Johannisthal zurückgegeben werden. Hierbei war durch die abzugebende Diensteinheit auch darauf zu achten, dass an den Verpackungen der Dragunow-Kisten jeder Hinweis und somit Rückschluss auf das MfS zu entfernen sei (interne Bestandsnummern etc.).

Die Verteilung der Munition für das SSG-82 erfolgte unter Berücksichtigung der Knappheit an vorhandener Munition zu diesem Zeitpunkt. Neben dem Kampfsatz für den Einsatzfall wurde auch mit einem Kontingent zum Übungsschießen gerechnet. Das

---

[187] BStU, MfS, HA XX Nr. 17308 S. 0146

[188] ARN Ausrüstungsnormative, hier Bezug auf Fassung „VVS 0031 MfS-Nr. 681/84“

[189] DZVO Dezentrales Versorgungsobjekt., „Zwischenlager“ der Abteilung BCD

Ausrüstungsnormativ gab vor, wie viele Kampfsätze pro Waffe vorgesehen waren (z.B. SSG Dragunow hat 3 Kampfsätze, also 3x 100 Schuss).

Abteilung Bewaffnung
und Chemischer Dienst
Versorgungsdienste

Berlin, 20. Februar 1987

bestätigt: Voigt
Generalmajor

Konzeption zum Umtausch SSG "Dragunow" gegen SSG 82

1. Ausgabe SSG 82

Für den Umtausch SSG "Dragunow" gegen SSG 82 sind 50 % des laut ARN vorgegebenen Bestandes an Scharfschützengewehren vorgesehen (ausgenommen die Leiterreserve, die mit 100 % SSG 82 auszurüsten ist).

Daraus ergibt sich ein Gesamtbedarf von 928 SSG 82 für die Diensteinheiten und SR BCD, einschließlich der 102 SSG 82 für die Leiterreserve. (Aufschlüsselung siehe Anlage 1, Blatt 1)

2. Ausgabe Munition M 74 5,45 mm Stahlkern

Auf Grund des begrenzten Munitionskontingents wird vorgeschlagen, die Zuführung SSG 82 1987 mit nur 2 Kampfsätze je Waffe vorzunehmen und erst 1988 auf 3 Kampfsätze aufzufüllen.

Daraus ergibt sich für 1987 folgender Munitionsbedarf:

- für 922 SSG 82 je 2 KS	= 184 400 M 74
- für die 6 SSG 82 der HVA und Abt. IV je 3 KS	= 1 800 M 74
- für die schon vorhandenen 223 SSG 82 je 2 KS	= 44 600 M 74
- Verschußmunition für 1987	= 50 000 M 74
	= 280 800 M 74

und für 1988:

- für vorhandene 1145 SSG 82 je 1 KS (HVA und Abt. IV schon aufgefüllt)	= 114 500 M 74
- Verschußmunition für 1988	= 50 000 M 74
	= 164 500 M 74

Für die nicht benötigten 647 SSG 82 können ebenfalls je 3 Kampfsätze bereitgestellt werden. 194 100 M 74

Gesamtbedarf an Munition M 74 für SSG 82:

- Bedarf 1987	280 800 M 74
- Bedarf 1988	164 500 M 74
- je 3 KS für nicht benötigte SSG	194 100 M 74
	639 400 M 74

Munitionskontingente bei Einführung des SSG-82 [190]

3. Verbleib nicht benötigter SSG 82

Die für den Einsatz in den Diensteinheiten und SR BCD nicht benötigten SSG 82 verbleiben im Lagerbestand der Abteilung BCD und sind nach einer Lagerfrist von 4 Jahren zu konservieren.

Konservierung SSG-82 [191]

[190] BStU, MfS, BCD Nr. 2917 S. 000014
[191] BStU, MfS, BCD Nr. 2917 S. 000015

BStU
0001

Ministerium für Staatssicherheit
Abteilung Bewaffnung
und Chemischer Dienst
Leiter

Berlin, 13. März 1987
bo-kr

Vertrauliche Verschlußsache
VVS – o031
MfS-Nr. 1032/8[illegible]
11. Ausf. Bl./S. 1 b[illegible]

Diensteinheiten
SR BCD
Leiter

Umrüstung Scharfschützengewehre

Durch die Abteilung BCD wurde auf de[illegible]dlage des lt. Ausrüstungsnormative vorgegebenen Best[illegible] an Scharfschützengewehren, die 50prozentige Einführun[illegible] SSG 82 und die damit verbundene Abverfügung der überzä[illegible]n SSG "Dragunow" entschieden.

Zur Abverfügung SWD Ihrer Dien[illegible]heit sind

- .... Stück und die [illegible]ehörige Munition,
34 560 .... Zielpatrone [illegible]er 7,62 mm,
72 .... Kisten, v[illegible]hen.

Mit den in Ihrer Dien[illegible]eit verbleibenden SWD sind entsprechend der Dienst[illegible]ung Nr. 1/81 des Ministers die territorialen spezi[illegible]n Einsatzkräfte mit 8 Stück SWD (NSPU) auszurüsten.

Aus der verbleib[illegible] Munition Zielpatrone Kaliber 7,62 mm sind für die restlic[illegible]WD je 3 Kampfsätze = 300 Stück sowie ein jährlicher Ver[illegible]n bis 1990 bereitzustellen.

Für die Zufü[illegible] SSG 82 in Ihre Diensteinheit sind

....6[illegible]tück und die dazugehörige Munition
.12[illegible] Stück M 74 Stahlkern, Kaliber 5,45 mm
[illegible]. Kisten, vorgesehen.

Aus [illegible]987 ausgelieferten Munition M 74 ist aus Gründen des be[illegible]en Munitionskontingentes je SSG 82 2 Kampfsätze = 200 St. z[illegible]en. Die darüber hinaus vorhandene Munition kann für die [illegible]dung innerhalb der erfolgten Freigabe für die Zielpatrone [illegible]r Berücksichtigung 50 % Bestand) genutzt werden.

[192]

Innerhalb der Diensteinheiten bevorzugte man oft das Dragunow, sowie die vorhandenen Scharfschützengewehre aus dem NSW, wie das PSG-1 und das Steyr SSG 69. Die Ereignisse 1990 sorgten dafür, dass die vollständige Umrüstung ergebnisoffen unterblieb.

Für einen Einsatz des SSG-82 innerhalb der NVA liegen keine Erkenntnisse vor. Unabhängig davon, wurde es natürlich zu Versuchen innerhalb der Truppe genutzt.

---

192 BStU, MfS, BCD Nr. 2917 S. 0001

Anschlag liegend freihändig mit Scharfschützengewehr [Bild 221.4]

Anschlag liegend freihändig

- Die rechte Hand erfaßt den Griff.
- Die linke Hand unterstützt am Handschutz oder am Magazin.

Auszug aus der NVA Vorschrift A 050/1/723 7,62-mm-Scharfschützengewehr D - Beschreibung und Nutzung

Für einen flächendeckenden Einsatz in der NVA war es nicht konzipiert. Hier genügte das bereits in der NVA eingeführte SSG Dragunow als Kampfunterstützungswaffe.

Das SSG-82 als Bewaffnung der Grenztruppen / „Wall rifle“

Im englischsprachigen Raum wird im Zusammenhang mit dem SSG-82 immer wieder davon geredet, dass es sich beim SSG-82 um das sog. Mauer-Gewehr (engl. Wall rifle) handelt. Dabei wird ein direkter Zusammenhang zwischen dem Schießbefehl und den Mauertoten hergestellt. Hierzu gibt es keine Anhaltspunkte.

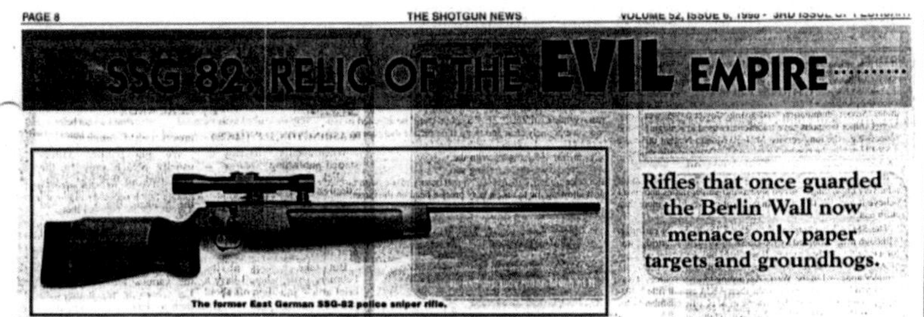

PAGE 8 THE SHOTGUN NEWS

SSG 82: RELIC OF THE EVIL EMPIRE

Rifles that once guarded the Berlin Wall now menace only paper targets and groundhogs.

The former East German SSG-82 police sniper rifle.

Aus The Shotgun News Volume 52 Issue 6 1998

Das SSG-82 sollte u.a. an Passkontrolleinheiten (PKE) ausgegeben werden. Diese MfS-Mitarbeiter waren – in Uniformen der Grenztruppen – für die Personenkontrollen an den Grenzübergangsstellen (GÜST) zuständig. Die Mitarbeiter der PKE waren den Grenzeinheiten weisungs- und befehlsbefugt. Durch ihren Auftrag an den GÜST waren sie aus Sicht des MfS einem besonders hohen Sabotage-, Terror- und Geiselnahmerisiko ausgesetzt. Für die obengenannten Fälle gab es für jede GÜST sog. Notfallpläne und -abläufe, auch Varianten der Handlungen genannt. Dazu gehörte auch der Einsatz von Scharfschützen. Um sofort reagieren zu können, waren die SSG-82 unmittelbar bei den Diensteinheiten in Stahlschränken eingelagert.

Sollten die PKE einen Fluchtversuch mithilfe des SSG-82 verhindern?

Hier muss man nun die Weisungen des MfS zu Grunde legen und davon ausgehen, dass man das SSG-82 zum Schutz der Objekte des MfS und als sofort bereitstehendes „Mittel“ bei Terror- und anderen operativ bedeutsamen Gewaltakten, wie Geiselnahmen, vorsah.
Wie in Kapitel 1 dargelegt, sollten die neuen Mittel, zu denen das SSG-82 zählte, „in zweckmäßig ausgewählten Standorten und Basen ständig verfügungsbereit disloziert sein. Mit der Verteilung/Lagerung des SSG-82 u.a. bei den PKE in Berlin wurde man der materiellen Dislozierung und somit nach einem schnellst möglich verfügbaren Mittel gerecht.

Seit 1977 wurden innerhalb der PKE Spezialistengruppen für Sicherheit und Terrorabwehr aufgebaut, um erste Maßnahmen, bis zum Eintreffen der regulären Terrorabwehreinheiten der HA XXII (früher Abt XXII) einzuleiten. Diese Verantwortlichkeiten werden in Dienstanweisungen geregelt. Eine gemeinsame Ordnung regelte das Zusammenwirken der

Grenztruppen, der Angehörigen des MfS, der Zollverwaltung der DDR, sowie der Bereitschaftspolizei.[193]

Einige PKE-Beamten waren als Scharfschützen ausgebildet und somit als SSG-82 Schützen im Ernstfall eingeteilt. Wie bei ähnlichen Situationen war die Nutzung des heute sog. Finalen Rettungsschusses erst nach dem Nutzen aller anderen verfügbaren Mittel zulässig, wozu auch Verhandlungsführung gehört.

Bis zur Einweisung des Mittels SSG 82 wird seine Stationierung vorgeschlagen:

Invalidenstraße: Blechschrank - Abfertigung
Stahlschrank Zugführer

Chausseestraße: Stahlschrank Zugführer

In den genannten Stationierungsorten sind bisher das Mittel KI untergebracht.

Aufbewahrungsorte SSG-82 an der GÜST Invalidenstr und Chausseestr[194]

Neben dem SSG 82 war das sogenannte „Mittel KI“ in den GÜST untergebracht. Weitere Details sind hierzu nicht bekannt.

Hauptabteilung VI
PKE Invalidenstraße

Berlin, 18. 10. 1989

bestätigt:
Leiter der PKE

Oberstleutnant

Aufstellung Scharfschützen SSG 82

Dienstgrad	Name, Vorname	Funktion	Schütze seit	Dienstkollektiv
Hptm.		Offz. f. Vorfeldsicherung	KI/1987	1
Hptm.		Paßkontrolleur	KI/1980	2
Hptm.		Offz. f. Vorfeldsicherung	KI/1976	4
Hptm.		Paßkontrolleur	KI/1976	4
Hptm.		Funktionsoffizier f.Sicherheit	30. 11. 89	Tagdienst
Ofw.		Paßkontrolleur	KI/1989	3
Fw.		Paßkontrolleur	30. 11. 89	2
Ofw.		Paßkontrolleur	30. 11. 89	1
Ultn.		Paßkontrolleur	30. 11. 89	3

Liste der SSG-82 Scharfschützen an der GÜST Invalidenstr in Berlin, Namen entfernt [195]

[193] Monika Tantzscher: Hauptabteilung VI: Grenzkontrollen, Reise- und Touristenverkehr (MfS-Handbuch). Hg. BStU. Berlin 2005, S. 4 ff

[194] BStU, MfS, HA VI Nr. 10523 S. 0001

[195] BStU, MfS, HA VI Nr. 10523 S. 0002

GÜST Invalidenstraße [196]

Generaloberst Fritz Streletz, Stellvertretender Minister für Nationale Verteidigung in der DDR, sprach am 03. April 1989 vor Militärs der Grenztruppen und der Nationalen Volksarmee: „Zur Anwendung der Schusswaffe an der Staatsgrenze:

> Es gilt zu beachten: Lieber einen Menschen abhauen lassen, als in der jetzigen politischen Situation die Schusswaffe anzuwenden."

Gleiches galt für das MfS.

Zusammenfassung

1. Auch für die Kräfte des MfS gilt gegenwärtig die Weisung des Ministers für Nationale Verteidigung,

   Schußwaffen an der Staatsgrenze der DDR zur BRD und zu Westberlin zur Verhinderung von Grenzdurchbrüchen nicht anzuwenden.

   Ein diesbezüglicher Befehl des Ministers für Nationale Verteidigung (zur Zeit amtiert Genosse Generaloberst Streletz) wurde bis zum Grenzposten bekanntgegeben. [197]

Das SSG-82 war an ausgewählten Grenzübergangsstellen in Berlin eingelagert, aber es war kein Scharfschützengewehr von Grenzbeamten zur gewaltsamen Verhinderung eines Fluchtversuches. Die Bezeichnung als „Wall-Rifle" ist somit nicht belegbar.

196 BStU, MfS, ZAIG, Fo, Nr. 2543, Bild 13–14

197 BStU, MfS, Sekr. Neiber Nr. 62 S. 1

Nach der Wende

Mit dem Umsturz in der DDR wurden die bewaffneten Organe der DDR erst umstrukturiert und dann aufgelöst. Das MfS sah seine Chance in der Umgliederung und wurde in das Amt für Nationale Sicherheit (AfNw) umbenannt. Als letzter Schritt war eine Umstrukturierung in einen Verfassungsschutz geplant, nach westdeutschem Vorbild. Natürlich war diese Idee von Beginn an zum Scheitern verurteilt, sollten die Positionen doch mit MfS Angehörigen besetzt bleiben. Letztendlich wurde das MfS und alle Nachfolgeorganisationen aufgelöst. Die NVA wurde teilweise zum 03.10.1990 in die Bundeswehr integriert. Aber auch das Ministerium des Innern verfügte über große Mengen an Waffen und Munition. Alle Waffen der bewaffneten Organe der DDR wurden in großen Depots gesammelt und erfasst.

Räumung einer Waffenkammer des MfS / AfNS in Berlin 11.01.1990[198]

---

[198] Bundesarchiv Bild 183-1990-0111-038

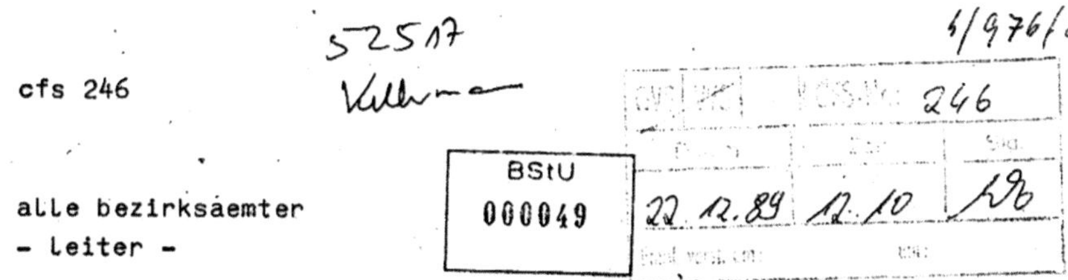

cfs 246

BStU
000049

alle bezirksaemter
- leiter -

1. es ist zu ueberpruefen, ob nach aufloesung von ka bzw, objekten die vollzaehligkeit bei waffen und munition gewaehrleistet ist. bei erfordernis sind im zusammenwirken mit der bdvp sofortmasznahmen einzuleiten. vollzugsmeldung an leiter bcd erforderlich.

2. die weitere uebernahme von bewaffnung ,militaerische ausruestung und militaertechnik erfolgt durch die nva.

transporte werden durch mfia realisiert. aktivitaeten loest die zustaendige bdvp aus. bei kurzfristigen erfordernissen ist ihrerseits kontaktaufnahme mit bdvp zu veranlassen.

im bestand des bezirksamtes verbleiben nur pistolen m mit munition in hoehe des kuenftigen personalbestandes.

verfassungsschutz
- leiter -
engelhardt
cfs 246 vom abs.

Schreiben des „Verfassungsschutzes“ zur Waffensituation [199]

In der Bezirksverwaltung Suhl wurden acht SSG-82 aus dem Bestand der TSK (Antiterror) an die Bezirksdirektion der Volkspolizei (BDVP) übergeben.[200] Anschließend sind diese dann in die Zentrallager verbracht wurden.

[199] BStU, MfS, BV Neubrandenburg SR BCD Nr. 76 S. 0049
[200] Suhl Waffen Heft

Artikel/Bezeichnung (Waffenart)	Gesamtbestand vor Auflösung der BV in Stück	Ist-Bestand in Stück	Eingezogen von VP	Bestand PKE/GÜST	Bestand TSK (Anti-Terror)
1	2	3	4	5	6
Pistole AP 9	299	299	-	-	-
Pistole M/SU	1.427	1.097	175	142	13
Pistole M/DDR	326	164	58	104	-
Pistole STETSCHKIN	5	5	-	-	-
M 61	60	51	-	9	[illegible]
MPi AKM	428	273	67	88	-
MPi KM mit Optik/91/30	1	-	-	-	1
Mpi KmS	110	110	-	-	-
MPi KmS 72	624	345	260	11	8
MPi 74/5,54 m/m	20	20	-	-	-
Scharfschützengewehr mit NSPU	9	1	-	-	8
SSG 82	10	2	-	-	8
LMG klappbar	2	2	-	-	-
LMG	4	4	-	-	-
SMG Lafette und NSPU	2	2	-	-	-
SMG ohne Lafette	3	3	-	-	-

Auszug aus den übergebenen Waffenbeständen der BV Suhl, 10 SSG-82[201]

Amt für Nationale Sicherheit
Bezirksamt Suhl / Auflösung

Suhl, 17. Jan. 1990

Entsprechend meiner Weisung befinden sich alle Waffen und die gesamte Munition der Kreisämter und des Bezirksamtes Suhl des in Auflösung befindlichen Amtes für Nationale Sicherheit nicht mehr im Besitz dieser Dienststellen.

Die gesamte Bewaffnung wurde an die BdVP übergeben. Dazu liegt beim MStA ein Protokoll vor, dessen Angaben durch das Mitglied der zeitweiligen Kommission, Herrn Möller, bestätigt wurden.

Eine Ausnahme stellt die Bewaffnung der Angehörigen der PKE dar. Diese Waffen befinden sich in Waffenkammern der GÜST und werden kontrolliert durch Angehörige der Grenztruppen nur zur Dienstdurchführung ausgegeben und danach sofort wieder kontrolliert abgegeben.

Jeder Angehörige meines Verantwortungsbereiches des in Auflösung befindlichen Amtes für Nationale Sicherheit, der sich trotzdem noch im Besitz von Waffen und Munition befinden sollte, verstößt gegen meinen Befehl.

Leiter
des in Auflösung befindlichen Amtes

R e i

Stellungnahme zum Verbleib der Waffen und Munition der BV Suhl[202]

[201] Dokumentation des Aktivs Staatssicherheit und der zeitweiligen Kommission „Amtsmißbrauch und Korruption" des Bezirkstages Suhl", März 1990, S. 134

[202] Dokumentation des Aktivs Staatssicherheit und der zeitweiligen Kommission „Amtsmißbrauch und Korruption" des

Die Bestandsübersicht an SSG-82 1990 gliederte sich wie folgt:

- 6 Stück Poststelle des MfS
- 195 Stück Raketen- und waffentechnisches Lager 2
- 3 Stück VB-1 (Militärbezirk III Leipzig)
- 50 Stück VB-2 (Militärbezirk V Neubrandenburg)
- 1641 Stück Raketentechnische Basis in Brück

  1895 SSG-82 Summe[203]

Da es bekannte Seriennummer über 1900 gibt, fasst oben aufgeführter Bestand nicht alle SSG-82 auf oder einzelne waren bereits zerstört bzw. der Ersatzteilgewinnung zugeführt. Vergleicht man oben aufgeführte Quelle mit den verfügbaren Bestandsverzeichnissen, ergeben sich gewisse Differenzen. Diese heute wieder zusammenzuführen erscheint nicht möglich und so muss man mangels eines Herstellungsverzeichnisses mit den ungefähren Herstellungszahlen vorliebnehmen.

MUG

Lager

de S SR BCD

Karten-Nr. 186

BStU 000085

Lager-Fachkarte

Artikelbezeichnung SSG-82

Mengeneinheit 10 Stück/Kiste

Artikel-Nr.

Waren-Nr.

Lfd. Nr.	Datum	Beleg-Nr.	Zugang	Abgang	Bestand	Signum
1	2	3	4	5	6	7
1.	22.12.87	MfSBln	44	–	44	[illegible]
2	22.12.87	„Inventur"	2/87 –	–	44	[illegible]
3	1.7.88	„Inventur"	1/88 -	-	44	[illegible]
4	29.11.88	„Inventur"	2/88	–	44	[illegible]
5	20.1.89	WK	–	34	10	[illegible]
6.	20.4.89	Kontr.	–	–	10	[illegible]
7.	26.6.89	„Inventur"	–	–	10	[illegible]
8.	28.7.89	WK	34	–	44	[illegible]
9	28.11.89	[illegible]	–	–	44	[illegible]

Anzahl der SSG-82 in der BV Neubrandenburg SR BCD[204]

Bezirkstages Suhl", März 1990, S. 135

[203] http://www.rwd-mb3.de/bestand/mbf.php

[204] BStU, MfS, BV Neubrandenburg SR BCD Nr. 8 S. 000085

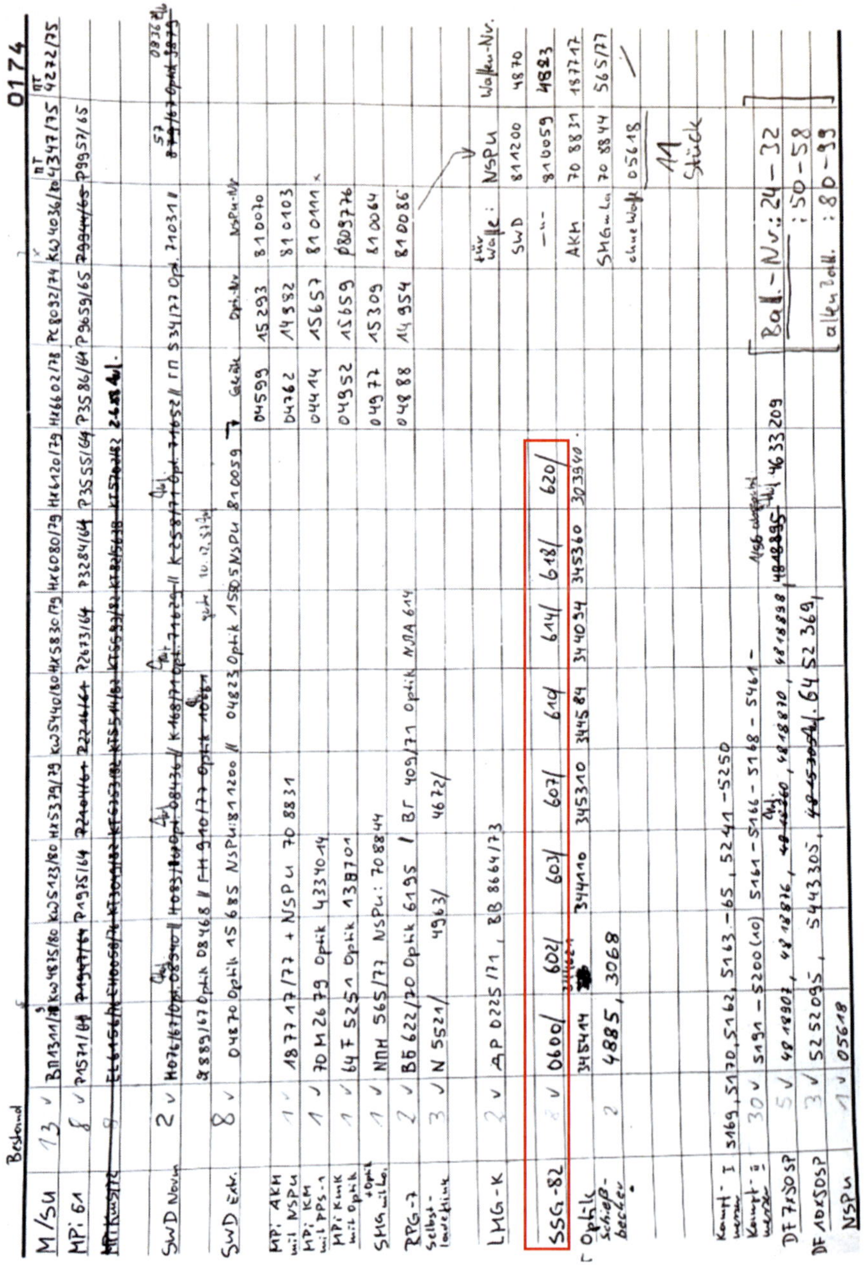
0174
Bestand
M/SU 13 ✓ BП1311/78 KW4875/80 KW5123/80 HX5379/79 KW5440/80 HX5830/79 HX6080/79 HX6120/79 HX6602/78 PC8092/74 KW4036/80 ПТ 4347/75 ПТ 4272/75
MPi 61 8 ✓ P1571/64 P1947/64 P1975/64 P2104/64 P2214/64 P2673/64 P3284/64 P3555/64 P3586/64 P9659/65 P9944/65 P9957/65
MPi KmS/72 8 EL6156/76 EH0058/76 KT3049/82 KT5353/82 KT5414/82 KT5593/82 KT82/5638 KT5702/82 2.6.88 Awl.
SWD Norm 2 ✓ H076/67 Opt. 08340 // H083/16 Opt. 08436 // K168/71 Opt. 71629 // K258/71 Opt. 71652 // ГП 534/77 Opt. 71031 // 879/67 Opt. 3879
8889/67 Optik 08468 // FH 910/77 Optik 10861 ... 10.12.87
SWD Extr. 8 ✓ 04870 Optik 15685 NSPU: 811200 // 04823 Optik 15505 NSPU 810059
Gewehr | Opti.-Nr. | NSPU-Nr.
04599 | 15293 | 810070
04762 | 14882 | 810103
04414 | 15657 | 810111
04952 | 15659 | 809776
04977 | 15309 | 810064
04888 | 14954 | 810086
MPi AKM mit NSPU 1 ✓ 187717/77 + NSPU 708831
MPi KM mit PPS-1 1 ✓ 70 M 2679 Optik 4334014
MPi KmK mit Optik 1 ✓ 64 F 5251 Optik 138701
SMG mit Ko. +Optik 1 ✓ NПH 565/77 NSPU: 708844
RPG-7 2 ✓ BБ 622/70 Optik 6195 / BГ 409/71 Optik NЛA 614
Selbstladeflinte 3 ✓ N 5521/ 4963/ 4672/
LMG-K 2 ✓ AP 0225/71, BB 8664/73
SSG-82 8 ✓ 0600/ 602/ 603/ 607/ 610/ 614/ 618/ 620/
Optik 345414 344110 345310 344584 344034 345360 303940
Schießbecher 2 4885, 3068
für Waffe: | NSPU | Waffen-Nr.
SWD | 811200 | 4870
–"– | 810059 | 4823
AKM | 708831 | 187717
SMG m. La | 708844 | 565/77
ohne Waffe | 05618 | /
11 Stück
Kampfwerfer I 5169, 5170, 5162, 5163–65, 5241–5250
Kampfwerfer II 30 ✓ 5191–5200 (10) 5161–5166–5168–5461–
DF 7x50SP 5 ✓ 4818907, 4818876, 4818860, 4818870, 4818898, 4818895, 4633209
DF 10x50SP 3 ✓ 5252095, 5443305, 4815305 1.6452369,
NSPU 1 ✓ 05618
Ball.-Nr.: 24–32
: 50–58
alle Ball. : 80–99

Bestand an SSG-82 mit Seriennummer der AGL/S Neubrandenburg 1988[205]

[205] BStU, MfS, BV Neubrandenburg SR BCD Nr. 152 1/3 S. 0174

Das SSG-82 wird „wiederentdeckt“ [206]

Ein unbekanntes Stasi-Scharfschützengewehr entdeckten Angehörige des raketen- und waffentechnischen Dienstes der NVA bei der Übernahme von Handwaffen aus den Beständen des ehemaligen Ministeriums für Staatssicherheit in der DDR. Dieser unbekannte Waffentyp mit der Bezeichnung Scharfschützengewehr Modell 82, Kaliber 5,45 mm, ist eine Eigenentwicklung der Stasi und befand sich in geringer Stückzahl in allen Bezirksbehörden. Die mit einer verstellbaren Kolbenplatte aus Gummi versehene Waffe hat eine Länge von 1035 bis 1100 mm und wiegt leer etwa 4,2 kg. Das von unten einzuführende Stangenmagazin nimmt sechs bis sieben Patronen auf. Die mit einer Sicherungsraste versehene Waffe ist nur mit abnehmbarem Zielfernrohr zu verwenden. Bekannt ist, daß das Modell 82 zu einem Jagdkarabiner für die frühere Partei- und Staatsführung weiterentwickelt werden sollte. (dn)

Eingelagert lagen diese Waffen nach der Wende vorerst in den Depots bis eine weitere Entscheidung getroffen werden sollte. Im Jahr 1993-1994 schrieb die Bundesanstalt für Beschaffung eine Ausschreibung aus, dass „Gewehr 5,45 x 39“ zu verschrotten. Das SSG-82 fiel aufgrund seines Kalibers und der Verwendung von Stahlkernmunition unter das Kriegswaffenkontrollgesetz (KwkG). Diese Ausschreibung erfuhr das Interesse eines Waffenspezialisten der NVA, welchem das „Gewehr 5,45 x 39“ nicht als Waffe der NVA bekannt war. Nach einigen Recherchen fand er heraus, dass es sich um ein Repetiergewehr handelt. Durch eine Intervention konnte er die Vernichtung des SSG-82 verhindern und es wurde als Repetiergewehr und nicht als Kriegswaffe nach KWKG behandelt. Im Folgenden wurde das Gewehr über die Verwertungsgesellschaft des Bundes (VEBEG) an verschiedene Waffenhändler angeboten und palettenweise verkauft. Auch in die USA an die Firma Century Arms International (CAI) wurden circa 600 SSG-82 verkauft. Bestätigt oder dementiert wurde diese Zahl durch CAI bisher nicht. Im Verkaufskatalog von CAI im Jahre 1995 hat es das SSG-82 aber sogar auf die Titelseite gebracht.

Links: RWS .215 Patrone, Schnitt und Muster [207]

Zum Gewehr wurde die Munition .215 von der Firma RWS verkauft. Dynamit Nobel erhielt den Auftrag eine für Sportschützen zugelassene Munition zu fertigen. Mindestens die Hülsen stammten hierbei aus DDR-Produktion des Spreewerk Lübben. [208]

[206] Zeitschrift „Soldat und Technik“ Ausgabe 5/1990 S. 381
[207] „Volkseigener Betrieb Spreewerk Lübben bis Industriepark Spreewerk Lübben GmbH“ von Gerd Mischinger
[208] „Volkseigener Betrieb Spreewerk Lübben bis Industriepark Spreewerk Lübben GmbH“ von Gerd Mischinger

So wurde das SSG-82 in der Folgezeit in verschiedenen Versionen bei großen Händlern verkauft:

CDS-Ehrenreich 92259 Neukirchen

Mit dieser Geheimwaffe haben die Waffenexperten der Stasi ein Scharfschützengewehr konstruiert, welches keine Konkurrenz im Westen hatte. Superpräzise, ohne Rückstoß zu schießen wie eine Kleinkaliberbüchse. Freischwingender Lauf, gehämmert mit Hämmerspuren wie bei Steyr, im Kal. 5,45 × 39, der Super- sowie Russenpatrone. 6-Schuß-Magazin, Abzugsgewicht verstellbar, Schaftlänge variabel. Zielfernrohr von Zeiss Jena 4 × 32, nachtstarkes Objektiv, Schwenkmontage.
Länge 111 cm, Gewicht nur 4,2 kg.

SSG 82, gebraucht, Nr. 420.027 **1298,–**

Passende Munition von RWS
Scheibengeschoß mit Stahlkern.
Gegen Erwerbsberechtigung.
Nr. 450.135, 50 Stück **59,–**

88644 Überlingen 11
Tel. 0 75 51 / 50 37 · Fax 52 09

Zeughaus hege GmbH 88644 Überlingen

SSG Sniper Rifle, Cal. 5.45x39mm
A true collector's item from behind the Berlin Wall. Produced in limited quantities in the mid-80's for the East German security units. Very few of these rifles saw use due to the collapse of the D.D.R. Features a precision hammer forged free-floating barrel, a famous brand 4x rifle scope and mount. 100 rds.of ammo ***FREE.***
Barrel: 23". Overall: 42 3/4".
Weight: 10 lbs. 7 oz. with scope.
RI959 Condition: Excellent
Rifle & 100Rds. Of RWS Ammo $649.87

Century Arms Inc. aus den Jahren 1996

Was wäre, wenn

Die Produktion des SSG-82 war im Jahr 1989 bereits abgeschlossen. Die Waffen waren zur Verteilung in die Diensteinheiten vorgesehen oder für eine Langzeitlagerung vorbereitet. Doch das Abnahmegebäude war nicht nur für die Produktion des Gewehres gebaut wurden. Das MfS arbeitete an weiteren Mitteln und Waffen.

Folgende Entwicklungstendenzen auf Grundlage der sog. „Strategie 2000“ gab es 1989 innerhalb des MfS:

- Mittel zur Bekämpfung von Tätern, die eine Tötung dessen ausschließen, aber dieselben außer Gefecht setzen (non letal / less letal)
- chemische Mittel
- vorcontainerte Mittel (Waffen)
- Entwicklung geräuscharmer Waffen zur Betäubung
- Entwicklung von Luftdruckwaffen zur Betäubung (mit Injektionsgeschossen bis 100 m Reichweite)
- Entwicklung einer Taschenlampe mit Blendwirkung[209]

Bei allen Entwicklungen schaute man auch immer in das NSW und die BRD. Fremdwaffen und Mittel wurden dazu gekauft und deren Vor- und Nachteile aufgezeigt. Auch der Einsatz von Reizgasen wurde kritisch betrachtet und in der Gesamtheit als international gebilligtes, legitimes Mittel für Polizei- und Sicherheitseinsätze bewertet.

Die chemischen Mittel (Reizstoffe) sollten vor allem entwickelt und eingesetzt werden, um zukünftig eine Alternative zum Schusswaffengebrauch zu haben, zum Selbstschutz und zur Kontrolle schwieriger Situationen mit einem minimalen Risiko für Personen und Unbeteiligte.

Die sowjetische Selbstladeflinte MZ 21 wurde zum Verschuss von Sondermunition (Gaspatronen, Schockbeutelpatronen) verwendet.

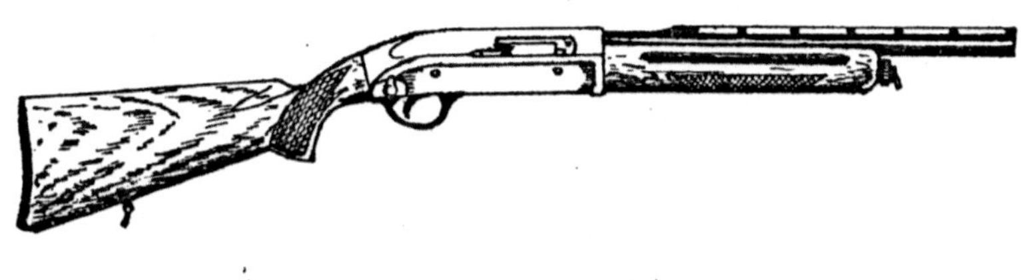

[209] BStU, MfS, HA VI AGL S. 0095 ff

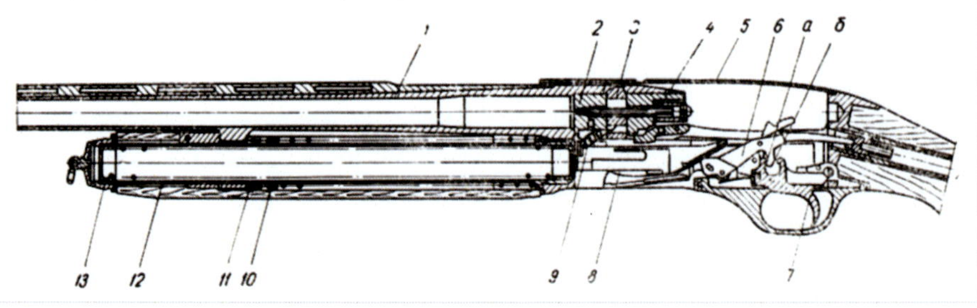

Fig. 7. Flinte МЦ-21-12 (Schnitt)
1 — Lauf, 2 — Verschluß, 3 — Schlagstütze, 4 — Schloßkammer, 5 — Deckel der Kammerhülse, 6 — Hahn, 7 — Abzug, 8 — Zubringer, 9 — Patronenstütze, 10 — Dämpfer der Bremse 11 — Laufbremse, 12 — Magazin, 13 — Kappe des Vorderschafts

Schrotflinte MZ – 21 -12, aus Instruktion/ Bedienungsanleitung und Waffenpaß

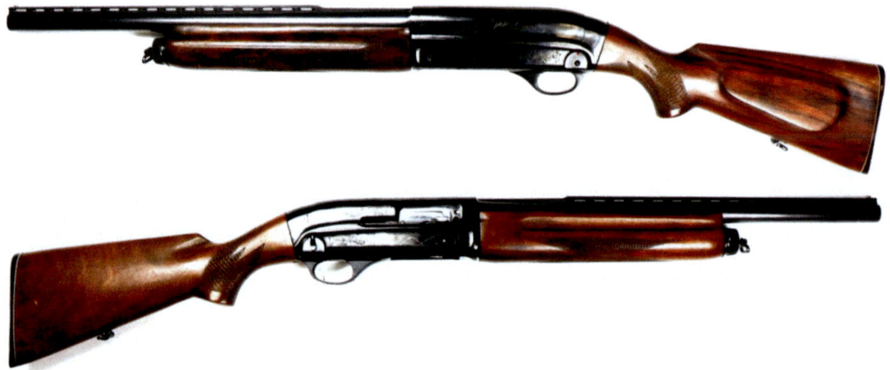

Schrottflinte MZ – 21 -12 – Sammlung LKA Brandenburg

Technische Daten:

Kaliber:	12/70
Gesamtlänge:	870 mm
Länge des Laufes:	366 mm
Gewicht:	ca. 3,4 kg
Magazin:	4 Patronen im Vorderschaftmagazin

Eine Eigenentwicklung im Zeitraum 1991 – 1995 sollte folgende Forderungen erfüllen:

- mit Magazin
- mit Repetierer bzw. einfachen Nachladeeinrichtung
- mit geringen Abmessungen
- mit Zielhilfe, auf Patronenart einstellbar
- mit Halterung für Nachtsichtgerät[210]

---

210 BStU, MfS, Abt. BCD Nr. 3744 S. 0050

Die ungarische AP 9, ein weitestgehender Nachbau der Walther PP, wurde 1986 aufgrund Abnutzung durch die Pistole Makarow abgelöst. Die Entwicklung einer eigenen Selbstladepistole ab 1998 sollte diese ablösen. Die Entwicklung einer Maschinenpistole 9 x 19 mm mit Zieloptik und Schalldämpfer ist ebenfalls bis 1995 vorgesehen gewesen. Hierzu sind bis jetzt keine weiterführenden Hinweise bekannt.

FEG AP 9 – Sammlung LKA Brandenburg

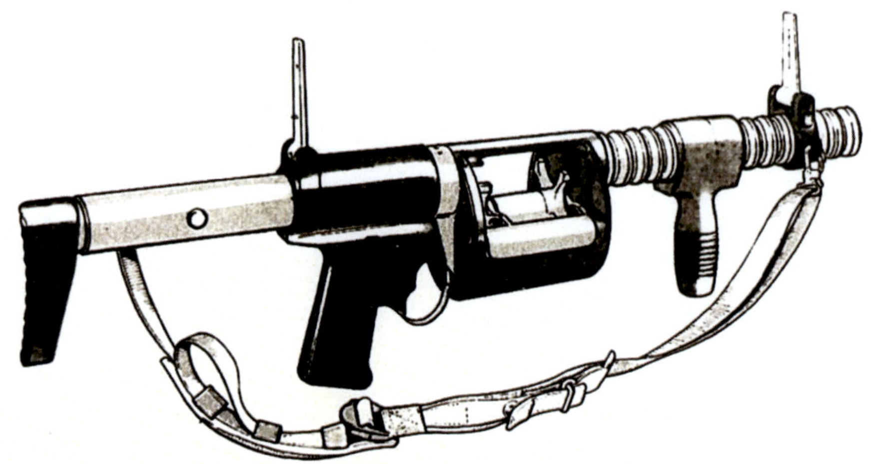

Mehrzweckschussgerät ARWEN 37, aus Testbericht MfS HA XXII – Archiv des Autors

1989 bereits erfolgreich durch die HA XXII getestet wurde das Mehrzweckschussgerät ARWEN 37. Dabei handelt es sich um einen mehrschüssigen Granatwerfer. Dieses Gewehr wurde speziell als nicht- bzw. weniger tödliche (non / less lethal) Waffe zur Unruhenbekämpfung (Anti-Riot) hergestellt. Entwickelt wurde sie von der britischen Firma Royal Ordnance.

Die HA XXII hatte 40 ARWEN mit 7500 Schuss Munition im Bestand.[211]

[211] BStU, MfS, HA XXII Nr. 19217 S. 000002

Technische Daten:

Kaliber: 37 mm

Gewicht: ungeladen 3,1 kg
Geladen 3,8 kg

Länge: 760 mm

Visierung: Kimme/Korn, bis 100 m

Magazin: fünf Schuß in Trommelmagazin (Rotationsmagazin)
Hülsenauswurf nach rechts

Munition:

Name	Typ	Beschuss	Wirkung
AR 1	Stabpatrone	direkt	Plastestäbe für direkte Körpertreffer
AR 1 (RE)	Stabpatrone mit reduzierter Energie	direkt	Körpertreffer mit verminderter Energie
AR 2	Mehrfachquellenreiznebel	indirekt	4 Reiznebelkapseln, welche ausgeworfen werden
AR 2P	Trainingspatrone AR 2	indirekt	s.o. ohne Reizstoffe
AR 3	Stabpatrone mit Aufprallmechanismus (Reizgas)	direkt	Direkte Körpertreffer mit Reizgas-Dosierung am Aufprallpunkt
AR 3P	Trainingspatrone AR 3	direkt	s.o. ohne Reizstoffe
AR 4	Mehrfachquellen-Nebelpatrone,	indirekt	wie AR 2, Kapseln enthalten aber brennende, dichte & raucherregende Zusammensetzung
AR 5	Barrikaden-Brecher (mit Reizstoffen)	direkt	Reizstoffpulver jenseits von Barrikaden (Glas, <13 mm Sperrholz)
AR 5P	Trainingspatrone AR 5	direkt	s.o. (ohne Reizstoffe)

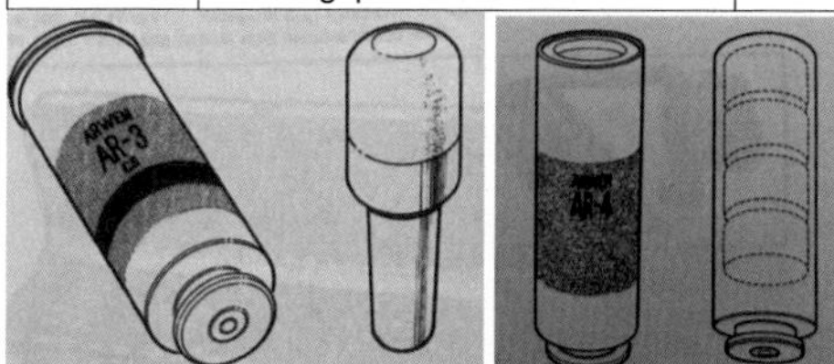

Munition AR-3 (links) und AR-4 (rechts), aus Testbericht MfS HAXXII – Archiv des Autors

originale Munitionshülsen – eigene Aufnahmen

Mehrzweckschussgerät ARWEN 37[212]

[212] Sammlung LKA Brandenburg

Beschreibung der Funktion des Gerätes

Die Waffe ist ein Mehrlader. Das Rohr besitzt 5 Züge und besteht aus einer elektrolytischen Aluminiumlegierung.
Die Hauptteile der Waffe sind das Rohr mit Vordergriff und seitlich verstellbarem Korn, das Trommelmagazin, die Patronenführung, der Pistolengriff mit Abzugseinrichtung, Sicherungshebel sowie seitlich verstellbarer Kimme und dem verstellbaren Kolben mit Schaftkappe.

Vor dem Einsatz der Waffe kann diese dem Schützen durch Verstellen des Vordergriffes (Mittelstellung. Links- oder Rechtsstellung) sowie Verstellung des Kolbens angepaßt werden. Kimme und Korn werden aufgerichtet.

Zum Laden der Waffe wird der Sicherungshebel auf "S" gestellt und der Anzeigehebel gedrückt. Steht das Trommelmagazin ruhig, kann geladen werden. Die jeweilige Patrone wird eingelegt und in Pfeilrichtung bis zum Einrasten der Trommel gedreht. Dieser Vorgang kann so lange wiederholt werden, bis das Trommelmagazin gefüllt ist.
Unmittelbar vor dem Schießen wird der Anzeigehebel nach unten gedrückt, um eine Übereinstimmung Patrone/Lauf zu erzielen und der Sicherungshebel auf "F" gestellt.

Zum Zielen wird der obere Schlitz der Kimme in eine Linie mit der Entfernungsanzeige (je nach geschätzter Entfernung) am Korn gebracht. Als Notvisierung und für Entfernungen bis 50 m kann der untere Schlitz der Kimme und die viereckige Kerbe im Korn zum Zielen genutzt werden.
Durch Betätigen des Abzuges wird in der 1. Etappe die Patronenspitze in den Lauf eingeführt (Abzugsgewicht 4,5 - 6,0 kp) und nach Überwindung eines Druckpunktes von 7,0 - 7,5 kp der Schlagbolzen ausgelöst, der Schuß bricht. Verschlußstück und Patrone bewegen sich zurück in die Bereitschaftsposition. Der Abzug kann für den nächsten Schuß betätigt werden.

Für ein Entladen der Waffe wird der Sicherungshebel auf "S" gestellt, die Hand über die Auswurföffnung an der rechten Seite des Trommelmagazines gelegt und der Anzeigehebel betätigt, bis alle Patronen ausgeworfen sind.
Das Reinigen der Waffe ist unkompliziert und entsprechend der Beschreibung vorzunehmen.

Einschätzung

Nach ersten praktischen Versuchen kann festgestellt werden, daß es sich beim Mehrzweckschußgerät "Arwen 37" um eine wirkungsvolle, störungsunanfällige und relativ leicht handhabbare Waffe zum Verschuß von Spezialprojektilen handelt.

Einschätzung des ARWEN 37 durch MfS HA XXII, Archiv des Autors

Dem Schützen ist es möglich, auf Grund des Trommelmagazines, Patronen unterschiedlicher Art entsprechend der Notwendigkeit zu laden sowie schnell und zielsicher bis auf eine Entfernung von 100 m zu verschießen.

Durch die Konstruktion der Waffe wird garantiert, daß diese dem Schützen angepaßt und sowohl von Links- als auch Rechtsschützen optimals angewandt werden kann.
Mit den zur Verfügung stehenden Patronenarten ist eine wirksame Niederhaltung feindlicher Kräfte über größere Entfernungen möglich. Für das gezielte Durchschlagen von Hindernissen, wie Türen, Fenster, Autoscheiben usw., ist die Patrone AR 1 mit gleichzeitigem Einsatz von CS die Patronen AR 3 und AR 5 gegen verschanzte feindliche Kräfte geeignet.

Der Beschuß von 15 mm Spanplatten und 5 mm Fensterglas (Doppelfenster) erbrachten bis auf 50 m Durchschüsse. Die Funktionssicherheit der Reizstoffabgabe blieb dabei bei den Patronen AR 3 und AR 5 erhalten.

Mit dem konstruktionsbedingten hohen Abzugsgewicht von 7,5 kp und der vorhandenen Sicherung ist ein hohes Maß an Schützensicherheit beim Umgang mit der Waffe garantiert.
Festgestellt werden mußte, daß nach häufigem Verschuß CS-haltiger Projektile, Reizungserscheinungen am Gesicht des Schützen auftraten.
Dabei ist zu berücksichtigen, daß CS im Gegensatz zu CN bereits bei Hautkontakt wirkt und sich durch Waschungen die Wirkung nur allmählich verringern läßt.
Aus diesem Grund ist zu gewährleisten, daß der beim Einsatz von CN übliche 1. Hilfe Set zur Verfügung steht.

Abschließend kann eingeschätzt werden, daß mit einer Einführung von Mehrzweckschußgeräten "Arwen 37" eine bestehende Lücke von kontrolliert einsetzbaren, nicht tödlichen Distanzmitteln im Bestand der strukturellen spezifischen Einsatzkräfte der Diensteinheit wirkungsvoll geschlossen werden könnte.

Major

Einschätzung des ARWEN 37 durch MfS HA XXII – Archiv des Autors

Viele Handwaffen des MfS wurden ab Mitte der 1980er konserviert und eingelagert:

Abteilung Bewaffnung
und Chemischer Dienst
Leiter

Berlin, 9. März 1989
409 /1989

BSTU
0173

Diensteinheiten
Leiter

Konservierung von Maschinenpistolen

Zur weiteren Gewährleistung der Einsatzbereitschaft der zum Bestand Ihrer Diensteinheit gehörenden Maschinenpistolen bis über das Jahr 2000 hinaus sowie zur Senkung des Wartungsaufwandes an der Bewaffnung sind die Maschinenpistolen, die nicht unmittelbar zur Aufgabenerfüllung bzw. zur Ausbildung benötigt werden, einer Langzeitkonservierung zu unterziehen und im konservierten Zustand in den Waffenkammern der Dienst- und Struktureinheiten zu lagern.

Die Konservierung wird zentral durch die Abteilung BCD organisiert.

Ich bitte Sie, über den in Ihrer Diensteinheit zur Konservierung vorzusehenden Anteil des Bestandes an Maschinenpistolen zu entscheiden und bis zum **19. Mai 1989** eine Bedarfsmeldung laut Anlage an die Abteilung BCD, SR BCD/Zentrale Diensteinheiten zu veranlassen.

Für Rückfragen steht Ihnen der Leiter des SR BCD/Zentrale Diensteinheiten, Genosse Major Gediehn, Telefon 2 35 28 zur Verfügung.

Anschreiben der Abt BCD an die Diensteinheiten zur Konservierung von MPs[213]

[213] BStU, MfS, HA XX Nr. 17308 S. 0173

Abt BCD Zentrale Waffenwerkstatt – Konservierung von Handfeuerwaffen / Kalaschnikow Ende 1988/89 – Archiv des Autors

Abt BCD Zentrale Waffenwerkstatt – Konservierung von Handfeuerwaffen / Kalaschnikow Ende 1988/89

Der Revolver SMART R86 war 1989 bereits fertig entwickelt. Mehr dazu im nächsten Kapitel.

Der Revolver SMART R86 / Mod. 86

Revolver SMART R86 bzw. Mod. 86 – Waffenmuseum Suhl

Der Revolver Smart R86 bzw. Mod. 86 im Kaliber 9 x 18 mm Makarow ist ein eigener Nachbau des Smith & Wesson Mod. 60 aus den USA. Mit einer MfS-internen Produktion konnte man, wie beim SSG-82, einen vom Markt unabhängigen Revolver den Diensteinheiten des MfS zur Verfügung stellen, der den besonderen Anforderungen angepasst war. Er sollte u.a. für die Flugsicherheitsbegleiter (FSB, heute sog. Sky Marschals) auf der DDR staatseigenen Fluglinie INTERFLUG (IF) sowie als Bewaffnung für Spezialkräfte gebaut werden. Die Flugsicherheitsbegleiter waren Angehörige der Hauptabteilung VI (Grenzkontrolle) des MfS. Bei bestimmten Flügen der INTERFLUG sind Flugsicherheitsbegleitgruppen (FSG), bestehend aus dem Leiter der FSG und mindestens einem FSB mitgeflogen.

Logo der Interflug Gesellschaft

Der Einsatz aller Angehörigen der FSG erfolgt in Dienstbekleidung der IF, entsprechend der Grundlegende "Mitarbeiter der Interflug".

Zur persönlichen Einsatzausrüstung gehören:

. Dienstpaß der DDR

. Internationaler Besatzungsausweis

. Internationaler Impfausweis

. Operativgeld in Höhe von 200 Dollar

. Schließfessel

. Elektroschockgerät

. Führungskette

. Reizspray

. Schlagstock (kurz)

Die Angehörigen der FSG realisieren die spezifischen Sicherungsaufgaben im Luftfahrzeug.
Notwendige Sicherungsmaßnahmen durch FSB am Boden außerhalb des Luftfahrzeuges werden in Abstimmung mit dem Kommandanten des Luftfahrzeuges durch den Leiter der FSG befohlen.

Anzug und Ausrüstung der FSG [214]

[214] BStU, MfS, BdL Nr. 000123 S. 33

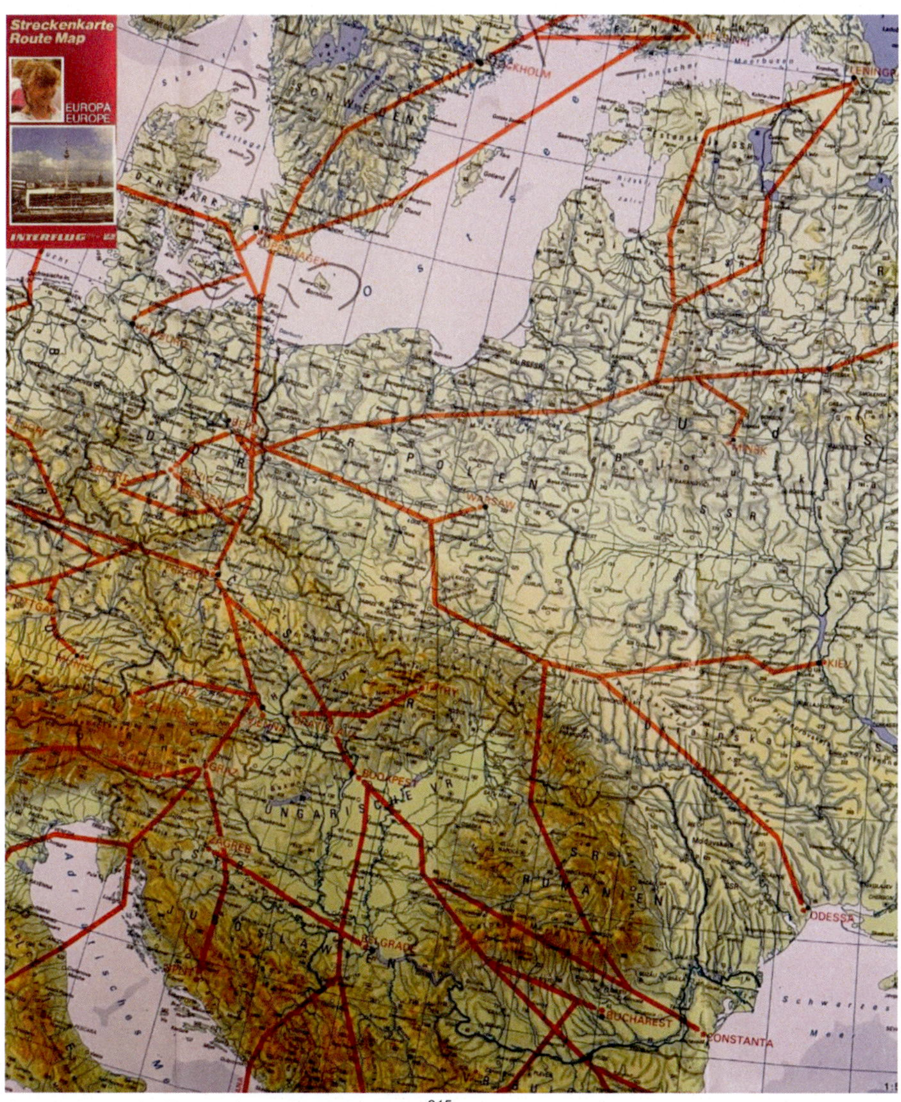

Ausschnitt aus der Streckenkarte der DDR-Interflug[215]

[215] *Streckenkarte Interflug, VEB Hermann Haack Gotha, 1986*

Als Bewaffnung der FSB diente ein Revolver .38 Spezial mit einer Trommelfüllung Sondermunition.[216] Hauptaufgabe waren die Verhinderung und Bekämpfung von Entführungen und die Aufrechterhaltung der Sicherheit und Ordnung in den Luftfahrzeugen. Auch der Umgang mit sprengkörperverdächtigen Gegenständen (SVG) in Luftfahrzeugen wurde betrachtet.

[216] BStU, MfS, BdL / Dok. Nr. 000129 1. Exemplar S. 00006

Vergleich S&W Mod. 60 und Smart Revolver – LKA Sachsen-Anhalt

Im MfS verwendete man unterschiedlichste Revolvertypen, u.a. CZ Mod. Grand .38, COLT Detective, COLT Agent und Smith & Wesson Airweight .38 spez,, sowie S&W Agent .38 spez.

LFD.NR.	DECKNUMMER	SERIE	ME	BESTAND LT. ABT. BCD	BESTAND LT. SR BCD	DIFFERENZ	BEMERKUNG
71	Revolver Colt D 1425 2 Zoll-Lauf Kal..38						
		0000060	76	20+	20 ✓		
72	Pistole Colt Combat Commander Kal..45						
		0000060	76	2+	2 ✓		
73	Pistole Colt Commander						
		0000060	76	2+	2 ✓		
74	Revolver Smith & Wesson Modell 19-4 2 1/2 Zoll-Lauf Kal..357 Magnum						
		0000060	76	3+	3 ✓		
75	Revolver Smith & Wesson Modell 66-1 6 Zoll-Lauf Kal..357 Magnum						
		0000060	76	2+	2 ✓		
76	Revolver Smith & Wesson Modell 19 Kal..357 Magnum						

Auszug aus dem Bestand an Revolvertypen im MfS[217]

Mitte der 80iger vereinheitlichte man die Ausstattung u.a. durch die Beschaffung von 30 TAURUS Revolvern im Kaliber .38.

Taurus Revolver – Sammlung LKA Brandenburg

[217] BStU, MfS, HA XXII Nr. 5047/2 S. 0029

Instandsetzung des Revolver Taurus in der Zentralen Waffenwerkstatt in Hohenschönhausen, Jahr unbekannt – Archiv des Autors

Man verwendete neben üblichen Bleigeschossen auch nicht-letale Sondermunition mit Kunststoffgeschossen vom Hersteller S&B und Schrotbeutelmunition von MESKO.

.38 Special Schrotbeutelmunition von MESKO, oben zerlegt, unten komplett – eigene Aufnahme

Oben sog. Sektkorkengeschoss, unten zum Vergleich M74 Patrone, rechts Bodenstempel – eigene Aufnahme

Die aufgrund seiner äußeren Form umgangssprachlich als Sektkorkengeschoss bezeichnete Munition wurde bei der Flugsicherung eingesetzt. Grundsätzlich non-letal, war es bis zu einem Abstand von 3 m tödlich. Ziel war es u.a. die Flugzelle des Flugzeugs nicht zu durchschießen. Die Hülse stammte von der österreichischen Firma Hirtenberger. Wer das Geschoss herstellte ist bisher nicht geklärt.

Um die Bewaffnung zu vereinheitlichen wurde der SMART Revolver entwickelt.
Das Entwicklungsmuster sowie einige Vorserienmodelle des Revolver SMART (u.a. Seriennummer 0001, 0006, 0007, 0008, 0012, 0013) wurden im Februar / März 1987 ausgiebig durch die Abteilung BCD Abteilung 1 Referat Sonderaufgaben während verschiedener Testschiessen erprobt. Jeder Revolver wurde mit 2500 Schuss Munition aus DDR (1500) bzw. SU-Produktion (1000) belastet. Vor, während und nach dem Test wurden verschiedene Maße – wie Luftspalt zwischen Trommel und Lauf, die Patronenhülsen, Trommellagerung uvm. – gemessen, um ggf. auftauchende Verschleißerscheinungen aufzunehmen.

Dabei wurden verschiedene Mängel erkannt und u.a. folgende konstruktiven Änderungen eingearbeitet: [218]

- Einsetzen einer gehärteten Schlagbolzenbuchse im Stoßboden des Griffstückes
- Kornbefestigung am Lauf durch Aufschrumpfen und zusätzliches Verstiften

Ein weiteres Testschiessen mit zwei Fertigungsmustern erfolgte Ende 1988 durch die Abt BCD

Die Nullserie von 160 Stück sollte 1989 realisiert werden. Wirklich hergestellt wurden aber nur noch circa 75 Stück.
Die optimale Lauflänge betrug 3 Zoll; 4 und 2,5 Zoll sollten aber auch möglich sein.

Als Munition sollten verschiedene Sondergeschosse verwendet werden.

letal

Bleihohlspitzgeschoss **Custos** (Wächter, Hüter, Beschützer)
Deformationswirkung, Kaliber weitet sich beim Aufprall von 9 auf 20 mm

Messingspitzgeschoss **Ictus** (Stoß, Hieb, Schlag)
Doppelwirkung, Durchschlagsfähigkeit von 1,5 mm mit anschließender Mann-Stopp-Wirkung

non-letal

Selikonkautschukgeschoss **Tolio** (der Kraft berauben)
Nichttödliches Aufprallgeschoss (zylindrische Form, innen Bleistücke mit Gummimantel versehen), der Täter soll kurzzeitig von Handlungen abgehalten werden

Selikonkautschukgeschoss **Varia** (Verschiedenes, Abwechselnd)
Vorgesehen, innen mit einem Markierungs- bzw. Reizmittel, Inhalt 30 mm^3

---

[218] BStU, MfS, BCD Nr. 4164 S. 0001–0077

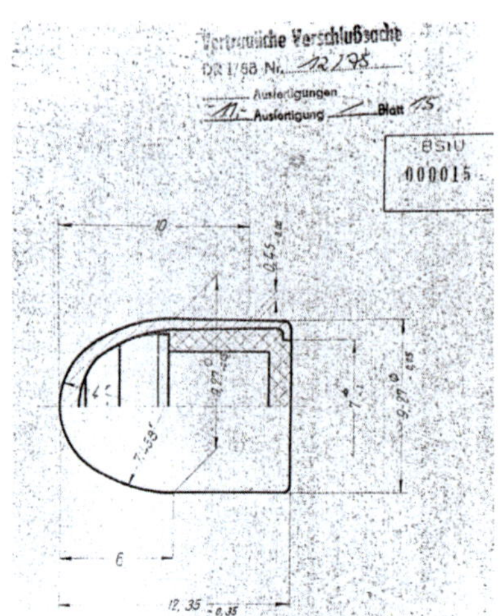

9 mm Makarow, Schnitt Geschoss mit Stahlkern, aus Militärischen Abnahmebedingungen[219]

Spezialmunition für den Revolver SMART R86 – Sammlung LKA Brandenburg

[219] BStU, MfS, Abt. BCD Nr. 3302 S.000015

Eine ausführliche Auswertung und Tests der Munition wurde im DWJ Magazin [220] veröffentlicht.

Für erweiterte Einsatzmöglichkeiten ist ein Schießbecher vorhanden im Kaliber 37,2 mm. Verwendet wurde die Treibkartusche des Bolzenschußgerätes, welches ebenfalls in Suhl gefertigt wurde. Granaten bis zu 150 g konnten so auf bis zu 70 m verwendet werden.

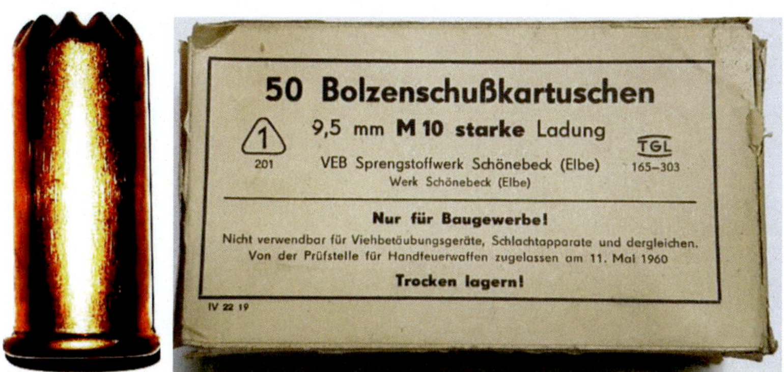

Bolzenschußkartuschen VEB Sprengstoffwerk Schönebeck (Elbe)

Damit konnten Reizkampfstoffe auf 50 m und Markierungsstoffe über Personen und Gruppen verschossen werden.
Außerdem sollten Geschosse entwickelt werden, die Autoscheiben durchschlagen und dann chemische Stoffe freisetzen – ähnlich dem Kompakt-Schlag-Sprühgerät – sowie Geschosse mit Knall- und Rauchentwicklung.
Der Revolver SMART wird als sogenannter Schusswaffenbaukasten bezeichnet, da er in verschiedenen Ausstattungen verfügbar sein sollte.

Es gab Überlegungen den SMART zu „einem programmierfähigen Revolver“ weiterzuentwickeln mit dem man „verschiedene Geschossarten beim Ziehvorgang einstellen konnte“.[221] Leider gibt es zur technischen Umsetzung keine konzeptionellen Unterlagen. Interessant ist diese Überlegung auch heute noch. Ebenfalls gab es Überlegungen für eine Variante im Kaliber .22 lfB.

---

[220] Zeitschrift DWJ 31. Jahrgang 7/95 S. 928ff

[221] Zitat Arnd Ortlepp aus MDR Thüringen „Der Osten Entdecke wo du lebst – Die Suhler Waffenschmiede“

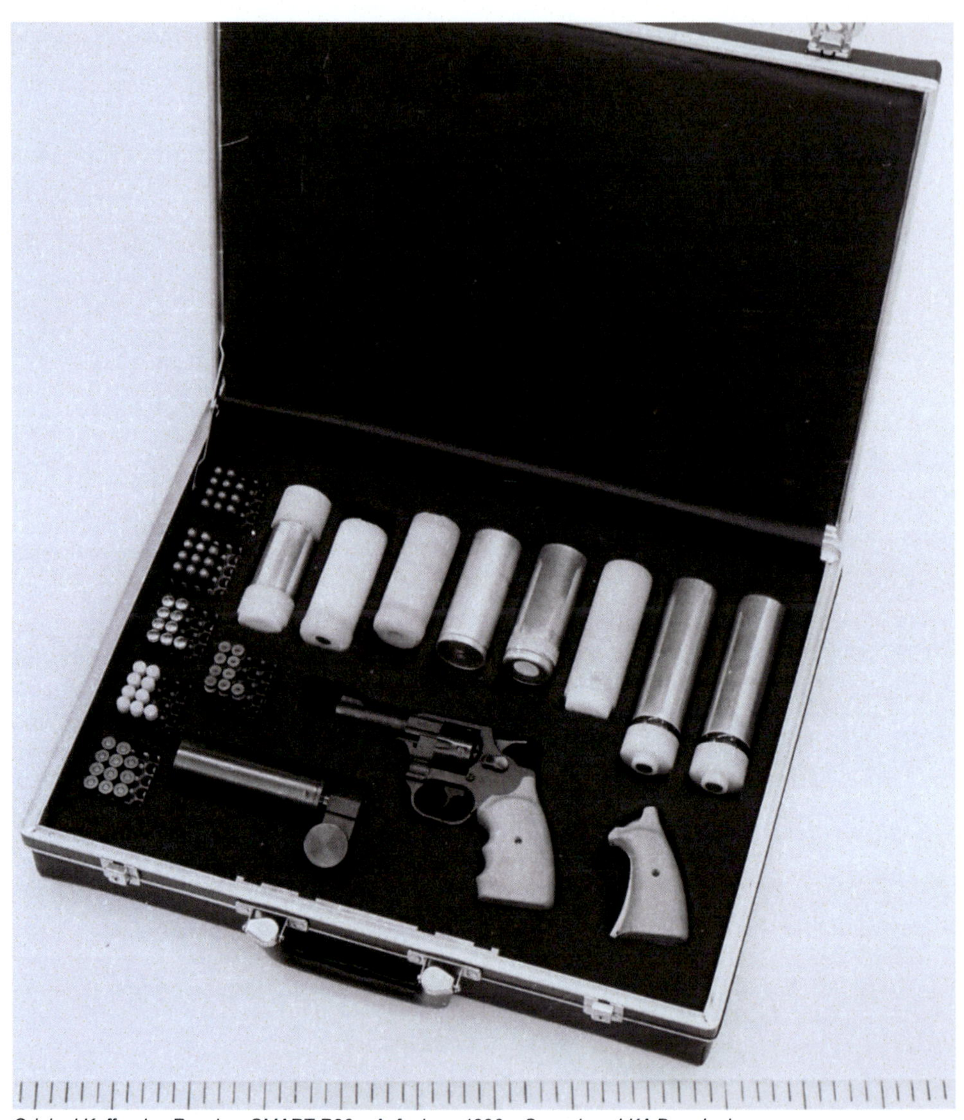

Original Koffer des Revolver SMART R86 – Aufnahme 1990 – Sammlung LKA Brandenburg

Revolver mit aufgesetzten Abschussbecher, Seriennummer 0002 – Aufnahme 1990 – Sammlung LKA Brandenburg

Revolver SMART R86 Seriennummer 0002 im originalen Holzkoffer, u.a. Abschussbecher mit verschiedenen Wirkmitteln, verschiedene Munition, Wechselgriffe – Aufnahme 1990 – Sammlung LKA Brandenburg

Revolver SMART R86 , Seriennummer 0004 mit Laufgewinde – Sammlung LKA Brandenburg

Revolver SMART R86, Seriennummer 0004 und 0032 weißfertig – Sammlung LKA Brandenburg

Revolver SMART R86, Seriennummer 0022, 0002 und 0037 – Sammlung LKA Brandenburg

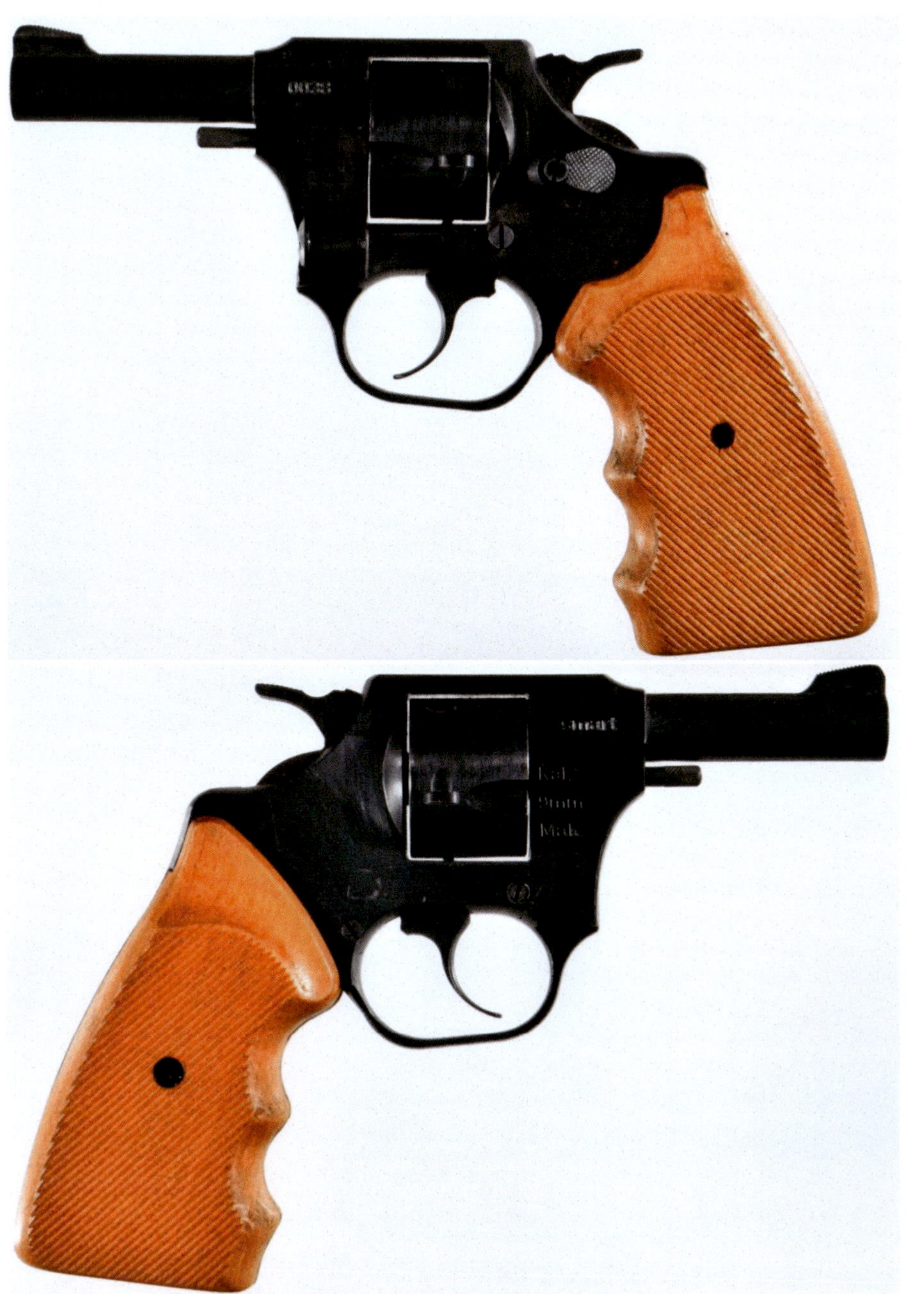

Revolver Smart R86, Seriennummer 0038 – Sammlung LKA Sachsen-Anhalt

BSTU
0024

Abteilung Bewaffnung
und Chemischer Dienst
Referat Sonderaufgaben

Berlin, 5. Februar 1987

bestätigt:
Voigt
Generalmajor

Programm für das Testschießen mit dem Entwicklungsmuster Revolver Mod. 86

Das Testschießen ist so zu gestalten, daß alle konstruktiven, materialseitigen und Verarbeitungsfehler bzw. -mängel eindeutig erkannt und zugeordnet werden können.

Protokollarisch und in Tabellenform sind die einzelnen Meß- und Beobachtungsergebnisse aufzuführen.

1. Getestet werden die 4 Stck gefertigten Revolver M-86 Kaliber 9,02 mm Makarow

   Der Testumfang beinhaltet

   - 3 Stck Revolver je 500 Schuß
   - 1 Stck Revolver 2000 Schuß

   Das Testschießen wird durch 2 Gruppen durchgeführt.

   1. Gruppe
   verantw.: Genosse Hptm. [geschwärzt]
   Genosse Hptm.

   2. Gruppe
   verantw.: Genosse Hptm. [geschwärzt]
   Genosse Fw.

   Die erste Gruppe schießt

   1 Revolver 2000 Schuß 2/3 einfach 1/3 doppelt
   1 Revolver 500 Schuß

   Termin: 28. 2. 1987

   Die zweite Gruppe schießt
   1 Revolver 2500 1500 Schuß SU / 1000 DDR
   1 ~~2~~ Revolver mit ~~je~~ 500 Schuß

   Termin: 21. 3. 1987

   Der Test beinhaltet die Vermessung vor dem Schießen und nach jeweils 100 Schuß. Nach jeweils 100 Schuß ist ein Trefferbild in einer Entfernung von 15 m mit 5 Schuß zu schießen.

   Vor und nach dem Testschießen ist mit jeder Waffe eine VO-Messung von 10 Schuß durchzuführen.

Programm für das Test Schießen[222]

[222] BStU, MfS, BCD Nr. 4164 S. 0024

BSTU 2
0025

Bei der Vermessung sind nachfolgende Kriterien zu erfassen.

1.1. Lauf

Mittels vorhandener Kaliberlehren ist das Laufkaliber zu vermessen sowie endoskopisch der Verschleiß der Hartchromschicht einzuschätzen.

1.2. Flucht- und Timingfehler

Mit dem zum Lauf passenden Kaliberdorn sind alle Flucht- und Timingfehler der einzelnen Patronenlager der Trommel nachzuprüfen.

1.3. Patronenlager

Durch Vermessen der Patronenlager und der abgeschlossenen Patronenhülsen sind Maß- und Formabweichungen der Patronenlager aufzuführen.

1.4. Luftspalt Trommel - Lauf und Trommelstoßboden
- ausmessen Kammerflucht Lauf - Stoßboden

Mit Hilfe von Blattfühlerlehren ist eine Änderung des jeweiligen Luftspaltes zu erfassen.

1.5. Übrige Funktionen

Beim Schießen sind Unregelmäßigkeiten, Mängel- und Abnutzungserscheinungen aller übrigen Funktionen zu erfassen. Besonderes Augenmerk ist auf die spielfreie Trommellagerung und -arretierung, die einwandfreie Schußauslösung sowohl in single action als auch double action und dem Entladevorgang der Trommel zu legen. Besonders zu beachten sind die sich nach dem Testprotokoll vom 24. 6. 1986 ergebenden Veränderungen in der Praxis bewähren.

2. Maßnahmen zur Schützensicherheit

Die gesetzlichen Bestimmungen sowie in den entsprechenden Dienstvorschriften festgelegten Befehle und Weisungen beim Umgang mit Handfeuerwaffen sind einzuhalten.

Der Beschuß der Revolver ist in eingespannten Zustand über Fernauslösung bei Wahrung der Schützensicherheit durchzuführen.

Die weitere Testung ist von Hand auszuführen, wobei die Schußhand mittels Lederhandschuh zu schützen ist.

Die Bestimmungen des Gesundheits-, Arbeits- und Brandschutzes sind einzuhalten. Durch den Leiter des Schießens ist vor jedem Schießen eine aktenkundige Belehrung durchzuführen.

Major

Vorgaben für das Testschiessen[223]

[223] BStU, MfS, BCD Nr. 4164 S. 0025

BSTU
0026

Veränderungen am Revolver Mod. 86

Auf Grund der Testung des Versuchsmusters Revolver Mod. 86 werden für die Fertigung der Funktionsmuster folgende konstruktive Änderungen eingearbeitet.

1. Einsetzen einer gehärteten Schlagbolzenbuchse im Stoßboden des Griffstückes.

2. Zurücksetzen des Griffes um 3 mm, um ausreichend Platz zwischen Griff und Abzugsbügel zu erreichen (Lage des Mittelfingers der Schießhand).

3. Umkonstruktion des Sterns und Ausziehers. Dadurch ist eine leichte Montage und Demontage der Ausstoßerteile möglich (keine Nutverbindung).

4. Patronenlagermaße werden nach den Minimalmaßen hergestellt. Dadurch wird das plastische Umformen der Patronenhülse weitgehend verhindert und das Festsitzen der Hülsen wird vermieden.

5. Schlagstückfeder wird verstärkt. Federenergie zwischen der des Versuchsmusters und des Rev. S - W Mod. 60.

6. Materialgüte der Trommelspindel von C 15 in 60 Si Mn 7 sowie Maß Ø 2 mm in Ø 2,6 geändert.
Dadurch wird eine größere Starrheit der Trommelführung erreicht.

7. Das linke Ohr wird an den Griffstücken der Funktionsmuster angearbeitet und ist gegenüber dem Funktionsmuster hin sperates Teil, analog wird der Abzugsbügel gefertigt.

8. Die Schwenkarmlagerung wird durch eine Bundschraube zwischen Schwenkarm und Griffstück erreicht. Dadurch kann ein exaktes Aus- und Einschwenken erreicht werden.

9. Kornbefestigung am Lauf durch Aufschrumpfen und zusätzliches Verstiften.

Major

Ergebnisse des Test-Schießen[224]

[224] BStU, MfS, BCD Nr. 4164 S. 0026

Das Gerät 940 – Wieger

Das Wieger war ein von der DDR produziertes Sturmgewehr im NATO-Kaliber 5,56 x 45 mm, welches ausschließlich für den Export in das Nichtsozialistische Ausland (NSW) gefertigt wurde und so einen enormen Devisenmarkt öffnen sollte.
Grundlage des Wieger ist die in der DDR in Lizenz gefertigte AK-74 im Kaliber 5,45 x 39 mm (Gerät 920). Gemäß dem Lizenzabkommen mit der Sowjetunion war dieses aber nicht für den NSW-Export freigegeben. Selbst wenn die Zustimmung zum Export gekommen wäre, so hätte sich ein potentieller Abnehmer in Abhängigkeit zum Produzenten der Munition begeben. Dies waren zu diesem Zeitpunkt die Sowjetunion, China und die DDR.

Das Kaliber 5,56 x 45 hatte sich, so die Einschätzung auch innerhalb des MfS, zu diesem Zeitpunkt weltweit durchgesetzt und war damit die bessere Wahl für eine Exportvariante.

Sturmgewehr WIEGER – Archiv des Autors – eigene Aufnahme

WIEGER, Archiv LKA Sachsen-Anhalt – eigene Aufnahme

Sturmgewehr WIEGER im zerlegten Zustand – eigene Aufnahme

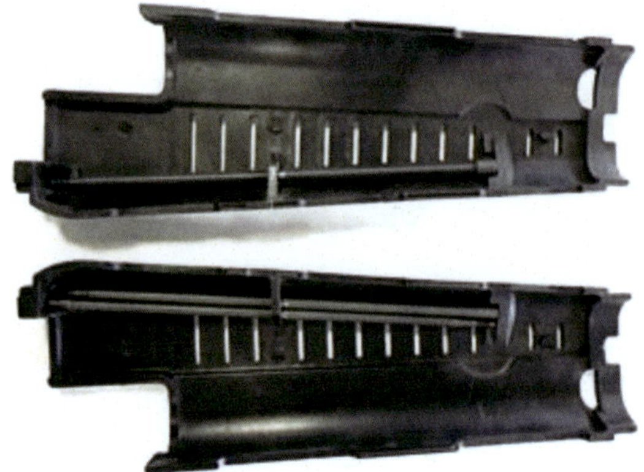

Handschutz mit Reinigungsstäben

neuer Mündungsdämpfer

Fach im Griffstück für das Reinigungsgerät – eigene Aufnahme

Begrifflich wurde die AKM im Kaliber 7,62 x 39 mm innerhalb der Produktion der DDR als „Gerät 910" bezeichnet, die MPi AK-74 als „Gerät 920". Dem entsprechend bezeichnete man die im NATO-Kaliber hergestellte Variante als „Gerät 940". Auch findet man die Bezeichnung „Erzeugnis 956" in Anspielung an das Kaliber 5,**56** x 45.

Die Produktionsbezeichnungen lassen sich wie folgt lesen:

Gerät 910 in der DDR hergestellte Lizenzproduktion der Kalaschnikow 7,62 x 39 mm
Gerät 920 in der DDR hergestellte Lizenzproduktion der Kalaschnikow 5,45 x 39 mm
Gerät 940 in der DDR eigens weiterentwickelte Kalaschnikow 5,56 x 45 mm
Gerät 950 an Gerät 940 angelehnt im Kaliber 5,45 x 39 mm
Gerät 970 an Gerät 940 angelehnt im Kaliber 7,62 x 39 mm

Die Untervarianten unterscheiden sich wie folgt:

9x1 Grundmodell
9x2 Klappschaft
9x3 kurzer Lauf
9x4 leichtes Maschinengewehr mit langem Lauf
9x5 Präzisionsgewehr

Die Bezeichnung „Gerät 940" ist der Sammelbegriff für eine ganze WIEGER Gewehrfamilie. Im Folgenden Auszug aus einem IMES-Prospekt für den Export:[225]

[225] BStU, MfS, AG BKK Nr. 175 S. 0001 ff

Schützenwaffen aus der DDR-Industrie sind weltweit anerkannt. Sie gehören seit Jahren zur Standardausrüstung von Streitkräften und anderer bewaffneter Formationen in vielen Ländern und Regionen. Sie sind modern, verkörpern optimale Leistungsparameter, hohe Qualität, Sicherheit und Zuverlässigkeit. Mit dem Sturmgewehrsortiment WIEGER 940 stellt die DDR-Industrie eine Weiterentwicklung ihres Schützenwaffensortiments vor, das den höchsten Ansprüchen der Streitkräfte nach einem leistungsfähigen Schützenwaffensortiment im Kaliber 5,56 × 45 mm entspricht.

Die Baukastenreihe WIEGER 940 umfaßt:

Sturmgewehre in der Standardausführung mit Kolben und Metallschulterstütze
STG 941 und STG 942

Sturmgewehre in kurzer Ausführung
STG 943

leichte Maschinengewehre
LMG 944

Dieses Sortiment wird den Bedürfnissen bewaffneter Kräfte nach Schützenwaffen verschiedener Zweckbestimmung gerecht. Die Baukastenreihe bildet eine gelungene Synthese der Forderungen nach Mehrzweckverwendung und hohem Gefechtswert bei geringsten Unterschieden im Aufbau, in der Anwendung und Logistik.
Bei der Entwicklung und Produktion der Schützenwaffen WIEGER 940 wurden die Ergebnisse und Erfahrungen der erfolgreichsten nationalen und internationalen Waffenhersteller berücksichtigt. Sie wurden in der Erprobung und Truppenpraxis den härtesten Einsatzbedingungen des modernen Gefechts unterzogen und entsprechen in Qualität, Gefechtswert und Zuverlässigkeit diesen hohen Anforderungen.

Der Produzent WIEGER erfüllt mit einem erfahrenen Facharbeiterstamm, mit einem hochqualifizierten und international erfahrenen ingenieurtechnischen Personal höchste Qualitätsansprüche. Die hervorragenden Ergebnisse bei internationalen Vorführungen und Tests sind eindrucksvoller Beweis von ausgezeichneter Qualität und Leistung.

Hochproduktive NC- und computergesteuerte Maschinen und Anlagen sowie moderne Fertigungstechnologien sichern eine rationale Produktion, gleichbleibende Qualität, hohe Flexibilität und ein großes Leistungsvermögen des Herstellers.

Wir sind in der Lage anspruchsvolle Kundenwünsche zu erfüllen.

BStU
000039
41
Eine Auswahl aus dem
Produktionssortiment von
WIEGER-Schützenwaffen
• Sturmgewehre in
Standardausführung
• Sturmgewehr in
kurzer Ausführung
• leichtes Maschinen-
gewehr

STG 941
STG 942
STG 943
LMG 944
PG 945

Bei speziellem Bedarf ist ein Zielfernrohr leicht und schnell mittels einer universellen Halterung auf die Waffe aufzusetzen

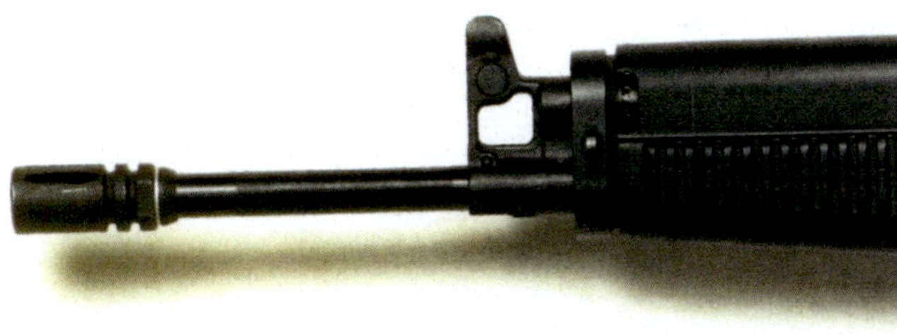

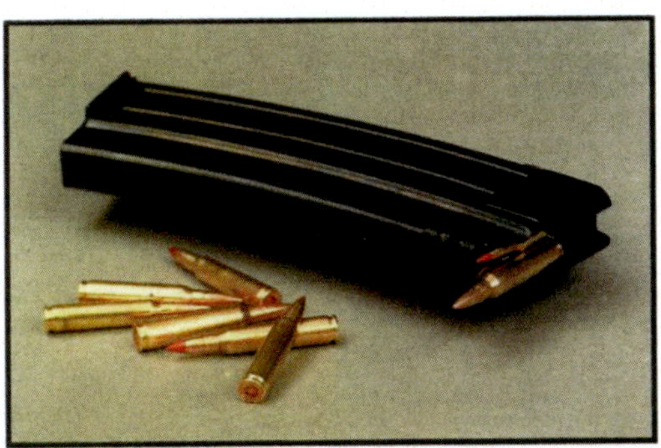

Das Stangenmagazin ist in Stahlblech- oder moderner Plastausführung lieferbar und entspricht, hinsichtlich der Kapazität, Handhabung und sicheren Funktion, allen Anforderungen des modernen Gefechts

Typenkurzbezeichnung

47-1

Sturmgewehr WIEGER STG 941

Taktisch-technische Angaben der WIEGER-Schützenwaffen Baukastenreihe 940 Kaliber 5,56 × 45 mm

Günstigste Schußentfernung Einzelziel Gruppenziel	 bis 400 m bis 1000 m
Feuergeschwindigkeit, theoretisch	600 Schuß/min.
Feuergeschwindigkeit, praktisch	100 Schuß/min.
Feuerarten (E–Einzel-, D–Dauerfeuer, 3-Schußunterbrechung)	E und D, bzw. E und 3-Schußunterbr.
Stoppwirkung auf ungedeckte, lebende Ziele	≧ 1500 m
Durchschlagsleistung, Stahlplatte 5 mm	= 300 m (M 193) = 400 m (SS 109)
Treffergenauigkeit	R ≦ 7,5 cm auf 100 m
Anfangsgeschwindigkeit des Geschosses V_0	930 m/s (M 193) 900 m/s (SS 109)
Visierreichweite	1000 m
Magazinkapazität (Patronenzahl)	20 oder 30
Anzahl der Züge	6
Lauflänge	420 mm
Länge des gezogenen Teiles des Laufes	372 mm
Drallänge in mm/Zoll	178 mm/7"oder 305 mm/12"
Länge der Visierlinie	285 mm
Länge der Waffe (Kolben–längenverstellbar)	910–928 mm
Länge der Waffe mit aus-/beigeklappter Stütze	–
Gewicht der Waffe ohne Magazin, 941/942	3,2 kg
Gewicht des gefüllten Magazins (30 Patron.)	680 g (M 193), 700 g (SS 109)
Standardzieleinrichtung	offenes mechan. Visier
Funktionsprinzip	Gasdrucklader, automatisch
Standardzubehör	Reinigungsgerät

Sturmgewehr WIEGER STG 942	Sturmgewehr WIEGER STG 943
bis 400 m bis 1000 m	bis 200 m bis 800 m
600 Schuß/min.	600 Schuß/min.
100 Schuß/min.	100 Schuß/min.
E und D, bzw. E und 3-Schußunterbr.	E und D, bzw. E und 3-Schußunterbr.
≧ 1500 m	≧ 1300 m
= 300 m (M 193) = 400 m (SS 109)	= 300 m (M 193) = 400 m (SS 109)
R ≦ 7,5 cm auf 100 m	R ≦ 7,5 cm auf 100 m
93[illegible]/s (M 193) 900 m/s (SS 109)	860 m/s (M 193) 835 m/s (SS 109)
10[illegible]	500 m
20 oder 30	20 oder 30
6	6
420 mm	320 mm
372 mm	272 mm
178 mm/7" oder 305 mm/12"	178 mm/7"
285 mm	285 mm
–	–
915/700 mm	805/600 mm
3,5 kg	3,3 kg
680 g (M 193), 700 g (SS 109)	680 g (M 193), 700 g (SS 109)
offenes mechan. Visier	offenes mechan. Visier
Gasdrucklader, automatisch	Gasdrucklader, automatisch
Reinigungsgerät	Reinigungsgerät

Sturmgewehr WIEGER STG 942	Sturmgewehr WIEGER STG 943
bis 400 m bis 1000 m	bis 200 m bis 800 m
600 Schuß/min.	600 Schuß/min.
100 Schuß/min.	100 Schuß/min.
E und D, bzw. E und 3-Schußunterbr.	E und D, bzw. E und 3-Schußunterbr.
≧ 1500 m	≧ 1300 m
= 300 m (M 193) = 400 m (SS 109)	= 300 m (M 193) = 400 m (SS 109)
R ≦ 7,5 cm auf 100 m	R ≦ 7,5 cm auf 100 m
930 m/s (M 193) 900 m/s (SS 109)	860 m/s (M 193) 835 m/s (SS 109)
1000 m	500 m
20 oder 30	20 oder 30
6	6
420 mm	320 mm
372 mm	272 mm
178 mm/7" oder 305 mm/12"	178 mm/7"
285 mm	285 mm
–	–
915/700 mm	805/600 mm
3,5 kg	3,3 kg
680 g (M 193), 700 g (SS 109)	680 g (M 193), 700 g (SS 109)
offenes mechan. Visier	offenes mechan. Visier
Gasdrucklader, automatisch	Gasdrucklader, automatisch
Reinigungsgerät	Reinigungsgerät

In Suhl fertigte man im Bereich der speziellen Produktion des VEB Fahrzeug- und Jagdwaffenwerk (Fajas) „Ernst Thälmann“ u.a. die Läufe für das Gerät 940. Diese wurden dann im VEB Werkzeug- und Gerätebau Wiesa (GWB) zur fertigen Waffe montiert.

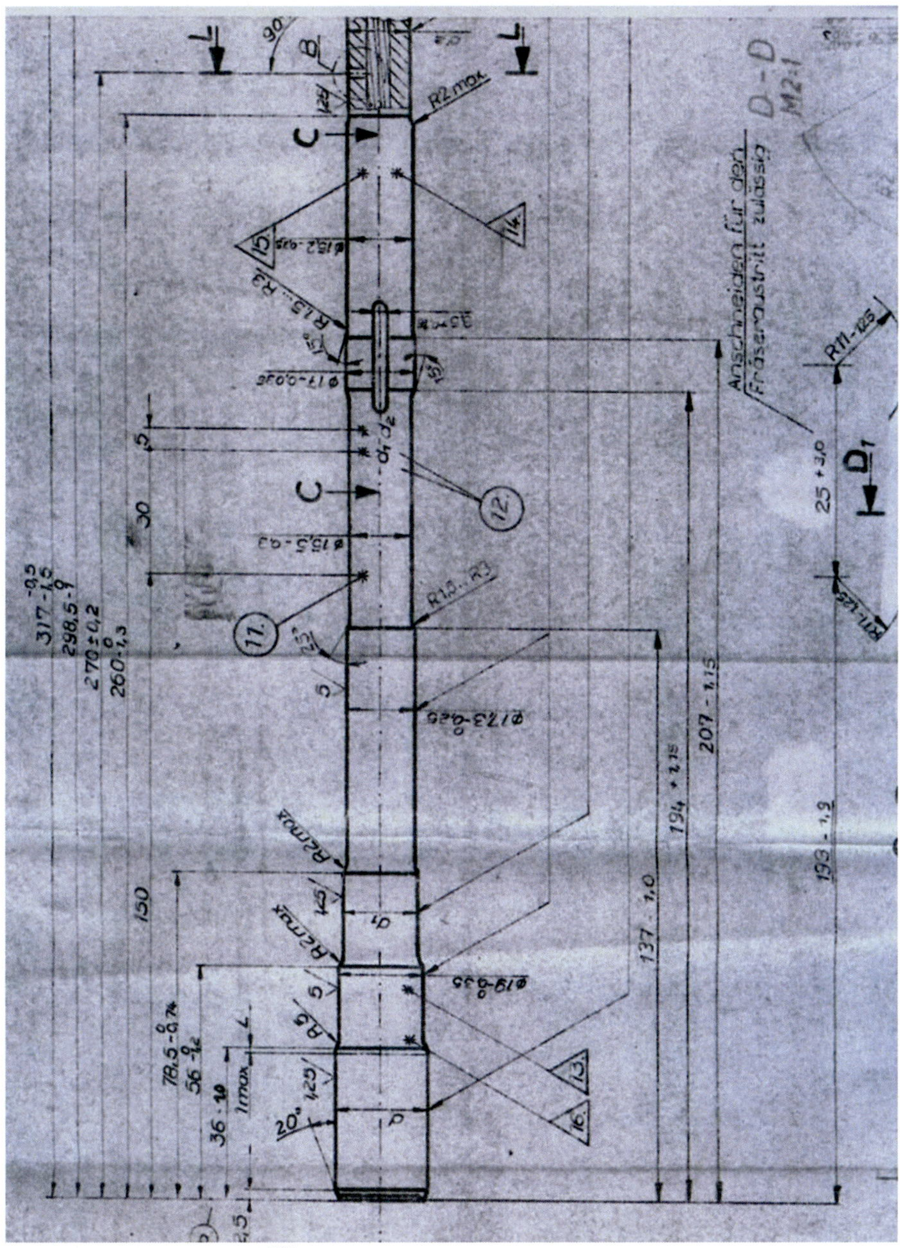

Blaupause des WIEGER-Laufes[226]

[226] Thür. Staatsarchiv Meiningen VEB Fahrzeug- u. Jagdwaffenwerk Suhl, Nr. 4356

Wie bei den Geräten 910 & 920, waren an der Herstellung verschiedene VEBe beteiligt, die jeweils nur Einzelteile fertigten. Die Endmontage erfolgte im VEB Werkzeug- und Gerätebau Wiesa (GWB). Federführung für die Entwicklung und die Serienfertigung der Wieger war das VEB Kombinat Spezialtechnik Dresden.

Alle Mitarbeiter mussten von dessen Betriebsdirekter bestätigt und verpflichtet werden. Außerdem mussten alle über eine GVS (Geheime Verschlusssache) – bzw. VVS (Vertrauliche Verschlusssache) - Berechtigung verfügen. [227]

Den Mitarbeitern des VEB Fajas war kein Zusammenhang zum MfS ersichtlich. Jedoch war das MfS mit der Abteilung Kommerzielle Koordinierung (KoKo) unter Führung des OibE von Alexander Schalck-Golodkowski involviert. Die Kosten der Entwicklung wurden vom Außenhandelsbetrieb IMES GmbH getragen und sollten später über den Export refinanziert werden.

Exkurs KoKo: Der Bereich Kommerzielle Koordinierung war ein Organ im Ministerium für Außenhandel (MAH) der DDR zur Erwirtschaftung von Devisen über eine Vielzahl an Außenhandelsfirmen. Am bekanntesten ist wohl die Import-Export, kurz IMES GmbH mit dem Hauptlager Kavelstorf bei Rostock. Hochpolitisch und brisant erfolgte die Führung der KoKo teilweise direkt über das Politbüro des Zentralkomitees (ZK) der SED. Leitende Positionen im Bereich KoKo waren durch hauptamtliche Mitarbeiter des MfS besetzt, welche zum MAH abkommandiert waren. Das Hilfspersonal im Büro Schalck war sämtlich MfS-Personal. Viele Mitarbeiter im Bereich KoKo in zentralen Positionen waren IM des MfS.[228]
Innerhalb des MfS gab es die Arbeitsgruppe Bereich Kommerzielle Koordinierung (AG BKK), welche für die politisch-operative Sicherung der KoKo zuständig war. Solange die DDR von der Mehrzahl der Staaten außerhalb des NSW nicht diplomatisch anerkannt war, war das MfS gezwungen, auf die Nutzung der Auslandsvertretungen der DDR für nachrichtendienstliche Zwecke zu verzichten. Um dennoch Informationen zu erhalten, nutzte und kontrollierte man alle Kontakte der Reisekader des MAH. So mussten Berichte über Ablauf von Reisen der Reisekader sofort und Berichte über den Inhalt von Gesprächen innerhalb von 3 Tagen angefertigt werden. Außerdem sicherte man so das MAH gegen nachrichtendienstliche Angriffe von westlicher Seite ab. Überdies erlangte man so u.a. Informationen über Embargogüter, die legal für die DDR nicht zu erlangen waren. Dazu gründete man auch Scheinfirmen im NSW, die als Käufer bzw. Verkäufer solcher Güter auftraten.

[227] BStU, MfS, BV Suhl Abt XVIII Nr. 2407 S. 172–177
[228] Bundesarchiv B206/1867 BND Archiv 36469 S. 1-10

Die DDR versuchte über ein Firmennetzwerk auch Militärausrüstung im großen Umfang in die ganze Welt zu verkaufen, als auch eigene Defizite einzukaufen. Auf allen bedeutenden Messen waren Mittelsmänner vertreten. Dabei wurden sowohl Bestände an alter Militärausrüstung, wie Karabiner K98 und Simonow, Pistole P08, Militäreffekte, Munition, als auch Neuproduktionen angepriesen. Die Verkaufsgespräche wurden detailliert dokumentiert. Verkauft wurde an Privatpersonen, als auch Firmen, hier meist unter Nutzung von weiteren Mittelsmännern. Alle Akteure wurden durch das MfS gründlich untersucht und begleitet. Hierbei arbeiteten alle Stellen des MfS, sowie Grenzkontrollen Hand in Hand, wie die folgenden Dokumente zeigen:

Interesse besteht an der direkten Einfuhr des Karabiners 98 und der Pistole o8 für Sammlerzwecke in die BRD. Herrn ▇ wurde erklärt, daß keine Möglichkeiten für einen direkten Export in die BRD gesehen werden.

Mdl. wurden folgende Positionen aus Beständen angeboten:

6,35 mm Pistole `Duo	5o $
7,65 mm Pistole 1oo1	55 $
9 mm Pistole o8	15o $
MPi 41 (ru.)	8o $
MPi 43/44 (dt.)	11o $
Karabiner 98 K	1oo $
LMG RPD	16o $
LMG DP	11o $
Karabiner Simonow	2oo $
9,o2 mm Munition f. Mak.	6o $
9 mm Mun. para	5o $
M 43 neu	11o,-$

Angebot der IMES an einen Mittelmann für einen Schweizer Endnutzer[229]

[229] BStU, MfS, AG BKK Nr. 1251 S. 0011

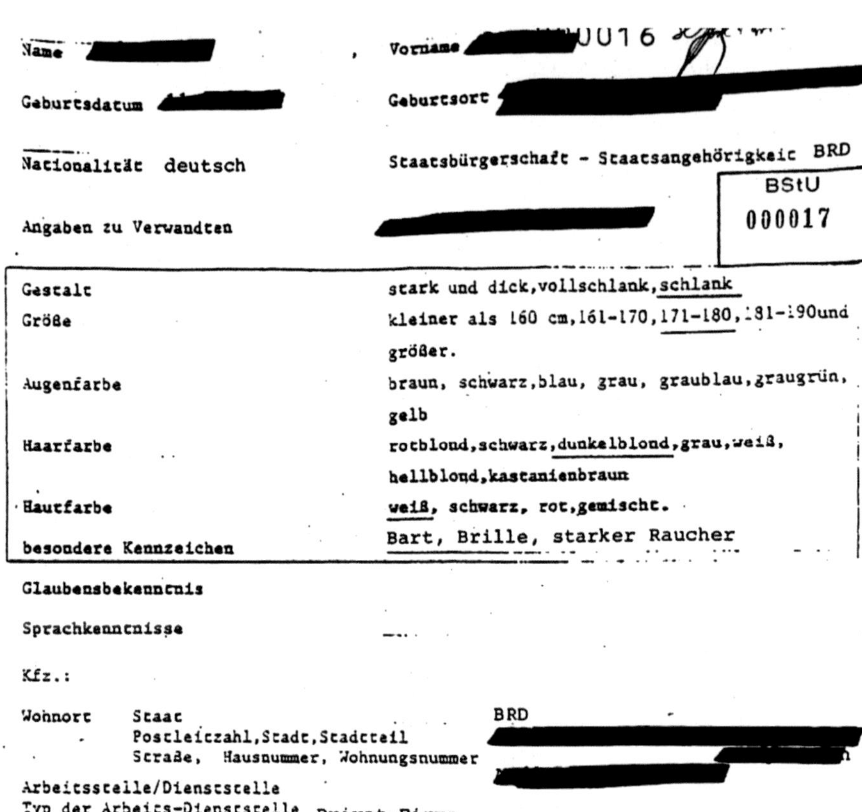

Name ████, Vorname ████ 0016

Geburtsdatum ████ Geburtsort ████

Nationalität deutsch Staatsbürgerschaft - Staatsangehörigkeit BRD

BStU 000017

Angaben zu Verwandten ████

Gestalt	stark und dick,vollschlank,schlank
Größe	kleiner als 160 cm,161-170,171-180,181-190und größer.
Augenfarbe	braun, schwarz,blau, grau, graublau,graugrün, gelb
Haarfarbe	rotblond,schwarz,dunkelblond,grau,weiß, hellblond,kastanienbraun
Hautfarbe	weiß, schwarz, rot,gemischt.
besondere Kennzeichen	Bart, Brille, starker Raucher

Glaubensbekenntnis

Sprachkenntnisse —

Kfz.:

Wohnort Staat BRD
Postleitzahl,Stadt,Stadtteil ████
Straße, Hausnummer, Wohnungsnummer ████

Arbeitsstelle/Dienststelle ████
Typ der Arbeits-Dienststelle Privat-Firma
Bezeichnung Jagd-, Schieß- Sport-Ausrüstung
Lage (Ort) ████

Auszug aus einem Dossier eines interessierten Waffenkäufers [230]

[230] BStU, MfS, AG BKK Nr. 1251 S. 000017

Hauptabteilung XVIII/8

Berlin, 19. Juli 1988
XVIII/8/1/16597 /88 000
herr-th/33 939

33930

Arbeitsgruppe BKK

Ihr Auskunftsersuchen zu
Schreiben vom 11. 7. 1988, Tgb.-Nr.: 1298/88/fi-br

Die Erfassung der von Ihrer Diensteinheit überprüften Person resultiert aus dem zwischen unserer Diensteinheit und der HVA/SWT/V abgestimmten Vorgehen zur operativen Aufklärung dieser Person und dessen personelles Umfeld im Operationsgebiet.

Aus dem bisherigen Aufklärungsergebnis ergeben sich keine Gefahrensmomente bezüglich der kommerziellen Verbindungen zum AHB IMES.

Leiter der Abteilung

iV [Unterschrift] OFt

Oberst

Auskunftsersuchen zu einer Person mit Kontakt zur IMES[231]

Auskunftsersuchen

Durch Form 10 Suchauftrag Nr. Y 7602605 vom 24. 6. 1988 zum BRD-Bürger

,

geb. am
wohnhaft:

Geschäftsführer bei Jagd- und Schieß-Sport-Ausrüstung .

wurde die Erfassung für Ihre Diensteinheit bekannt.

Seit April 1988 werden Geschäftskonstruktionen zwischen und dem AHB IMES zu Erzeugnissen der speziellen Produktion verhandelt. Resultierend aus dem hohen Sicherheitsbefürfnis zu diesen Konstruktionen bitten wir Sie aus vorbeugender Sicht um die Bereitstellung sachdienlicher Hinweise zur Erfassung des für Ihre Diensteinheit sowie um Informationen zur Person des

Auskunftsersuchen zu einer Person mit Kontakt zur IMES[232]

231 BStU, MfS, AG BKK Nr. 1251 S. 000032
232 BStU, MfS, AG BKK Nr. 1251 S. 000031

000012

BStU 000013

Personenavisierungen - AfB I M E S
für den Zeitraum vom 01. 05. - 31. 05. 88 -

Antragsteller	Personalien Pkw o. ä.	Einreise, Datum Güst	Ausreise, Datum Güst	Maßnahmen
Gen.	geb. am: DDR	10. 05. Schönefeld IF 303	-	Zollkontrollbefreiung
Gen.	Paß-Nr.:	11. 05. Fr.-/Zimmerstr.	-	formelle Zollkontrolle, mitgeführte spezielle technische Unterlagen ohne Zollkontrolle
	Paß-Nr.: Argentinien	"	-	
	geb. am: DDR (Begleiter)	"	-	"
		Pkw:		
Gen.	geb. am: BRD Pkw:	-	13. 05. Wartha	Zollkontrollbefreiung
Gen.	Paß-Nr.: Argentinien	15. 05. Fr.-/Zimmerstr.	20. 05. Fr.-/Zimmerstr.	mitgeführte spezielle technische
	Paß-Nr.: Argentinien	"	"	"
	Paß-Nr.: Pkw: Taxe	"	-	"
Gen.	wie vor	20. 05. Schönefeld IF 521	-	Zollkontrollbefreiung

Zusammenarbeit IMES und Grenz-/Zollkontrolle[233]

Insgesamt sind der Bereich KoKo und die AG BKK, sowie die IMES ein sehr spannendes Gebiet innerhalb des MfS gewesen und bieten auch heute noch viele Geheimnisse über Machenschaften von Firmen beiderseits der Grenze.

[233] BStU, MfS, AG BKK Nr. 1251 S. 000013

BUNDESNACHRICHTENDIENST

53 B / 53 BA		30.12.1982
AUFZEICHNUNG	**GND**	

gbNr	1120/82 ~~VS-Vertraulich~~		
Kennziffer		Berichtsnummer	
Aktenzeichen	DDR / 32 - 12 - 85		
Titel	Der Bereich "Kommerzielle Koordinierung" (KoKo) im Ministerium für Außenhandel (MAH) der DDR als Hilfsorgan für das Ministerium für Staatssicherheit (MfS)		
Bezug 1 2	BND Archiv		
Stand	Oktober 1982		
Kurzfassung			

In der Aufzeichnung werden Entwicklung, Aufgaben, Zielsetzung und Gliederung sowie Methoden des Bereiches "Kommerzielle Koordinierung" im MAH dargestellt, soweit sie durch das MfS abwehr- und besonders aufklärungsmäßig genutzt werden.

36469

Dossier des BND zum Bereich KoKo[234]

[234] Bundesarchiv B206/1867 BND Archiv 36469 S. 1

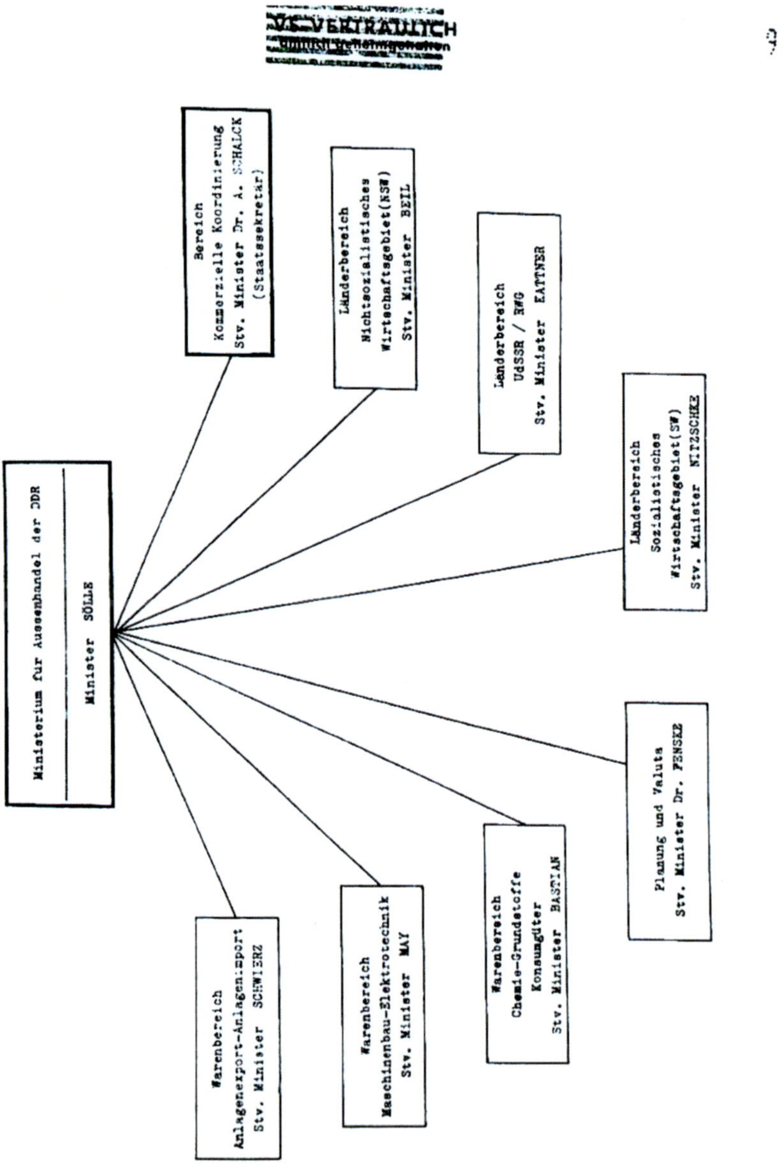

Ministerium für Aussenhandel der DDR
Minister SÖLLE

Bereich
Kommerzielle Koordinierung
Stv. Minister Dr. A. SCHALCK
(Staatssekretär)

Länderbereich
Nichtsozialistisches
Wirtschaftsgebiet(NSW)
Stv. Minister BEIL

Länderbereich
UdSSR / RWG
Stv. Minister KATTNER

Länderbereich
Sozialistisches
Wirtschaftsgebiet(SW)
Stv. Minister NITZSCHKE

Planung und Valuta
Stv. Minister Dr. PENSKE

Warenbereich
Chemie-Grundstoffe
Konsumgüter
Stv. Minister BASTIAN

Warenbereich
Maschinenbau-Elektrotechnik
Stv. Minister MAY

Warenbereich
Anlagenexport-Anlagenimport
Stv. Minister SCHWIERZ

Struktur des Bereiches KoKo aus Akten des BND [235]

[235] Bundesarchiv B206/1867 BND Archiv 36469 S. 9–10

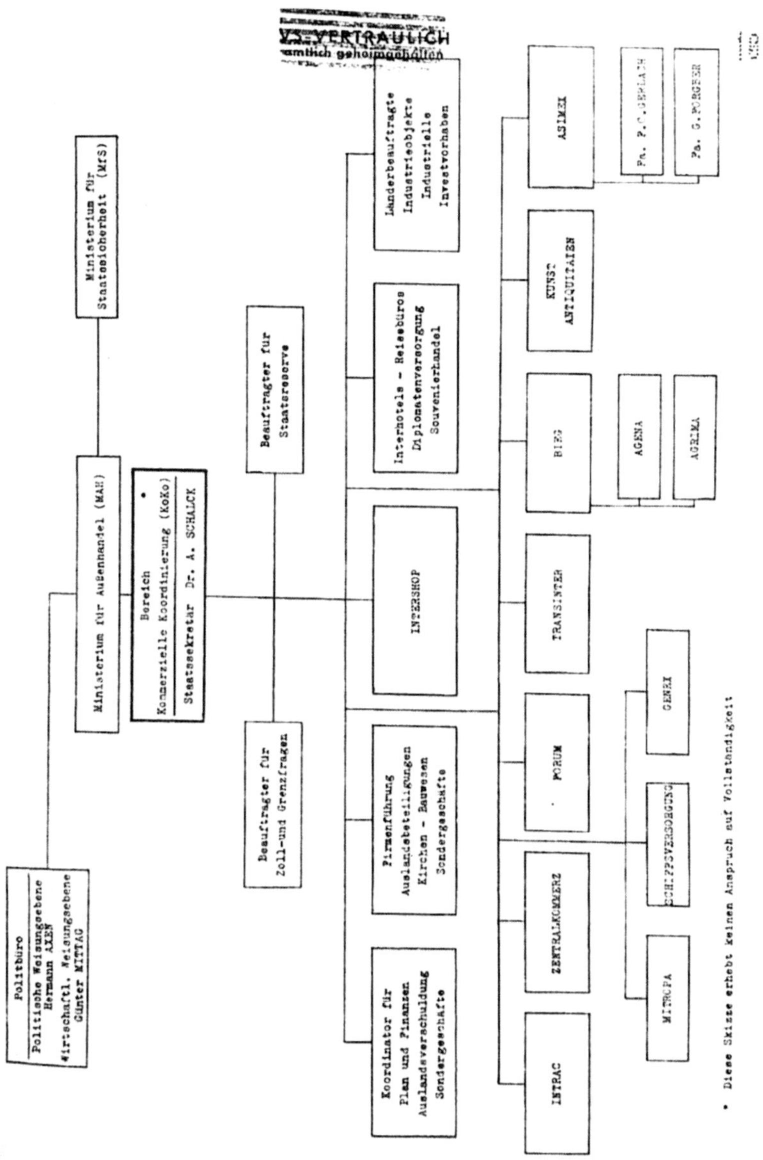

Struktur des Bereiches KoKo aus Akten des BND [236]

[236] Bundesarchiv B206/1867 BND Archiv 36469 S. 9–10

Noch vor Beginn der Produktion der neuen MPi AK-74 im Kaliber 5,45 x 39 mm in der DDR arbeitete man an dem Bau eines Modelles im NATO-Kaliber 5,56 x 45 mm.
Man beschaffte bereits 1983 zielgerichtet original Zeichnungsunterlagen für Hämmerdorne bei der Firma GFM in Österreich für NATO-Waffen und Laufrohlinge, um deren Beschaffenheit und Merkmale zu testen. Da regelmäßig Mitarbeiter aus der DDR bei GFM in Österreich zur Schulung und Weiterbildung waren, nutzte man diese persönlichen Beziehungen, um die Zeichnungsunterlagen der NATO-Dorne zu beschaffen.

Am nächsten Tag, als [geschwärzt] und ich mit [geschwärzt] allein an unserer SHK 10 waren, sprach [geschwärzt] den [geschwärzt] an, ob er uns nicht eine Pause von dem NATO-Dorn überlassen könne. Ich warf in das Gespräch den Gedanken ein, ob wir vielleich gleich einen fertigen Dorn mit dazu bekommen könnten. [geschwärzt] antwortete darauf, daß er keinen Dorn herausgeben könne. Dies wäre nur möglich, wenn dazu ein offizieller Auftrag (von unserem Betrieb) bei der Fa. 6 FM vorliege. Bezüglich einer Lichtpause der Zeichnung meinte er, daß es eigentlich verboten sei, Informationen an Dritte zu geben, daß er es aber · versuchen wolle. Unter der Bedingung, daß es unter uns bleiben würde, wolle er sehen, was sich machen ließe. Damit war das Gespräch darüber beendet.

Auszug aus einem ADR[237]-Bericht bei der Firma GFM in Österreich. Nach dem Gespräch wurden die Unterlagen über NATO-Dorne konspirativ an MfS Mitarbeiter übergeben [238]

Inwiefern auch westliche Geheimdienste die Firma GFM abschöpften ist nicht bekannt, erscheint aber nur logisch.

Ein weiteres Problem war die Innenverchromung der kleinkalibrigen Bohrungen, sowohl bei der zu produzierenden AK-74, als auch später der Wieger. Dazu kaufte man in Österreich eigens eine Galvanikanlage und stellte diese 1984 in Suhl auf.
Die Außenhandelsorgane der DDR, allen voran die IMES Import Export Gesellschaft mbH, hatten bereits Muster der Wieger verschiedenen ausländischen Streitkräften des Nichtsozialistischen Ausland (NSW) vorgestellt und hier Interesse am Kauf einer großen Anzahl dieser Waffe geweckt. Die IMES war die bekannteste Tarnfirma des Bereiches Kommerzielle Koordinierung des MfS und zuständig für den Verkauf von Waffen ins und den Kauf von Waffen aus dem Ausland.[239]
Das peruanische Heer bestellt noch 1989 10.000 Wieger, sowie 6 Millionen Schuss Munition 5,56 x 45 SS 109.
Die Munition für diesen Export-Auftrag sollte zum größten Teil aus dem Ausland erworben werden, da man im Spreewerk Lübben noch keine eigene Produktionslinie fertiggestellt hatte, um kurzfristig eine solch hohe Anzahl an Munition zur Verfügung zu stellen. Eine weitere Idee war die Beschaffung der Munition in Halbteilen aus dem Ausland, um sie danach in Lübben bzw. Königswartha fertigzustellen.
Ebenfalls aus Westdeutschland kamen Plastspritzwerkzeuge zur Herstellung der Plastikteile der WIEGER.[240]

[237] Auslandsdienstreise
[238] BStU, MfS, BV Suhl Abt. XVIII Nr. 2407 S. 000115f
[239] BStU, MfS, BV Suhl Abt XVIII Nr. 2407 S. 000111-000113 und 205–207
[240] BStU, MfS, AG BKK Nr. 1251 S. 0022–0024

Die Abt BCD des MfS testete Anfang 1989 im Geheimen ebenfalls das Gerät 940, im speziellen wurden hierbei Laufuntersuchungen durchgeführt. Dabei wurden Qualitätsmängel an ebendiesen festgestellt. So gab es Profilabweichungen im Schusskanal entlang der Übergänge zwischen den Zügen und Feldern des Laufes, entstanden z.B. durch die Nutzung eines fehlerhaften Hämmerdornes. Die Auswertung des Tests wurde an die BV Suhl weitergeleitet. Es wurde festgestellt, dass die vom MfS erkannten Qualitätsmängel weder dem VEB Fajas, als Hersteller des Laufes, noch dem VEB Werkzeug- und Gerätebau Wiesa, als Produzent des Gerät 940 bekannt waren. Die in beiden Betrieben durchgeführten Qualitätskontrollen konnten die Mängel aufgrund fehlender Messmittel nicht erkennen. Vom MfS wurde deshalb eine vertragsgerechte Reklamation der Läufe vom VEB Werkzeug- und Gerätebau Wiesa an das VEB Fajas empfohlen. Dass die Reklamation auf den Tests der Abt BCD beruhte, war beiden VEB aus Gründen der Konspiration nicht bekannt. Ob diese im Jahr 1989 noch umgesetzt wurde scheint fraglich.[241]

Nach 1993 wurden die Konstruktionsunterlagen vom in München beheimateten Amt für Militärkunde (AMK, Dienststelle für Soldaten die im BND eingesetzt sind) zusammengetragen und später dem BWB (heute Bundesamt für Ausrüstung, Informationstechnik und Nutzung der Bundeswehr - BAAINBw) zur Auswertung übergeben. Diese Unterlagen wurden 2003 leider nachweislich vernichtet.[242]

Heute werden verschiedene Derivate dieser Waffe angeboten. Die US-Firma Inter Ordnance vertreibt ein solches unter dem Namen „STG 2003-C". Nach eigenen Aussagen nutzte die Firma zum Nachbau ein vorhandenes original Wieger. Zur Herstellung verwendet Inter Ordnance rumänische AK-Modelle des Herstellers CUGIR, welche sie aufgrund von US-Regulierungen (siehe Federal Statute 922r) mit einer Anzahl von in den USA hergestellten Teilen umrüstet. Neben der Abzugseinrichtung (Fire control unit), werden der Wieger-typische Plaste Handschutz und Hinterschaft aus US-Produktion verbaut. Ausgeliefert wurden die US-Klone mit originalen DDR-Trageriemen und Reinigungsgerät.

Für weitere Informationen zur Geschichte der Wieger empfehle ich das Buch „Von der Kalaschnikow zur Wieger" von Prof. Dr. Rigo Herold.

[241] BStU, MfS, BV Suhl Abt XVIII XVIII / 2407 S 000205–000207
[242] Deutscher Bundestag WD 2 – 3000 – 124/16 (6. Oktober 2016)

Abkgo : Akxy / S. 2 000021

Arbeitsgruppe BKK

Leipzig, 9. September 1988
hab-br

Treff: 9. 9. 1988
IMS "Günter"
LHM
Zeit: 10.00 - 11.00 Uhr

Hptm. [geschwärzt]

Tonbandabschrift

Kurzinformation zur Verhandlung mit der Firma [geschwärzt] Österreich, vertreten durch Herrn [geschwärzt] auf der Leipziger Herbstmesse

Die Verhandlung findet statt mit der Zielstellung - Klärung Import 1,3 Mio Stück SS 109 zur Verwendung primär in der DDR und zur Versorgung verschiedener Vorführungen des Erzeugnisses 940 im Ausland, zweitens - Import von 4 Mio Stück SS 109 für einen Export nach Peru, drittens - Problem Beschaffung Prüfläufeleeren bei [geschwärzt], viertens - losgelöst von dieser Problematik entsprechend Partnerwunsch,Vertragsverhandlungen und möglichst Abschluß zu Halbteilen für M 43, 8 Mio Hülsen, 35 Mio Hütchen, 80 Tonnen Pulver.

Verhandlungen zwischen einer österreichischen Firma und Vertretern der DDR zur Lieferung von u.a. NATO-Munition als Zwischenlösung[243]

[243] BStU, MfS, AG BKK Nr. 1251 S. 0022

Dokument 338

I M E S   Berlin, den 7.8.1989

67

Hauptabteilungsleiter
Planung / Ökonomie
Genossin Bleßing

über

Leiter Abt. Handelspolitik
Genossen Uhlig

Antrag auf Geschäftsgenehmigung

Land: Peru

Partner: Servicio de Material de Guerra del Ejercito SMGE (Peruanisches Heer)

Ware:
- 10.000 Stück Erzeugnis 940 mit
  - . 5 Magazinen
  - . 1 Magazintasche
  - . Bajonett
  - . Tragegurt
- 3 Mio Stück M 940 (Kal. 5,56)
  3 Mio Stück SS 109 (INDEP Portugal)
- Ersatzteile, Werkzeuge, Ausrüstungen
  (im Angebot entsprechend DDR-Erfahrung zu spezifizie

Lieferbasis: cif Callao

Preise:

940:	US$	5.410.000,00 (541,-/St.)
M 940:	US$	1.440.000,00 (240,-/0/00)
ET/ Werkzeuge/ Ausrüstungen		
	US$	50.000,00
cif total	US$	6.900.000,00

anzubietende Zahlungsbedingungen:
-5 Jahre Kredit, davon 2 Jahre rückzahlungsfrei
-Zinsen Libor plus 1,75 % halbjährlich gleitend (entspricht per heute etwa 9,5 %) mit halbjährlicher Festlegung.

2/

1368

Antrag auf Geschäftsgenehmigung zum Verkauf von WIEGER Sturmgewehren nach PERU, IMES-Dokument 07.08.1989 – Archiv des Autors

In den folgenden Zeitschriften und Büchern wurde das SSG-82 betrachtet:

Zeitschrift DWJ Ausgabe 2/93 Seiten 230–233 „Das wohlgehütete Geheimnis“ - Michael Benstein

Zeitschrift DWJ Ausgabe 3/93 406–410 „Zum Ruhme der Partei“ (MP IX. Parteitag) Paul M. Scheer

Zeitschrift VISIER Ausgabe 3/1994 Seiten 98–101 „Letzte Rettung“ Hartmut Mrosek

Zeitschrift Internationales Waffenmagazin Ausgabe 7-8/92 S. 478–479 „DDR: Scharfschützengewehre für NVA und Stasi“ Wilfried Kopenhagen

Zeitschrift S.W.A.T. - Ausgabe September 2007 - Seiten 70–75 SSG 82 “Mystery rifle of east german security forces” - Leroy Thompson

Buch Ultimate Spy - Seite 186 - H. Keith Melton

Zeitschrift DWJ – Ausgabe 2002/2 – Seiten 76–77 – „Abgewickelt Teil 3“ Ing. F. G. Netram

Zeitschrift DWJ „Abgewickelt“ Ausgabe 2001/12, 2002/1, 2002/3

Zeitschrift THE Shotgun News Volume 52 Issue 6 1996

Zeitschrift Soldat und Technik Ausgabe 5/1990 S. 381

Zeitschrift Tankograd NVA Ausgabe 03, 2011, S. 16 ff

Folgende Bücher befassen sich rund um das Thema Rüstung in der DDR:

„Volkseigener Betrieb Spreewerk Lübben bis Industriepark Spreewerk Lübben GmbH“ von Gerd Mischinger, erhältlich über die Patronensammlervereinigung e.V.

„Waffenschmiede DDR“ von Uwe Markus, erhältlich beim Militärverlag

„Schild ’84 – Eine ostdeutsche Biographie“, erhältlich über versch. Onlineplattformen

„Von der Kalaschnikow zur Wieger“ von Prof. Dr. Rigo Herold, ISBN 9783940295736

Abkürzungsverzeichnis

ABC	Atomar Biologisch Chemisch
Abt	Abteilung
ADR	Auslandsdienstreise
AG BKK	Arbeitsgruppe Bereich Kommerzielle Koordinierung
AGM/S	Arbeitsgruppe des Ministers – S
AMK	Amt für Militärkunde
BAAINBw	Bundesamt für Ausrüstung, Informationstechnik und Nutzung der Bundeswehr
BCD	Bewaffnung chemischer Dienst
BND	Bundesnachrichtendienst
BWB	Bundesamt für Wehrtechnik und Beschaffung
BStU	Behörde des Bundesbeauftragten für die Unterlagen der Staatssicherheit der Deutschen Demokratischen Republik
DA	Dienstanweisung
DDR	Deutsche Demokratische Republik
FAJAS	Fahrzeug- und Jagdwaffenwerk Suhl
FSB	Flugsicherheitsbegleiter
FSG	Flugsicherheitsbegleitgruppen
HA	Hauptabteilung
H&K	Heckler und Koch
IF	INTERFLUG
IM	Inoffizieller Mitarbeiter
KKR	Kleinkrafträder
KoKo	Kommerzielle Koordinierung
MfS	Ministerium für Staatssicherheit
NSW	Nichtsozialistisches Wirtschaftsgebiet
NVA	Nationale Volksarmee
OiBE	Offizier im besonderen Einsatz
PS	Personenschutz
PSG	Präzisionsscharfschützengewehr
SED	Sozialistische Einheitspartei Deutschlands
SU	Sowjetunion
SVG	sprengkörperverdächtige Gegenstände
SW	Sozialistisches Wirtschaftsgebiet
SSG	Scharfschützengewehr
TSK	Territoriale Spezifische Kräfte
VEB	Volkseigener Betrieb
VPKA	Volkspolizeikreisamt
WuG	(Abteilung) Waffen und Gerät, später BCD
ZAB	Zentrales Abnahmebüro
ZK	Zentralkomitee
ZSK	Zentrale Spezifische Kräfte
ZBSK	Zentrale Betriebsschutzkommando